本书出版获得云南大学双一流学科建设经费资助，特此鸣谢！

本书系云南省“兴滇英才支持计划”青年人才专项“西南边疆生态治理与中华民族共同体意识互构研究”阶段性研究成果

和谐共生

Harmonious Coexistence

西双版纳生态安全治理研究

A Study on Ecological Security Governance in Xishuangbanna

杜香玉 著

中国社会科学出版社

图书在版编目（CIP）数据

和谐共生：西双版纳生态安全治理研究 / 杜香玉著．北京：中国社会科学出版社，2024. 12. -- ISBN 978-7-5227-3722-5

Ⅰ. X959

中国国家版本馆 CIP 数据核字第 2024VA5087 号

出 版 人　赵剑英
选题策划　宋燕鹏
责任编辑　金　燕　宋燕鹏
责任校对　李　硕
责任印制　李寡寡

出　　版　中国社会科学出版社
社　　址　北京鼓楼西大街甲 158 号
邮　　编　100720
网　　址　http：//www. csspw. cn
发 行 部　010-84083685
门 市 部　010-84029450
经　　销　新华书店及其他书店

印　　刷　北京明恒达印务有限公司
装　　订　廊坊市广阳区广增装订厂
版　　次　2024 年 12 月第 1 版
印　　次　2024 年 12 月第 1 次印刷

开　　本　710×1000　1/16
印　　张　19. 5
字　　数　305 千字
定　　价　108. 00 元

序

我国自古便拥有辽阔的疆域，其不同区域间的差异性非常突出，边疆区域广大且存在多样和复杂的边疆问题，进而对国家治理和发展产生了深远影响。中央政权一直重视对边疆的治理，但边疆生态问题的治理却长期处于被忽视的状态。辛亥革命后，在民族国家构建的过程中，国家的地理疆界得到明确划分，国家主权意识逐渐强化，中央政权愈加关注边疆的土地、物产及其他自然资源的开发与利用。这不仅加剧了边疆生态环境的变迁，也促使政府开始了对边疆生态环境的保护与管理。然而，在相当长的时间内，国家的边疆治理注重于对边疆的开发和建设，对生态环境的关注明显滞后，导致了生态治理的投入不足和效果不彰。随着现代化和全球化进程的不断推进，边疆生态环境的变迁愈发剧烈，对国家发展的影响也日渐突出。在此背景下，国家对生态问题的关注日益增强。特别是在党的十八大将生态文明建设纳入“五位一体”总体布局之后，“生态边疆”的概念逐渐形成并凸显，边疆生态治理的范围和深度均超越了任何历史时期，边疆生态治理的主体、机制和模式也随之发生了转变。在有效应对边疆生态环境剧烈而深刻的变迁的背景下，深入探讨和解决边疆生态治理中长期存在的各种问题势在必行，因而就必须在边疆治理视域下，从生态角度对面临的问题开展多维度、全方位的研究，既通过历史反思加深对现实的认识，也促成边疆生态治理的转型。

近年来，边疆生态治理的研究持续推进并取得了明显进展，研究成果涵盖人文社会科学和自然科学的多个领域，在国家治理中得到了凸显并发挥了积极的作用。但总体上看，既往的研究既注意宏观整体又涉及微观个案，但偏重于宏观整体的研究，微观的和具体的研究则相对薄弱，特别是针对特定区域的深入研究较为缺乏。我国的边疆地区尤其是一些重点区域，不仅是重要的生态屏障区，也是典型的生态脆弱区，生态问题十分突出，严重影响着国家安全和发展。因此，在对边疆生态问题进行宏观的理论思考的同时，更需要加强微观的实证分析。

杜香玉博士的《和谐共生：西双版纳生态安全治理研究》一书，正好就是一部生态安全微观研究的成果。该书以云南边疆地区的西双版纳傣族自治州为研究对象，全面讨论了边疆生态安全的深层次问题。

西双版纳傣族自治州以其独特的地理位置、优越的生态环境、丰富的民族文化而著称，不仅是我国生物多样性的聚集区，也是全球25个生物多样性保护热点地区之一，同时也是西南边疆多民族聚居的地区，具有较强的生态敏感性和脆弱性。一旦生态环境遭到破坏，环境恢复将极为困难。历史上，随着人类开发活动的加剧，边疆生态环境不断变迁。随着近代民族国家的构建，国家和民族意识的强化，边疆被赋予了更深层次的内涵，边疆资源得到了大规模开发，生态环境变迁加剧。在此过程中，国家政治力量的渗透也深刻影响了西双版纳地区，生态治理逐渐进入政府视野。近几十年来，社会经济的快速发展，各种利益矛盾错综复杂，人类活动对生态环境的干扰强度不断加大，远远超出了生态环境的承载能力，导致该区域的生态安全面临严重的威胁和挑战。与此同时，国家层面和地方层面的生态环境保护和管理的制度体系也逐渐建立起来。就整体而言，西双版纳的生态安全治理不仅内涵丰富，而且在边疆安全治理中具有典型性。生态安全作为一个从边疆治理视域提出的问题，边疆治理的各个方面都直接或间接地影响着生态安全问题的思考。从这个意义上说，西双版纳不仅是研究边疆内地化进程的独特案例，也是探究边疆生态治理体系变迁的重要对象。

该书将西双版纳的生态治理纳入边疆治理的整体框架中讨论，全书共分为六个部分，从历时维度出发，系统梳理了边疆生态治理的概念和内涵，深入剖析了边疆生态安全问题的产生及其治理的紧迫性。在回顾边疆生态治理进程的基础上，重点探讨了 20 世纪 50 年代以前、20 世纪 50 至 90 年代、21 世纪以来三个时段西双版纳地区的生态安全演变态势及其治理历程。在这样的研究过程中，作者对西双版纳生态安全及其治理进行了长时间的细致考察，按照“为什么治理”和“怎样治理”的思路，全面回答了“西双版纳生态安全治理”这一核心议题。

从总体上看，该书将宏观理论视野与微观区域视角相结合，政治学理论构架与历史学细致考证相结合，既关注了边疆生态治理的完整进程，又提供了生动具体的案例分析。这样的学术视角和研究方法有助于深入揭示边疆生态治理体系的演变规律，总结边疆生态治理的经验和教训，具有一定的学术价值和实践意义。

教育部“长江学者”特聘教授

云南大学东陆特聘教授

周　平

2024 年 6 月 10 日

目录

绪　　论

一　问题的提出

随着全球化进程的加快，国际经济、文化、信息、贸易往来日益频繁，我国的边疆地区逐渐成为国际交往交流的前沿阵地。因此，边疆在拱卫国家核心区域发展和拓展外向型发展空间中的战略地位日趋凸显。①长期以来，由于边疆地区受民族文化多样、传统与非传统安全交织、经济社会快速转型、传统与现代文化碰撞、跨境民族关系、多种宗教信仰并存等多重影响，边疆安全日益成为影响边疆治理、整体国家安全及发展的突出问题。在当前全球治理的战略背景下，为边疆安全带来前所未有的机遇的同时也带来了新问题、新挑战。随着边疆治理在国家治理中地位的凸显，生态安全作为边疆治理中的重要组成部分所发挥的作用日益重要。

维护生态安全是边疆治理的有机组成部分，更是边疆治理体系和治理能力现代化的重要目标。2000 年 12 月 29 日，国务院发布了《全国生态环境保护纲要》，首次明确提出了“维护国家生态环境安全”的目标，认为保障国家生态安全，是生态保护的首要任务。环境生态治理是国家治理的主要内容，从国家环境生态治理的地理空间格局来看，我国九个边疆省区刚好是国家环境生态治理的重点地区，处于重中之重的地位，边疆省区的

① 参见周平《边疆在国家发展中的意义》，《思想战线》2013 年第 2 期。

环境生态治理在国家治理层面上是重大战略决策，在边疆治理层面上就是具体的、必须执行的艰巨任务。[①] 2010 年 12 月，国务院发布了《全国主体功能区规划——构建高效、协调、可持续的国土空间开发格局》，全国主体功能区规划明确了我国以“两屏三带”为主体的生态安全战略格局，“两屏”即青藏高原生态屏障、黄土高原—川滇生态屏障，分布在西藏、云南的大部分地区；“三带”即北方防沙带、东北森林带、南方丘陵山地带，前两带分布在作为边疆省区的新疆、甘肃、内蒙古、辽宁、黑龙江、吉林。这些边疆治理战略规划与实践，把一些突出的边疆问题纳入“国家/区域、区域/区域”的空间治理范畴中，区域治理模式与理念在边疆地区渐次展开与实践。[②]

2014 年 4 月 15 日，习近平总书记在主持召开国家安全委员会第一次会议时，首次提出了总体国家安全观，并将生态安全作为国家安全的重要支撑；将生态安全纳入国家安全体系，这是推进国家治理体系和治理能力现代化、实现国家长治久安的迫切要求，对于促进经济社会可持续发展、加快生态文明建设具有重要意义和深远影响。党的十九届四中全会明确提出要“加强边疆治理，推进兴边富民”，从而正式明确了我国边疆治理在国家治理现代化中的战略地位。从现代国家治理的视野出发，我国边疆首先必须承担拱卫国家核心区域的功能，但不再是简单的战略安全屏障，还必须起到绿色生态屏障、天然粮食走廊和自然战略纵深的作用。新时代边疆治理的总体规划必须在“五位一体”总体布局的基础上形成具有边疆特性的制度保障，通过边疆的经济建设、安全建设和生态文明建设，实现边疆经济的压缩式快速发展、提升边疆政治和内地格局的同质化程度、有效维护边疆人民的人身安全、引导边疆文化与社会主义相向而行、实现边疆绿色发展和生态安全。[③] 党的十九大报告中进一步阐述了生态安全的重要性，指出要坚定走生产发展、生活富裕、生态良好的文明发展道路，建

---

① 参见方盛举《边疆治理在国家治理中的地位和作用》，《探索》2015 年第 6 期。

② 参见何修良、牟晓燕《“一带一路”建设与边疆治理新思路》，《中国民族报》2019 年 1 月 25 日第 6 版。

③ 参见李庚伦《习近平总书记关于边疆治理重要论述的逻辑体系》，《广西社会科学》2020 年第 1 期。

设美丽中国，为人民创造良好生产生活环境，为全球生态安全做出贡献。党的二十大报告进一步强调人与自然和谐共生是中国式现代化的重要特色。因此，加快生态安全体系建设刻不容缓，建立以生态系统良性循环和环境风险有效防控为重点，围绕事关全局的顶层设计、科技创新、生态安全评估、重点领域、国际合作等方面展开。[①] 边疆地区既是我国重要的生态屏障区、资源富集区、水系源头区，也是民族聚居区、文化特色区，更是典型生态脆弱区、气候变化敏感区。近年来，边疆生态危机迭起，如水土流失加剧、外来物种入侵严重、生物多样性锐减、跨境生态环境恶化等问题，生态安全形势不容乐观，生态安全与其他安全问题错综交织，面临的安全威胁不断复杂化，为应对或解决这一系列问题及挑战，必须从国家发展战略高度出发。

随着生态安全在国家治理体系中的地位急剧上升，生态安全也应成为边疆治理中的重要研究领域，边疆生态安全关乎国家整体安全，更是边疆治理体系和治理能力现代化的重要组成部分。我国边疆地区地域辽阔，自然与人文资源极为丰富，战略地位尤其突出。

历史时期，我国边疆地区开发较晚，直至明清之后才开始大规模开发，较之于内地而言，在政治、经济、文化、社会等方面的发展较为迟滞，使边疆地区的生态环境长期处于较为原始的状态。王朝国家时期，边疆地区多被视为“远僻之地”“蛮荒之地”“烟瘴之地”，生态环境条件恶劣，不适宜生存。因此，边疆地区丰富的自然资源长期被中央王朝所忽视，直至明清以后才陆续开发。在这一历史背景之下，明清以前，边疆生态环境大多处于原生状态；明清以后，虽然受到人为开发的影响，加速了当地生态环境变迁，但变迁速度慢、规模小。民国时期边疆地区生态环境得到大规模开发，此时的国民政府尤为重视边疆地区的资源开发，并制定了诸多开发方案，边疆生态环境急剧变化。中华人民共和国成立后，中央政府极为重视边疆地区的开发及建设，组织了大规模的人口移民垦荒，极

① 参见赵建军、胡春立《加快建设生态安全体系至关重要》，《中国环境报》2020年4月13日第3版。

大地推动了边疆地区的社会经济发展，但也加剧了边疆地区的环境承载力，一定程度上导致人地关系日趋紧张，生态环境变迁速度加快。面对日益严峻的环境形势，政府采取了一系列环境保护措施，边疆生态治理日益受到重视。可以说，历史时期以来边疆地区生态环境变迁过程中，生态变迁、生态破坏与生态治理是并进的。

历史时期，传统的边疆生态治理主要表现在民间治理层面，多是依托于乡规民约、习惯法等地方性传统制度。自清末至民国以来，边疆生态治理开始向近现代化转型，中央政府在边疆资源开发、生态保护等方面开始发挥一定的作用。中华人民共和国成立之后，中央政府在边疆地区相继出台了一系列环境保护相关政策，生态安全问题逐渐受到关注和重视。尤其是20世纪80年代以来，我国初步建立起生态治理体系。21世纪以来，随着现代化、全球化进程加快，边疆地区的开发程度日趋加深，地方社会经济的不合理开发导致生态环境遭到严重破坏，严重影响了边疆地区社会经济环境的可持续发展。自党的十八大之后，习近平总书记尤为重视边疆生态安全，在走访云南、广西、内蒙古、西藏等边疆省区时，强调要把边疆建设成为国家安全屏障、生态安全屏障。边疆生态治理开始成为国家治理的重要组成部分。

我国边疆地区长期存在自然资源利用低效、生物物种锐减、森林植被破坏、水资源恶化、海疆污染严重、草原生态功能退化、土地荒漠化以及生物与非生物越境转移等方面的问题和挑战，严重危及区域、国家乃至全球生态安全。近年来，随着边疆地区生态文明建设的推动，在一定程度上协调了环境保护与经济发展之间的矛盾，但这一冲突与矛盾仍未得到根本解决，不利于边疆地区社会和谐稳定，更是成为威胁生态安全、影响边疆治理的隐患之一，这就要求边疆地区必须加快开展生态治理、推进生态文明建设、筑牢边疆生态安全屏障。

由于生态安全在边疆治理中的意义重大，对于维护区域生态安全、国家生态安全乃至全球生态安全，推进国家治理乃至全球治理更是具有举足轻重的地位，必须通过有效的生态治理，突出边疆治理中生态安全的重要性，以杜绝威胁边疆安全，影响边疆治理的生态问题出现。为更好地稳定边疆社会经济发展，推动边疆治理能力和治理体系的现代化，维护国家整体安全及发展，必须坚持人类生态系统和自然生态系统多元，丰富生态治理理念，建立由政府主导、多方参与的生态安全协作机制，健全完善生态保护责任共负机制，构筑跨境生态安全防线，推进边疆生态安全屏障建设，构建国家生态安全格局。

云南地处我国西南边疆，是中国—东盟自由贸易区建设和大湄公河次区域合作的前沿，亦是“一带一路”倡议的区域合作高地，更是国家物种资源宝库和生态安全屏障的重要区域，在全面构筑面向南亚和东南亚和谐的国际合作环境和保障国家生态安全中具有重要的战略地位。2021 年 2 月 8 日，《云南省国民经济和社会发展第十四个五年规划和二〇三五年远景目标纲要》明确提出要“实施主体功能区战略，优化国土空间开发格局，严守生态保护红线。坚持山水林田湖草系统治理，深入推进重要生态系统保护和修复，完善生态系统服务功能，着力提升生态系统质量和稳定性，切实维护生态安全，筑牢西南生态安全屏障”①。

西双版纳傣族自治州是云南筑牢西南生态安全屏障的重要地区。西双版纳与老挝、缅甸接壤，毗邻泰国，边境线长达 966.3 千米，约占云南省边境线总长的四分之一，昆曼国际大通道和泛亚铁路中线从西双版纳出境，澜沧江—湄公河一江连六国（中、缅、老、泰、柬、越），是云南面向东南亚辐射中心的前沿阵地。西双版纳作为云南的边境州市之一，优越的地理区位、良好的生态环境、多元的民族文化、独特的气候条件，使其在筑牢边疆生态安全屏障、维护区域生态安全以及跨境生态安全中发挥着重要作用。随着全球化、现代化带来的冲击，西双版纳作为我国最具多样性生态系统的边疆地区正处在一个临界点，生态环境及社会文化发生了巨大变迁，其地理区位、生态禀赋以及由此引发的复杂社会问题共同决定了西双版纳生态安全治理在边疆安全、稳定和发展中的整体性地位和作用。

新时代背景之下，作为国家治理体系及治理能力现代化的重要组成部

① 《云南省国民经济和社会发展第十四个五年规划和二〇三五年远景目标纲要》，http://www.yn.gov.cn/zwgk/zcwj/yzf/202102/t20210209_217052.html（2021 年 2 月 8 日）。

分，生态安全治理赋予了边疆治理新的内涵，边疆的特殊性、复杂性、多元性、变化性更为边疆生态安全治理现代化带来了新的冲击、新的难度、新的挑战。

二　学界研究动态

学界关于边疆治理、生态安全、生态治理研究的成果颇丰。其中，边疆治理研究主要集中于政治学、历史学、民族学等领域，生态安全研究主要集中于生态学、环境科学等领域，生态治理研究主要集中于政治学、管理学、社会学等领域。虽然边疆治理、生态安全与生态治理研究存在人文社会科学与自然科学之间的壁垒，但生态安全治理始终是一个社会科学命题，需要立足政治学，运用多学科交叉的研究方法进行全面、系统地分析。

（一）边疆治理研究

近年来，学界关于边疆治理的研究成果极为丰富，从宏观与微观相结合、历时与共时相结合，使边疆治理理论与实践研究趋于成熟。

1. 关于“边疆治理”的概念及内涵研究

边疆是一个具有多重含义的存在，也是一个变动的存在，在不同历史时期具有不同的内涵。对于“边疆治理”这一概念及内涵的理解应当先明确“边疆”这一概念。近年来，学界对于“边疆”进行了诸多理论探讨，尤其是概念及内涵的界定。中外学者对于“边疆”的概念界定是有明显差异的，美国历史学家弗雷德里克·杰克逊·特纳首先提出“边疆”概念，认为边疆是一个弹性的概念，美国的边疆不同于欧洲国家，是人口稀少的、定居地的边缘区域，是野蛮与文明的交汇点，大致包括印第安人地区或人口普查报告中的定居地区的外部边缘。① 马大正教授指出边疆是一个地理、历史、政治概念，有军事、经济、文化方面的含义，发展趋势是成为统一多民族中国的有机组成部分，具有历史悠久、

① Turner F. J. and & Bogue A. G. , *The frontier in American history*, New York: Henry Holt and Company, 1921, p. 1-2.

地域广阔、民族多样、问题复杂的特点，在历史和现实中具有特殊的战略地位。① 周平教授从政治学视角对“边疆”这一概念进行了详细界定，指出边疆是用以标志国家与边界相连区域的概念，在此条件下，一种以国家边界为基础的边疆观念逐步出现了；② 并对不同时期边疆的内涵进行了探讨，指出我国的边疆概念是在特定的社会历史条件下形成的，蕴含丰富的民族文化内涵，并随着社会历史条件的变化而变化；历史上的边疆，不仅是国家的一个边缘性的特殊区域，也是一个具有政治、文化、地理、战略、军事等多重含义的概念，这就奠定了中国的边疆概念有别于西方国家边疆概念的历史和文化的基础。③ 进一步指出在不同的历史条件下，我国的“边疆”概念有不同的含义，不同时代人们对边疆的看法和理解有很大差异，从而形成了不同的边疆观，大致可以分为传统的边疆观和近现代的边疆观，在国家的边界确立以后，边疆就须以边界来界定，就是指国家之邻近边界的区域。④ 又指出国家在发展的过程中，基于有效治理的需要，往往把国家疆域的边缘性部分界定为边疆，并采取特殊的措施对其进行治理。⑤

随着学界对“边疆治理”这一概念及内涵的界定，边疆治理研究不再局限于历史学界，也不再仅从民族层面来看待边疆问题。方盛举教授认为边疆治理是一个典型的政治学和公共管理学学科的命题，没有政治学学科和公共管理学学科的学术视野是很难对“边疆治理”展开全面而深刻的学理研究的。⑥ 政治学极大地推动和丰富了边疆治理理论。政治学逐渐关注并重视边疆治理研究以周平教授为代表，提出“边疆治理”作为一个中国本土的原创性学术概念。边疆治理在整个国家治理中处于一个重要的地位，是一种典型的区域治理，其目的在于解决各种边疆问题，以更好地实

① 参见马大正《中国边疆治理：从历史到现实》，《思想战线》2017 年第 4 期。

② 参见周平《我国的边疆与边疆治理》，《政治学研究》2008 年第 2 期。

③ 参见周平《我国边疆概念的历史演变》，《云南行政学院学报》2008 年第 4 期。

④ 参见周平《我国的边疆治理研究》，《学术探索》2008 年第 2 期。

⑤ 参见周平《边疆在国家发展中的意义》，《思想战线》2013 年第 2 期。

⑥ 参见方盛举《新边疆观：政治学的视角》，《新疆师范大学学报》（哲学社会科学版）2018 年第 2 期。

现边疆的巩固、发展和繁荣，进而巩固民族团结和国家边防，保持和促进国家的强大和繁荣。周平教授立足于政治学，基于国家立场和国家视角，把边疆置于国家政治地理空间中看待，在国家疆域的基础上界定边疆，把中国的边疆置于国家治理的总体框架中来分析，提出了“边疆治理”以及一系列相关的概念和理论，既增加了边疆研究的知识总量，也凸显了政治学在边疆研究中的地位和作用，并指出边疆治理是一个运用国家权力并动员社会力量解决边疆问题的过程。[①] 方盛举、吕朝辉进一步指出边疆治理就是国家政权系统对边疆社会进行有效控制和引导的活动与过程的总和。[②]《中共中央关于坚持和完善中国特色社会主义制度　推进国家治理体系和治理能力现代化若干重大问题的决定》第九部分专门提到“加强边疆治理，推进兴边富民”的内容，这意味着“边疆治理”从一个学术概念上升为政策性概念。

从对边疆治理这一概念及内涵的界定来看，政治学视野下的边疆治理的概念及内涵已经形成较为广泛的共识，这为今后边疆治理的深入探讨提供了重要的理论依据。孙保全、赵健杉对于边疆治理这一概念及内涵进行了全面、系统的梳理，认为应当确立边疆治理概念界定和使用的国家视角，以形成基本的概念工具和学术立场，从而持续推进中国边疆治理话语体系和中国边疆学学科的构建进程。[③] 本书对于“边疆治理”不再进行重复阐述，而是重点在边疆治理这一宏大视域下对生态安全治理进行深入研究。

2. 关于边疆治理理论的相关研究

学界从宏观理论到微观案例对当代中国边疆治理理论进行了全面、系统地分析，主要集中于边疆治理模式、治理转型与重构、国家及民族认同等方面。

从边疆治理模式来看，陈霖对中国边疆治理模式做出一个新选择，倡

① 参见周平《国家崛起与边疆治理》，《广西民族大学学报》（哲学社会科学版）2017 年第 3 期。

② 参见方盛举、吕朝辉《中国陆地边疆的软治理与硬治理》，《晋阳学刊》2013 年第 5 期。

③ 参见孙保全、赵健杉《“边疆治理”概念的形成与发展》，《广西民族大学学报》（哲学社会科学版）2017 年第 3 期。

导实施“族际主义与区域主义并重、族群主义与国家主义并重、梯度主义与地缘主义并重、微观主义与宏观主义并重、统治主义与治理主义并重”[①] 五个并重模式。王越平认为边疆治理模式的选择必须紧扣边疆民族的本底性特征，采取由下至上的方法对边疆治理问题进行研究，从根本上提出实现边疆民族地区的长治久安的治理模式，处理好边疆“多元”文化与“一元”文化之间的关系。[②] 周平教授认为在陆地边疆治理中，“族际主义”治理方式应当转向“区域主义”治理，指出陆地边疆及其治理的地位也前所未有地凸显，陆地边疆治理的“族际主义”取向与国家治理及发展的不适应性也愈加突出，将陆地边疆治理的价值取向由“族际主义”转向“区域主义”，就成为必然的选择；[③] 明确指出必须抛弃陆地边疆治理中的“族际主义”取向，确立“区域主义”取向。[④] 方盛举、吕朝辉认为我国陆地边疆治理模式可以概括为软治理和硬治理模式，根据两者的治理效果，各有利弊，通过比较和权衡，我国陆地边疆的最佳治理格局应当是软治理与硬治理相结合；[⑤] 又进一步指出对于边疆问题的解决需要区域主义的边疆治理模式。[⑥] 刘永刚认为打破政府一元的边疆治理模式，建构国家、政党、社会纵横联动、协同共治的合作治理体系是陆地边疆治理现代化的实现路径，在以国家共同体与中华民族共同体建设为取向的陆地边疆合作治理体系中，中国共产党的领导是多元主体合作的政治中心与组织保障，国族机制与边疆治理政策的整合是基础路径，边疆地方政府是合作治理的元中心，民主法治建设营造的制度环境是合作治理的关节点。[⑦] 张健认为边疆治理是地方治理的特殊类型，是边疆特殊区域内的政治、经济、文化

---

① 陈霖：《中国边疆治理研究》，云南人民出版社 2011 年版。

② 参见王越平《边疆治理与多元民族文化调适》，《西南边疆民族研究》第 6 辑，云南大学出版社 2009 年版。

③ 参见周平《陆疆治理：从“族际主义”转向“区域主义”》，《国家行政学院学报》2015 年第 6 期。

④ 参见周平《我国边疆研究的几个基本问题》，《思想战线》2016 年第 5 期。

⑤ 参见方盛举、吕朝辉《中国陆地边疆的软治理与硬治理》，《晋阳学刊》2013 年第 5 期。

⑥ 参见方盛举《对我国陆地边疆治理的再认识》，《云南师范大学学报》（哲学社会科学版）2016 年第 4 期。

⑦ 参见刘永刚《合作治理：中国陆地边疆治理的多元关系及实现路径》，《学术论坛》2017 年第 4 期。

等方面的综合发展，是边疆状态的整体提升，其中，政府、市场与社会作为资源配置的主体发挥着核心作用，三者的地位与关系直接决定着某一阶段或某一国家边疆治理的性质与面貌，将边疆治理的模式划分为市场自由竞争、政府计划主导、政府市场混合和地方多元治理四种类型。[①] 吕朝辉立足于陆疆特殊的政治与社会生态，初步总结和探索出规制型、情感型、文化型、合作型等四种陆疆治理方式，认为四种方式的有机统一即构成当代中国陆疆治理模式创新的全部内涵。[②] 廖林燕、张飞认为从“统治”到“治理”的转变过程既是边疆治理模式从“传统”到“现代”的重构过程，也是边疆地方政府治理模式转型的理论逻辑，本质上都是适应边疆社会经济发展的现实需要。[③]

从边疆治理的转型与重构来看，周平教授认为传统的边疆治理结构必须通过理论重构、制度重构和实践重构来实现转型，构建起现代型的边疆治理结构，而边疆治理转型与重构的最终实现，有赖于国家层面的边疆治理战略的构建。[④] 姚德超、冯道军认为边疆治理结构重组、治理体系重构与治理能力重塑是边疆治理现代转型的逻辑选择，其中，治理结构重组是要建构政党、国家与社会三者有效整合的边疆治理主体结构；治理体系重构是要建立集价值、组织与制度于一体的现代边疆治理体系；治理能力重塑则是要在提升制度执行力的同时，通过学习与培养现代治理技术，实现治理能力的现代化，从而助推边疆治理的整体性现代化。[⑤] 还有一些学者在“一带一路”背景下探讨了当前边疆治理结构，认为中国传统的边疆治理结构难以适应经济社会发展的需要，并且这种治理结构的滞后性严重影响中国边疆治理的现代化。何修良认为需要正确认识和判断边疆治理在

① 参见张健《边疆治理的模式类型及其效应研究——以政府、市场和社会三者关系为视角的分析》，《思想战线》2013 年第 1 期。

② 参见吕朝辉《当代中国陆地边疆治理模式创新研究》，博士学位论文，云南大学，2015 年。

③ 参见廖林燕、张飞《边疆治理转型过程中的地方政府治理现代化探论》，《广州大学学报》（社会科学版）2016 年第 2 期。

④ 参见周平《论我国边疆治理的转型与重构》，《云南师范大学学报》（哲学社会科学版）2010 年第 2 期。

⑤ 参见姚德超、冯道军《边疆治理现代转型的逻辑：结构、体系与能力》，《学术论坛》2016 年第 2 期。

“一带一路”建设背景下的内部区域特征和外部空间环境，通过边疆治理的战略重构、制度重构和实践重构，促进边疆治理发展。[①] 肖军认为由于中国的战略崛起与海外利益的拓展，中国的边疆治理结构必须打破“边缘”服从“中心”的固有态势，重塑边疆治理结构，将中国内陆与边疆、陆地与海域、地理空间范围中的国家以及治理体系与治理能力现代化高度契合于“一带一路”倡议发展的需要。[②]

从边疆治理中的认同问题来看，这一问题一直是边疆治理中所面临的严峻挑战。针对这一边疆现实，周平教授提出了认同整合，认为中国的民族认同与国家认同的关系问题主要就存在和体现于边疆地区，边疆地区也是认同问题、认同关系最为复杂的地区，在边疆少数民族的两种认同中，认同整合的核心是在民族认同与国家认同之间出现不适当的变化或矛盾的情况下，协调两种认同之间的关系，使国家认同保持较高的水平，并在认同序列上保持优先的地位，巩固国家的权威，避免出现以民族认同对抗国家认同甚至否定国家认同的情况，从而形成一种有利于多民族国家统一和稳定的社会心理氛围。[③] 李崇林认为民族认同与国家认同的整合就是要在认同的序列上使国家认同优先于民族认同，没有这样的认同基础，多民族国家的统一和稳定就会受到威胁，甚至面临瓦解的危险。[④] 陆海发认为各个少数民族有着与生俱来的民族认同，同时也形成和保持着对国家的认同，但受到国内外各种因素的影响，边疆少数民族的民族认同与国家认同的关系日趋复杂，其矛盾与冲突在一定程度上凸显，因此，必须处理好两种认同的关系，并在边疆治理中通过多种路径与方式，强化边疆少数民族

---

① 参见何修良《“一带一路”建设和边疆治理新思路——兼论“区域主义”取向的边疆治理》，《国家行政学院学报》2018 年第 4 期。

② 参见肖军《“一带一路”背景下的我国边疆治理结构重塑》，《云南行政学院学报》2020 年第 4 期。

③ 参见周平《边疆治理视野中的认同问题》，《云南师范大学学报》（哲学社会科学版）2009 年第 1 期。

④ 参见李崇林《边疆治理视野中的民族认同与国家认同研究探析》，《新疆社会科学》2010 年第 4 期。

的国家认同，从而建立起有利于国家稳定和统一的认同关系结构。① 谢贵平提出认同是安全的核心变量，边疆安全治理无论是国内治理还是跨国治理都面临诸多现实困境与认同及共识难题，古今中外的历史和现实表明，关涉边疆不同行为体间的认同冲突与认同危机是边疆安全威胁的主要来源，边疆安全的根本是认同安全，边疆安全治理的核心就是以认同解决异质冲突问题。② 刘永刚认为民族国家的边疆社会成员认同结构中存在民族认同与国家认同的关系问题，居于边疆的非主体民族与国家民族、非主体民族与主体民族、非主体民族间的族际关系与边疆地区的国家认同问题直接相关，以超民族认同的公民身份建构实现边疆族际政治整合与国家认同建设是时代之所需，以公民身份链接国家民族利益共同体与民族国家政治共同体也是全球化下多民族国家边疆治理的基本方略与实现途径。③ 夏文贵认为边疆民族群体多样复杂的认同结构，凸显了边疆治理中国家认同建构的重要性，认为边疆治理中的国家认同建构要从夯实国家认同建构的基础、确立国家认同在多样认同中的主导地位、发挥国家认同范畴内的多种认同建设的支撑作用、完善国家认同建构的多维路径等视角来进行系统谋划。④ 孔锦秀以新疆喀什 A 村为调研点，从认同的角度分别考察维吾尔族农民族群认同与国家认同的现状，认为边疆少数民族地区农民的族群认同与国家认同在村庄治理过程中并不总是冲突与对立，他们之间也有可协调性，需要在村庄治理的活动中适时地调整农民的两种认同，既承认族群认同的历史，又要尊重和保护他们的文化，同时，还要适时地强化族群成员对于国家的认同感和归属感。⑤

---

① 参见陆海发《边疆治理中的认同问题及其整合思路》，《西北民族大学学报》（哲学社会科学版）2011 年第 5 期。

② 参见谢贵平《认同能力建设与边疆安全治理研究》，博士学位论文，浙江大学，2015 年。

③ 参见刘永刚《全球化时代的国家认同问题与边疆治理析论》，《云南行政学院学报》2016 年第 1 期。

④ 参见夏文贵《论边疆治理中国家认同的系统建构》，《中南民族大学学报》（人文社会科学版）2018 年第 2 期。

⑤ 参见孔锦秀《族群认同与国家认同互动中的边疆治理——以新疆喀什 A 村为例》，硕士学位论文，华中师范大学，2015 年。

3. 基于国家视角的边疆治理研究

当前，中国边疆研究要充实陆地边疆、巩固海洋边疆、重视新形态边疆，更好地构建起政治地理空间下的边疆架构，走政治地理空间的思维。这是我国边疆研究的出路或趋势。周平教授基于国家立场和国家视角，将边疆置于国家政治地理空间中看待，在国家疆域的基础上界定边疆，把中国的边疆置于国家治理的总体框架中来分析，为中国边疆研究提供了新视角，指出边疆观念是国家总体治理中地理空间管理的重要内容，在国家政治文化中占有重要位置。①

从国家发展战略的角度来审视地理空间场域，周平教授认为边疆是因为国家治理的需要而界定的，边疆治理则进一步巩固了边疆的区分，进而强化了边疆的存在，受制于各种主客观因素，边疆治理总体上处于滞后状态，从国家总体发展来看，边疆的薄弱明显存在，不仅制约了国家整体实力的提升，而且还会引发更多的问题，因此，必须从国家发展和国家治理的地理空间场域的角度来加强边疆治理，着眼的并不是边疆治理的某个或某些具体的方面，而是要从国家战略的角度或层面来考虑问题，即要提升边疆治理在整个国家治理格局中的地位，从而形成完整的边疆及边疆治理战略，进而持续增大边疆治理力度，并通过卓有成效的边疆治理来促进国家发展。② 并指出国家治理是一个整体性的概念，它指国家运用其权力在国家的范围内动员和配置资源，解决国家面临的问题的行为和过程，国家治理即治理国家，而国家治理的政治地理空间维度，就是从国家政治地理空间的角度来谋划国家治理，以巩固国家的政治地理空间、充分挖掘和发挥地理空间在支撑和促进国家发展方面的功能，使地理空间有效地服务国家发展目标的一种选择，在国家疆域形态不断演变的条件下，国家治理的地理空间谋划或疆域治理必须不断地发展和变革。③ 进一步指出应立足国家疆域认知边疆，认识国家对边疆的治理、边疆治理在国家治理中的地位，这也成为认识和理解边疆的一个重要角度，坚持国家视角，把边疆置于

① 参见周平《国家视阈里的中国边疆观念》，《政治学研究》2012 年第 2 期。

② 参见周平《强化边疆治理　补齐战略短板》，《光明日报》2015 年 6 月 10 日第 13 版。

③ 参见周平《国家治理的政治地理空间维度》，《江苏行政学院学报》2016 年第 1 期。

国家疆域之上，以历史的眼光、紧扣国家治理、全面而完整地进行认识。①

国家发展需要政治地理空间思维，边疆是国家发展中的重要组成部分，应当成为国家发展阶段的前沿，重视边疆治理是国家治理体系和治理能力现代化的关键环节。周平教授从国家立场和国家视野的角度界定国家的边疆，这不仅满足了国家发展的现实需要，而且也为边疆研究提供了新的视角。② 并提出国家视角不仅不排斥其他视角的边疆研究，而且努力促成自身与其他视角之间的共通、共融，并期盼在推进与其他视角研究的共融中来共谋边疆研究的发展。③ 马宇飞认为我国的边疆与边疆治理是以“民族国家”为底衬与前提，而边疆治理是于整体性国域内，由异质性走向同质性的过程，国家视阈下边疆与边疆治理的一体性，实质是边疆治理的内在属性使然。④ 方盛举、陈然认为现代国家治理视野中的边疆是指我国领土范围内，国家权力管控效果不理想、治理难度较大，且存在较大管控风险和较多治理挑战的边缘性行政区域，现代国家治理中，边疆发挥着拱卫国家安全，保证国民经济持续发展，构筑生态屏障，滋养中华文化，发展周边公共外交等重要作用。⑤

4. 边疆治理中的安全问题研究

当前，在中国边疆治理中，边疆发展、边疆稳定、边疆安全依旧是关乎国家整体安全与发展的重要问题。尤其是随着全球化风险社会的到来，地缘政治的重大变迁以及改革开放以来我国社会转型，我国的边疆安全问题更加趋于复杂多样，并从整体上呈现出一种传统安全与非传统安全、国内安全与国际安全、生存安全与发展安全、政治安全与经济安全、文化安全与社会安全交响并织、盘根错节的局面，这些边疆安全问题繁复与凸显

① 参见周平《如何认识我国的边疆》，《理论与改革》2018 年第 1 期。

② 参见王燕飞、周平《中国边疆研究的国家立场的坚守者——人类学学者访谈之八十》，《广西民族大学学报》（哲学社会科学版）2017 年第 3 期。

③ 参见周平《边疆研究的国家视角》，《中国边疆史地研究》2017 年第 2 期。

④ 参见马宇飞《国家视阈下边疆与边疆治理的一体性》，《云南行政学院学报》2019 年第 1 期。

⑤ 参见方盛举、陈然《现代国家治理视角下的边疆：内涵、特征与地位》，《云南师范大学学报》（哲学社会科学版）2019 年第 4 期。

不但影响了边疆地区的安全与稳定，而且也直接关涉国家的总体安全和社会的良序运转，这就决定了在国家力量不断增长的基础上，高度重视边疆安全和边疆防御问题，不失时机地完善边疆治理体系和防御体系，实现边疆的主动安全。①

近年来，边疆安全问题主要沿着传统安全和非传统安全这样两条路径展开。徐黎丽、余潇枫认为当前我国边疆民族地区传统安全和非传统安全形势，均显现出非常严峻复杂的局面。② 史云贵、冉连认为边疆安全是国家安全的重要组成部分，是国家治理的重要内容，当前，中国在边疆安全方面存在地区经济社会文化发展相对落后、边疆治理理念滞后、利益冲突尖锐、民族宗教冲突形势严峻、政治认同模糊、非传统安全因素凸显等问题。③ 曹亚斌认为在传统安全路径下，边疆安全问题主要探讨如何维护既有的陆疆安全，以及如何拓展中国的海疆、空疆、利益边疆等问题；在非传统安全路径下，边疆安全问题则主要探讨如何应对受全球化影响而出现的诸如恐怖主义、跨国移民、传染病蔓延、资源能源短缺等威胁。④ 青觉、朱亚峰认为在世界地缘政治格局发生深刻调整的新形势下，区域发展不平衡、非传统安全威胁和大国地缘战略博弈等因素，制约着边疆的安全、稳定与发展。⑤

一个完整的现代化的国家治理体系是多个维度的，维护国家安全的安全维度就是其中之一。⑥ 从边疆安全治理路径来看，边疆的国家安全是整个国家安全体系中最为脆弱的环节，尤其是改革开放以来，我国边疆治理与国家核心区之间的治理，存在的共性问题就是在治理发展问题时都出现了严重的不平衡、不协调和不可持续的困境，某些困境在一些边疆地区更

① 参见周平主编《中国边疆政治学》，中央编译出版社 2015 年版，第 359 页。

② 参见徐黎丽、余潇枫《论边疆民族地区非传统安全问题及应对——以新疆为例》，《民族研究》2009 年第 5 期。

③ 参见史云贵、冉连《“五大发展理念”视域中的边疆安全问题及治理创新》，《学习与探索》2016 年第 7 期。

④ 曹亚斌：《全球治理视域下的当代中国边疆治理研究：一项研究框架》，《世界经济与政治论坛》2015 年第 3 期。

⑤ 参见青觉、朱亚峰《地缘政治视角中的西北边疆治理》，《兰州学刊》2019 年第 1 期。

⑥ 参见周平《国家治理的政治地理空间维度》，《江苏行政学院学报》2016 年第 1 期。

为突出，造成有些边疆地区出现了生态恶化、民生凋敝、村寨消失、人口大量向内地迁移的状况。① 孙勇、刘海洋、徐百永认为边疆治理与国家安全、平安中国建设等有着内在的强关联性，夯实边疆治理的基础，建构边疆治理体系，对实现国家整体的安全具有十分重要的意义，通过在边疆地区持续不断的治理，在“更高水平的平安中国”建设之中，坚持“共建共治共享”的前提和最终形成制度安排，是构建新时代边疆社会治理体系的必然要求，以此才能确保全国更高水平的安全目标任务的实现。② 颜俊儒从国家安全建设视角下审视边疆治理的路径，指出在其价值取向与路径、思路和举措等方面还存在诸多不足之处，针对这些不足，认为我国边疆民族地区唯有以国家安全建设为驱动力，创新治理思路、拓宽治理视野、开展跨界协作，推动其各项治理一体化运行，方能促进边疆民族地区治理事业可持续发展。③ 张立国认为边疆安全是国家安全的主要屏障，非传统安全逐渐成为边疆安全的主要威胁，边疆非传统安全具有系统性、复合性、跨域性、转化性和民族宗教性等特点，边疆非传统安全治理体系上的条块分割化，结构上的主体碎片化和能力上的整体滞后化之间的张力凸显了边疆非传统安全合作治理的必要性，构建边疆非传统安全的合作治理机制，应当从国家间安全合作、多主体联动、治理资源整合、治理制度建构等方面入手，整合不同区域、部门和组织的力量，架构多元主体合作治理网络。④ 并进一步指出“一带一路”倡议在给我国边疆地区带来巨大发展机遇的同时，也增大了边疆地区在政治、经济、社会和生态领域面临的非传统安全威胁，以“国家主义”倾向、政府属地化管理、社会有限参与等为特点的边疆非传统安全治理模式难以适应“一带一路”倡议下边疆非传统安全的跨域性、流动性和复杂性特点；因而，区域化的跨域治理模式就成

① 参见方盛举、吕朝辉《中国陆地边疆的软治理与硬治理》，《晋阳学刊》2013 年第 5 期。

② 参见孙勇、刘海洋、徐百永《“更高水平的平安中国”：基于总体国家安全观视域中的边疆治理》，《云南师范大学学报》（哲学社会科学版）2020 年第 4 期。

③ 参见颜俊儒《国家安全视角下我国边疆民族地区治理析论》，《贵州民族研究》2013 年第 2 期。

④ 参见张立国《边疆非传统安全的合作治理机制建构探析》，《西北民族大学学报》（哲学社会科学版）2017 年第 1 期。

为“一带一路”中边疆非传统安全治理的应然选择，跨域治理模式主张通过跨国合作、政府间协同、多元主体协作网络构建等途径，推动形成跨国家、跨区域、跨组织的边疆非传统安全协同治理格局。① 张付新、张云认为我国边疆安全治理的基本目标是保证边疆地区社会稳定与维护国家长治久安，安全政策与发展政策相互联系、相互依存，建立在牺牲“发展”政策基础上的“安全”政策是“虚幻”的，同样建立在牺牲“安全”政策基础上的“发展”政策是“脆弱”的，为实现我国边疆安全治理，需要有与之相适应的“和合共生”和“多元互动”的边疆安全治理战略。② 宋才发认为边疆民族地区安全治理是全局性综合治理，尤其要强化社会安全治理，边疆民族地区安全治理必须树立法治思维，法治思维是边疆民族地区安全治理的底线思维，“习惯法”治理是边疆地区安全治理的普惠举措，法治手段是边疆地区安全治理的根本手段，民族区域自治法是边疆安全治理的法治保障。③ 党的十八届五中全会提出了“创新、协调、绿色、开放、共享”五大发展理念，这为科学系统分析当前传统安全因素与非传统安全因素双重叠加造成的边疆安全困境，进而为破解边疆安全困境提供了有益的启示和创新性的治理路径。④

对于边疆治理中的安全问题的探讨也有一些区域、个案及具体层面的研究。在区域研究中，万秀丽、牛媛媛关注到西部边疆治理对国家安全的重要价值，西部边疆安全治理由于历史、地理、人文等因素，具有特殊性和复杂性，因此必须创新治理理念，通过坚持依法治理、深化改革实践、强化安全合作实现边疆治理的现代化。⑤ 在个案研究中，董有珍以临沧市

---

① 参见张立国《区域协同与跨域治理：“一带一路”中的边疆非传统安全治理》，《广西民族研究》2016 年第 4 期。

② 参见张付新、张云《安全—发展关联视域下的边疆安全治理》，《吉首大学学报》（社会科学版）2016 年第 5 期。

③ 参见宋才发《边疆民族地区安全治理的法治思维探讨》，《云南民族大学学报》（哲学社会科学版）2020 年第 2 期。

④ 参见史云贵、冉连《“五大发展理念”视域中的边疆安全问题及治理创新》，《学习与探索》2016 年第 7 期。

⑤ 参见万秀丽、牛媛媛《国家安全视野下西部边疆治理研究》，《实事求是》2018 年第 1 期。

为例，重点研究当前我国陆疆的边疆国家安全存在的隐患因素和有效的治理对策，认为威胁临沧市国家安全的主要因素包括传统安全及非传统安全因素并存、境外非主流意识形态强势渗透、毒品及艾滋病问题严重、人民群众参与边疆治理的积极性不高、民族问题长期存在等，提出维护临沧市的国家安全，有效开展边疆治理应该从以下几个方面着手：国家持续推进“睦邻、安邻、富邻”的战略政策、努力推进临沧市经济文化发展、提升民族凝聚力和向心力、尊重人民群众的主体地位并加强基层组织建设。①

具体层面有专门针对传统安全与非传统安全的细化研究。首先是传统安全研究。史云贵对边疆政治安全进行了专题探讨，认为陆地边疆政治安全是国家政治安全的重要组成部分，也是实现中国特色国家安全道路建设的重要目标。指出当前我国陆地边疆面临诸如领土主权威胁、“三股势力”侵扰、国家认同危机、经济利益分配失衡、边疆群体性事件多发、边疆网络舆情传播失序等传统与非传统交织的政治安全挑战，构建和运用战略边疆、利益边疆、文化边疆、和谐边疆、信息边疆的理念与方略，是保障我国陆地边疆政治安全，推进边疆治理体系与治理能力现代化，进而为推动国家治理能力现代化和建设中国特色国家安全道路奠定坚实的基础。② 李庚伦认为我国边疆政治安全治理主要涉及意识形态安全建设、政党执政安全建设、地方政权安全建设和国家主权安全维护等维度。对于我国边疆政治安全的维护和治理而言，我国边疆政治架构的建设是维护我国边疆政治安全的关键环节，国内政治生态层面的有效治理是维护我国边疆政治安全的重要领域，国际政治生态层面的相互合作是维护我国边疆政治安全的影响因素。③ 其次是非传统安全研究。孙宏年指出在非传统安全方面，近年来我国与周边国家合作成效明显，但是中国与邻国边境地区反恐、禁毒和疟疾、登革热、肺结核等防控任务依然艰巨，边境管控工作仍面临很大压力。因此，今后我国要发挥边疆地区特殊的区位优势，以联合禁毒、反

① 参见董有珍《当前我国西南边疆国家安全面临的挑战及其治理研究——以临沧市为例》，硕士学位论文，云南大学，2012 年。

② 参见史云贵《我国陆地边疆政治安全：内涵、挑战与实现路径》，《探索》2016 年第 3 期。

③ 参见李庚伦《我国陆地边疆政治安全治理研究》，博士学位论文，云南大学，2017 年。

恐、医疗卫生、减灾等为重点，有序拓展领域，逐步深化中国与相关国家的非传统安全合作，逐步形成沿边、沿海“非传统安全合作带”①。高朝凯认为边境乡村作为国家疆域的边缘性地带，是国家与国家之间的过渡性区域，属于外来安全威胁冲击的前沿，是当前非传统安全问题爆发的集中地区。在个案研究的基础上，提出当前边境乡村非传统安全问题具有时间上的偶发性、空间上的跨国性、内容上的广泛性和行为体的多样性。虽然H村在非传统安全治理过程中取得一定成效，但仍然面临“三非”人员、毒品泛滥和环境恶化三大非传统安全问题。要有效应对边境乡村非传统安全问题，就必须将边境乡村非传统安全问题的治理纳入国家治理和全球治理范畴，打造共建、共治、共享的安全治理格局，加强边境防控体系建设，构建防治结合的禁毒工作布局，加大生态保护与修复力度，同时健全乡村安全问题治理体系，建立安全预防、应对与评估机制。② 黄健毅专门探讨了边疆文化安全，认为边疆治理的核心任务在于增强边民的文化认同，在于维护边疆文化的安全，并认为在边疆，文化强国的战略意义重于内地，边疆文化安全与否，直接影响边疆乃至国家的安全与稳定；进一步指出维护边境文化安全需要发展特色产业解决边民的贫困问题，以“国门学校”培育合格边民以及提升边民的文化自觉。③

（二）生态安全研究

进入21世纪，生态危机显现，生态安全问题相继爆发，引起了自然科学与人文社会科学领域的广泛关注和重视。在学界，“生态安全”既是自然科学领域的重要命题，又是人文社会科学领域需要关注的一项命题，不同学科赋予了“生态安全”这一命题更为广泛的外延和丰富的内涵。近年来，学界关于生态安全的研究成果颇丰，主要集中于宏观理论和微观研究。

---

① 孙宏年：《中国与周边命运共同体视域下的边疆治理初探》，《云南师范大学学报》（哲学社会科学版）2020年第5期。

② 参见高朝凯《边境乡村非传统安全问题治理研究——以云南H村为例》，硕士学位论文，云南大学，2019年。

③ 参见黄健毅《边疆治理视野下的广西边境文化安全问题及对策》，《广西师范大学学报》（哲学社会科学版）2016年第1期。

1. 生态安全的理论研究

从生态安全的概念及内涵来看，在生态学视域下，王如松、欧阳志云认为生态安全的内涵不只是生存稳定性还有发展的支撑能力，不只是环境结构的安全还有生态关系的健全，生态安全不能只用自然生态风险和人类生态胁迫的负面威胁来测度，还要用自然生态服务的正面调节来测度，生态安全不仅可以通过防护修复来保障，还可以通过人工建设来强化。[①] 崔胜辉、洪华生概括生态安全是人与自然免受危害的状态，并提供保障条件使系统得到不断完善，生态安全的本质是生态风险和脆弱性，生态安全可通过评价分析脆弱性和不断改善各种措施来降低风险。[②] 周国富总结了生态安全的概念，提出了生态安全研究内容基本框架，认为生态安全是指一个国家或地区生态、环境的状况能持续满足社会经济发展需要，社会经济发展不受或少受来自生态环境的制约与威胁的状态，生态安全包括资源安全和环境安全两方面的含义。[③] 陈星、周成虎指出生态安全既体现为生态系统为人类提供良好的生态服务，又体现为生态系统自身保持完整和可持续性。[④]

从政治学视域来看，尤为关注生态安全问题的主要是生态政治学，将人与自然关系纳入政治学视野，极大地拓宽了传统政治学的研究内容，丰富了生态安全的内涵，为审视政治、经济、社会、文化、生态及其与人类的关系提供了新的理论范式。曲格平在国内较早系统阐述生态安全，指出生态安全一是防止生态退化对经济构成威胁，二是防止环境污染影响社会稳定，生态安全是资源生态环境能持续满足经济社会发展需要，最大限度地减少资源生态环境对经济社会发展的制约；同时，他还认为，生态安全已成为国家安全的热门话题，国家安全的重心正逐步向生态安全转移；并以中国为例，指出影响中国生态安全的因素，提出中国维护

---

① 参见王如松、欧阳志云《对我国生态安全的若干科学思考》，《中国科学院院刊》2007 年第 3 期。

② 参见崔胜辉、洪华生等《生态安全研究进展》，《生态学报》2005 年第 4 期。

③ 参见周国富《生态安全与生态安全研究》，《贵州师范大学学报》（自然科学版）2003 年第 3 期。

④ 参见陈星、周成虎《生态安全：国内外研究综述》，《地理科学进展》2005 年第 6 期。

生态安全应采取的战略重点和重要举措。① 俄罗斯学者 A. И. 科斯京提出了生态安全政治学，认为生态安全政治学既是一种现象也能成为一个研究方向，认为生态安全指的是保护个人、社会、自然和国家重要的生存资源，不受各种已经存在的或潜在的危害，而这些危害是由人类或自然对环境的影响造成的，生态安全涉及各个方面的问题，其中起着重大作用的是政治领域，通过政治来保护生态安全就要涉及生态政治学。② 方世南提出要从生态政治学的视角把握生态安全的政治意涵，认为生态政治的重大价值追求是生态安全，生态安全观作为一种有别于传统安全观的新安全观，也是一种新的政治观和新的人权观，认为生态安全或称为环境安全，是将生态环境问题与人的生存发展问题紧密的关联起来的一种新的安全观和新的人权观，也是一种关注人类社会以及每个人的自由全面发展的新的政治观。③ 赵建军、胡春立认为生态安全可以从狭义和广义两个层次来说。从狭义来说，生态安全是指生态系统的安全，包括三类：一是自然生态系统的安全，包括森林、草原、荒漠、湿地、海洋等；二是人工生态系统的安全，包括城乡、经济、社会的安全；三是生物链的安全，包括动物、植物、微生物等，我们所说的生物安全属于这个层次。生态安全具有整体性、综合性、区域性和动态性等特征；国家发展和改革委员会对国家生态安全的基本内涵做出过明确解释，即主要指一国具有支撑国家生存发展的较为完整且不受威胁的生态系统，以及应对内外重大生态问题的能力。④ 王国莲指出作为政治学视阈下的生态问题研究的新概括、新论断，在实践上表征着全球生态危机以及由此带来的人类生存危机的日益严峻和发展瓶颈的日益凸显，生态安全跃升为当代世界政治的焦点问题，在理论上对于

① 参见曲格平《关注生态安全之一：生态环境问题已经成为国家安全的热门话题》，《环境保护》2002 年第 5 期。

② 参见［俄］A. И. 科斯京《生态政治学与全球学》，胡谷明、徐邦俊、毛志文、张磊译，武汉大学出版社 2008 年版，第 220 页。

③ 参见方世南《从生态政治视角把握生态安全的政治意蕴》，《南京社会科学》2012 年第 3 期。

④ 参见赵建军、胡春立《加快建设生态安全体系至关重要》，《中国环境报》2020 年 4 月 13 日第 3 版。

开启政治学视阈下的生态问题研究新境界具有重要启示意义，认为生态安全是指人类生存和发展所需的生态环境处于不受或少受破坏与威胁的状态。①

从生态安全研究内容来看，是从生态风险研究而来的。20 世纪 90 年代末，我国学者围绕生态安全展开研究。陈星、周成虎指出 1994—2004 年间我国对生态安全的研究主要集中在生态系统的自身安全、分析与评价及生态服务三个方面，认为需要在可持续发展的基本理念的框架下，以人类与自然的和谐相处为基础，应用生态学、系统学原理、安全理论等研究人类活动与自然生态环境的响应机理和演化过程，从本质上认识生态安全，建立生态安全评价体系，构建生态安全监测、评价、预警和决策支持模型。② 肖笃宁指出，生态安全研究主要集中在生态系统健康诊断、生态安全的监测、预警、管理、保障及生态风险分析、景观安全格局等方面。③周国富指出生态安全研究内容应该包括生态（资源环境）安全评估、生态安全监测、生态安全趋势预测、生态安全政策、生态安全恢复方法对策等主要方面。④ 高吉喜认为生态安全管理是一项庞大的系统工程，将生态安全纳入国家安全管理框架，有利于整合资源开发利用、环境管理、生态保护等众多领域，协调各主管部门职责与利益，建立起分工明确、协调统一的国家生态治理体系，促进生态治理现代化。⑤ 一些学者将生态安全纳入非传统安全问题之中进行探讨。王逸舟系统地论述了包括跨国犯罪、毒品走私、恐怖主义、经济安全、资源安全和生态安全等在内的一系列非传统安全问题。⑥ 非传统安全研究的兴起源于传统安全的理论局限，旧的安全理论框架无法解释新出现的安全问题，由于非传统安全的跨国性、多样性

① 参见王国莲《“生态安全是政治进程的无上命令”——政治学视阈下的生态安全问题新论》，《理论导刊》2011 年第 11 期。

② 参见陈星、周成虎《生态安全：国内外研究综述》，《地理科学进展》2005 年第 6 期。

③ 参见肖笃宁等《论生态安全的基本概念和研究内容》，《应用生态学报》2002 年第 3 期。

④ 参见周国富《生态安全与生态安全研究》，《贵州师范大学学报》（自然科学版）2003 年第 3 期。

⑤ 参见高吉喜《生态安全是国家安全的重要组成部分》，http：//theory. people. com. cn/n1/2015/1218/c83846-27946338. html（2015 年 12 月 18 日）。

⑥ 参见王逸舟主编《全球化时代的国际安全》，上海人民出版社 1999 年版。

和广泛性特点，合作治理和多元治理在研究中得到充分重视，在全球化背景下，这对于推动国家和区域间合作，构建人类命运共同体具有重要意义。①

从生态安全理论研究来看，蔡俊煌总结了生态安全的三种理论：一是生态系统健康与环境风险评价理论，二是环境生态安全的国家利益理论，三是生态权利理论。② 吴柏海、余琦殷进一步将生态安全相关理论分为深层次理论和浅层次理论两种类型，其中深层次理论包括马克思主义生态观、可持续发展理论、“天人合一”思想，浅层次理论包括生态系统健康与风险评价理论、生态国家利益理论、生态权利理论、绿色经济理论。③ 俞孔坚等指出典型的生态安全格局由生态源地、廊道、缓冲区、辐射道和战略点组成，其中生态源地是整个生态安全格局建设的基础，其准确性和全面性对整个安全格局构建尤为重要。④ 生态安全格局理论强调，景观中存在某些潜在的生态系统空间格局，它由景观中的某些关键元素、局部、空间位置及其联系共同组成，通过控制和调控这些内容，可以实现对生物多样性的保护与恢复，维护生态系统结构、功能和完整性，从而有效控制区域生态安全，控制区域生态环境问题。⑤

此外，陆波、方世南认为生态安全观是习近平生态文明思想的重要内容，习近平以大安全时代的国家安全大思路和系统性的辩证思维方法，不仅把生态环境安全看作国家安全体系的重要基石和经济社会持续健康发展的重要保障，而且把有效防范生态风险、维护生态安全看作构建人类命运共同体的坚实基础；习近平生态文明思想的生态安全观的形成是应对当前全球生态危机的迫切需要，是对马克思主义生态安全观的继承和发展，对于构建全球生态安全体系，推动全球生态治理合作共赢，具有重大的理论

① 参见高朝凯《边境乡村非传统安全问题治理研究——以云南 H 村为例》，硕士学位论文，云南大学，2019 年。

② 参见蔡俊煌《国内外生态安全研究进程与展望——基于国家总体安全观与生态文明建设背景》，《中共福建省委党校学报》2015 年第 2 期。

③ 参见吴柏海、余琦殷等《生态安全的基本概念和理论体系》，《林业经济》2016 年第 7 期。

④ 参见俞孔坚、李海龙、李迪华等《国土尺度生态安全格局》，《生态学报》2009 年第 10 期。

⑤ 参见肖俞、吴学灿、周盈涛等《云南省生态保护红线划定对生态安全格局优化的作用》，《环境科学导刊》2017 年第 2 期。

与实践意义。①

2. 生态安全的微观研究

首先是将研究层面深入区域性的生态安全保护与建设方面，以当地保护和建设生态系统、维护生态安全为主的研究成果颇多。孙鸿烈、郑度、姚檀栋等针对当前高原生态安全状况，在总结相关研究成果和生态建设实践经验的基础上，提出了加强青藏高原国家生态安全屏障保护与建设的对策建议：加强气候变化对青藏高原生态屏障作用影响及区域生态安全调控作用的基础研究；系统开展高原生态安全屏障保护和建设关键技术研究与示范推广；部署建设生态屏障功能动态监测体系，加强生态安全屏障保护与建设成效评估，构建评估体系和标准，并凝练经验，以系统提升国家生态安全屏障的总体功能，在应对全球变化中占据主动地位。② 刘小勤、尹记远专门以边疆民族地区生态文明建设为中心研究生态安全问题，在生态安全视角下探索云南少数民族地区的生态文明建设。③ 刘沛林指出长江水灾的频繁发生是长江流域不合理的垦殖导致大幅度水土流失和河湖淤塞、水位抬升的结果，归根结底是流域生态安全体系严重失控所致，只有尽快建立国家生态安全体系，才能从根本上减轻长江水灾的危害，确保国民的生存和国家的安全与发展；国家生态安全体系建设的战略重点是生态安全网、生态战略点及生态脆弱区的恢复与重建。④

其次是对土地安全、水资源安全、生物安全等具体层面的生态安全问题进行探讨，成果显著。熊建华认为土地生态安全评价是土地生态安全研究的基础，土地生态安全预警是土地生态安全研究的重要手段，土地生态安全状况与经济发展耦合协调是土地生态安全研究的必要环节，土地生态

---

① 参见陆波、方世南《习近平生态文明思想的生态安全观研究》，《南京工业大学学报》（社会科学版）2020 年第 1 期。

② 参见孙鸿烈、郑度、姚檀栋等《青藏高原国家生态安全屏障保护与建设》，《地理学报》2012 年第 1 期。

③ 参见刘小勤、尹记远《生态安全视阈下的云南少数民族地区生态文明建设》，《云南行政学院学报》2012 年第 4 期。

④ 参见刘沛林《从长江水灾看国家生态安全体系建设的重要性》，《北京大学学报》（哲学社会科学版）2000 年第 2 期。

安全调控是土地生态安全研究的目标，土地生态安全重构与空间优化布局是土地生态安全研究的落脚点。基于此，提出“评价—预警—调控—重构”一体化的土地生态安全研究理论框架。① 赵钟楠、田英等认为水资源安全保障是总体国家安全观中的重要任务之一，特殊的国情水情和经济社会发展阶段，决定了我国面临着较为复杂严峻的水资源安全保障形势，需要立足于总体国家安全观，采取更为系统综合的水资源安全应对策略。② 生物安全是生态安全的重要组成部分，肖晞、陈旭立足于政治学视野，指出应对生物安全挑战，既需要战略引导下的大国决断，也需要在命运共同体理念下加强国际合作；中国应进一步采取多元综合的治理手段，提高维护安全的能力，更好地实现国家安全战略目标。在推进生物安全治理的过程中，中国应以顶层战略设计为先导，以法制体系构建为基础，以科技攻关为核心，以治理机制建设为关键，以国际协作为动力，携手共建人类卫生健康共同体。③

此外，跨境生态安全也是学界关注的热点问题。张立国认为我国的边疆地区和“一带一路”沿线国家均属于生态环境较为脆弱的地区，共同面临着水资源短缺、自然灾害频发和气候变化等大量生态性非传统安全问题，这些沿线国家和地区的生态环境治理体系和能力均较为滞后，环境资源问题与民族宗教、地方冲突等因素相互纠缠，生态、资源等议题一旦处理不慎，十分容易演化成为政治问题，从而对“一带一路”建设产生掣肘；而且由于边疆地区与“一带一路”沿线国家人员和商贸往来的快速发展，外来物种进入边疆地区的通道增多和几率加大，随之外来有害物种侵入边疆地区的风险陡增，边疆地区将长期成为遭受外来有害物种侵袭严重的地区，从而对我国的边疆生态安全产生不利影响。④ 何大明极为重视跨境流域与生态安全问题，认为伴随着经济全球化和区域集团化，跨国资源

---

① 熊建华：《土地生态安全研究理论框架初探》，《国土资源情报》2018 年第 7 期。

② 参见赵钟楠、田英、李原园、王尔菲耶、黄火键、袁勇《总体国家安全观视角下水资源安全保障策略与关键问题思考》，《中国水利》2020 年第 9 期。

③ 参见肖晞、陈旭《总体国家安全观下的生物安全治理——生成逻辑、实践价值与路径探索》，《国际展望》2020 年第 5 期。

④ 参见张立国《区域协同与跨域治理：“一带一路”中的边疆非传统安全治理》，《广西民族研究》2016 年第 4 期。

的分配和利用走向全球化，其所带来的负面影响如跨境生态安全等问题也具有全球性特征。[①] 柳江、武瑞东、何大明认为陆疆跨境生态问题呈现出以跨境水问题为核心，土地等自然资源利用、动植物保护与生物入侵防控、灾害监测与预防等多方面多层次发展的态势，跨境问题与全球变化相互交织，在某些区域呈现加剧的趋势；创新安全理念，进行深度地缘合作已成为应对跨境生态安全问题主流思维。[②] 邢伟认为在新形势下，共同、综合、合作、可持续的亚洲安全观定义了澜湄水资源安全治理的战略内涵，澜湄水资源安全治理有助于促进流域国家间关系的发展，有利于加强中国—东盟关系，也符合"一带一路"发展要求，澜湄水资源安全治理需要依靠多层次的跨境水资源安全治理模式，应加大与安全议程和可持续发展理念相关的考量，并积极推动国内非政府组织走向世界。[③]

（三）生态治理研究

国内外学界分别用生态政治学、环境管理学、政治经济学等不同领域的理论与方法对生态治理进行了探讨，成果颇丰。

1. 生态治理理论的相关研究

（1）国外关于生态治理的理论研究

在生态治理过程中，最早也最具有代表性的著作是生物学家蕾切尔·卡逊出版的《寂静的春天》一书，该书首次向人类提示了环境污染对生态系统和人类社会产生的巨大破坏，对公众参与环境保护运动起到了重要作用，对政府参与到生态治理之中产生了积极影响。[④] 美国学者 K. A 沃科特、J. C 戈尔登等对生态治理和管理的研究内容进行了界定，一是管理制度和措施本身，二是生态学的研究和扩展，三是环境立法和环境政策的制

---

① 参见何大明《全球化与跨境水资源冲突和生态安全》，"地理教育与学科发展——中国地理学会 2002 年学术年会"论文摘要集，2002 年。

② 参见柳江、武瑞东、何大明《地缘合作中的陆疆跨境生态安全及调控》，《地理科学进展》2015 年第 5 期。

③ 参见邢伟《澜湄水资源安全治理的内涵、意义与发展建议》，《中国—东盟研究》2019 年第 1 期。

④ 参见［美］蕾切尔·卡逊《寂静的春天》，吕瑞兰、李长生译，吉林人民出版社 1997 年版。

定。20 世纪 70 至 80 年代，生态治理运动主要是对经济活动造成的生态后果加以研究；到 20 世纪 90 年代，随着可持续发展理论的普及，人们开始对原有的以牺牲资源和环境为代价的经济发展模式提出疑问，积极探索一种可持续发展的经济模式；1990 年，英国环境经济学家 D. Pearce 和 R. K. Turner 首次提出“循环经济”的概念，突破了传统的末端治理的局限，从资源开采、生产、运输、消费和再利用的全过程来控制环境污染问题的产生。①

从治理的主体来看，Daniel、Steven E.（1996）运用“压力—状态—响应”（PSR）模型分析生态安全治理中公众参与效果。一些学者提出了多元主体参与，如“协同治理”（Hermann Haken，1989）、“多元共治”（Gay Peters，2001；Donald Keitel，2002）的治理理论。从治理的路径来看，德国的马丁·耶内克曾经将生态治理的路径分为四种：修复补偿、末端治理、生态现代化、社会结构性改革。Chris Ansell（2008）、Kirk Emerson（2012）、Elinor Ostrom（2012）运用博弈论研究公共资源的可持续，G. Halkos（2021）强调运用环境技术，M. D. Briscoe（2021）注重协调社会与环境发展。Mike Hodson、Simon Marvin（2009）提出“安全城市化”和“弹性基础设施”，E. S. Sawas（2009）提出市场化和民营化。②

（2）国内关于生态治理的相关研究

吴兴智认为开放型生态治理模式整合了政府治理结构、产业发展结构以及多元社会主体的参与等维度，民生改善成为不可或缺的价值诉求，这是正义与公众参与作为生态社会本质所在的客观要求，也是我国生态治理走出生态现代化结构性困局的必然选择，开放型生态治理模式的核心机制在于其开放性，即在经济、社会、政治、生态的发展变迁中，生态治理模式不同维度的相应发展变迁。③ 杨美勤认为生态治理现代化是实现国家治

① 参见王库《中国政府生态治理模式研究——以长白山保护开发区为个案》，博士学位论文，吉林大学，2009 年。

② 参见王浦劬、臧雷振编译《治理理论与实践：经典议题研究新解》，中央编译出版社 2017 年版。

③ 参见吴兴智《生态现代化：反思与重构——兼论我国生态治理的模式选择》，《理论与改革》2010 年第 5 期。

理现代化的内在要求，生态治理多元分离的现状和“治理失灵”所反映的治理能力不足要求我们重视以行动体系为中心的生态治理现代化建设，生态治理现代化的关键在于实现生态治理的共治共享，从完善生态立法、明确主体权责、构建多元参与机制、打造开放评价机制四个方面入手，构建完善的生态治理行动体系，推进生态治理现代化。① 王伟从复杂适应系统理论视角出发，以复杂非线性思维为指导，提出要将生态系统纳入人类社会经济系统之中，并侧重于在经济学意义上，借用经济学的思维方式、分析方法和分析工具，解析和挖掘生态安全问题爆发的根源所在，并探寻适宜我国转型期生态安全与治理的更优替代制度。②

就生态治理的路径而言，杜飞进认为生态治理体系与生态治理能力是一个相辅相成的有机整体，生态治理体系从根本上决定了生态治理能力的强弱，生态治理能力又反过来影响生态治理体系的效能，推进中国特色生态治理现代化，必须吸取世界生态治理实践的有益成果，坚持以中国特色社会主义社会形态为前提，以优秀中华文化为基础，以建设美丽中国为目标，以正确处理人与自然关系为核心，以生态文明建设融入经济建设、政治建设、文化建设、社会建设各方面和全过程为要求，从治理理念、治理主体、治理方式、治理机制等方面全方位探寻现代化路径。③ 曹国志在生态安全风险与治理战略的基础上，以“全过程”治理为主线，以“体系化”治理为核心，从统筹源头防控、切实强化运行治理、全面落实风险管控、及时妥善处置突发环境事件、全面提升基础能力等六个方面，通过理论方法阐释、制度体系分析以及典型案例穿插等，以多维的特征化视角系统分析了构建生态安全治理新格局的要点和对策。④ 张鼎华、徐丹萍从生态安全内涵的角度，运用公共安全“三角形”理论框架对生态安全问题进

---

① 参见杨美勤、唐鸣《治理行动体系：生态治理现代化的困境及应对》，《学术论坛》2016年第10期。

② 参见王伟《转型期中国生态安全与治理：基于CAS理论视角的经济学分析框架》，博士学位论文，西南财经大学，2012年。

③ 参见杜飞进《论国家生态治理现代化》，《哈尔滨工业大学学报》（社会科学版）2016年第3期。

④ 参见曹国志、於方《生态安全治理新格局》，国家行政学院出版社2018年版。

行分析，认识生态安全中各关键要素的属性特点、掌握关键要素间的联系和规律，提出强化灾害要素管理及监控、影响突发事件演化进程、提升承载载体承受能力可为推进生态安全治理进程中的政府提供策略参考。[①] 郇庆治提出协同推进生态治理体系与治理能力现代化。[②]

从政府管理层面来看，高小平提出生态管理就是政府通过行政职能、管理行为和政策调控，依法对生态与环境进行保护、修复和改善。[③] 肖建华、邓集文认为建立多中心合作治理结构、提升政府环境治理能力、构筑公众参与的基础、建立政府与企业的合作伙伴关系将成为生态环境治理的有效途径。[④] 方世南认为环境问题直接影响公众利益，政府作为维护公众利益的公共权力机构，在环境治理中处于主导地位，必须实施政府主导型的环境治理战略；环境治理是一项复杂的系统工程，要有效克服在环境治理中的“政府失灵”现象，政府必须按照科学发展观的要求，具有强烈的环境责任意识和高超的环境治理能力。[⑤] 黄爱宝认为在生态善治目标下建设生态型政府，必须以生态环境利益最大化为根本出发点，以善治的基本要素为标准，实现政府与生态市场、政府与生态企业、政府与生态公民社会、政府与生态公民个人等良性互动的合作生态管理过程。[⑥] 潘家华从治理的三种不同的英文词意内涵进行了探讨，一是处理，例如污染治理（Pollution Treatment），通过技术设施和管理手段处理污染，使污染排放达标或污染得到管控；二是管理，例如环境管理（Environmental Management），通过自上而下的行政手段对污染物排放、处理、标准或环境质量水平等进行有效管控；三是共治，例如环境治理（Environmental Governance），通过

① 参见张鼎华、徐丹萍《生态安全治理分析及应对——基于公共安全“三角形”理论模型研究》，《环境科学与管理》2020 年第 2 期。

② 参见郇庆治《环境政治学视角下的国家生态环境治理现代化》，《社会科学辑刊》2021 年第 1 期。

③ 参见高小平《政府生态管理》，中国社会科学出版社 2007 年版。

④ 参见肖建华、邓集文《多中心合作治理：环境公共管理的发展方向》，《林业经济问题》2007 年第 1 期。

⑤ 参见方世南、张伟平《生态环境问题的制度根源及其出路》，《自然辩证法研究》2004 年第 5 期。

⑥ 参见黄爱宝《生态善治目标下的生态型政府构建》，《理论探讨》2006 年第 4 期。

涉及环境治理目标或对象的多家主体或各权益方（Stakeholders）共商协同应对。①

2. 生态治理的微观研究

首先是基于区域及个案进行的探讨。司林波、张锦超认为协同治理是地方政府处理跨行政区生态环境问题的有效手段，也是提升治理现代化水平的必然选择，以京津冀、长三角与汾渭平原等三大国家生态治理重点区域的生态治理实践为案例研究对象，通过所构建的跨行政区生态环境协同治理动力机制分析框架对三大国家生态治理重点区域生态治理的动力源流、承载场域及协同过程进行分析。基于动力机制特征，提出三种不同类型的治理模式，即以京津冀地区为代表的"等级权威"治理模式、以长三角地区为代表的"府际协商"治理模式，以及以汾渭平原地区为代表的"运动式"治理模式，并根据不同的实践情境对三种治理模式进行适用性分析。② 田学斌、刘志远认为只依靠政府力量进行生态治理收效甚微且难以持续，推进京津冀跨区域三元生态协同治理，充分发挥三元主体——政府、市场及社会的能动性，并建立公司化运作的京津冀生态协同治理机构来协调各方利益，以期建立长效化的京津冀生态治理体系，实现京津冀地区生态保护与经济发展的互利共赢。③ 崔晶认为在生态环境治理中，环保政策在纵向政府层层执行中的怠惰拖延以及政府部门、地方政府对横向环境协作的忽视冷漠导致了跨域生态环境协作的困境。并以祁连山生态环境治理为例，提出作为枢纽和信息交汇处，纵向"中继者"组织——中央环保督察组和生态环境部地方派出执法监督机构，以及横向"中继者"组织——跨域生态环境协作治理组织，可以推进中央政府、地方政府、跨域协作组织、企业、非营利组织、学者、民众等行动主体的协作治理。在生态治理过程中，各个行动主体在理性的"搭便车者"和无私的奉献者之间

① 参见潘家华《循生态规律，提升生态治理能力与水平》，《城市与环境研究》2019 年第 4 期。

② 参见司林波、张锦超《跨行政区生态环境协同治理的动力机制、治理模式与实践情境——基于国家生态治理重点区域典型案例的比较分析》，《青海社会科学》2021 年第 4 期。

③ 参见田学斌、刘志远《基于三元协同治理的跨区域生态治理新模式——以京津冀为例》，《燕山大学学报》（哲学社会科学版）2020 年第 3 期。

面临两难选择，抑制行动主体的自利性并强化其为公共利益服务的利他性是实现协作治理的关键；同时，地方政府可以通过研究型事业单位和政府的派出机构与民众、学者等行动主体就环境治理问题进行协作，形成跨域治理的“空间利益共同体”。①

其次是专题性探讨。张劲松、任远增认为区域生态治理是对抗全球性生态危机的一种有效形式，政府、公民社会、市场应组成共同的治理集体采取集体行动，但它面临着主体缺失、行动无序、治理滞后和盲目等困境，导致这一困境既有理论匮乏原因，也有制度缺失原因，随着理论范式的转变和可选择性激励措施的采取，集体行动成为可能；在利益表达与调谐中，可寻找到生态危机解决路径，政府应该发挥主导作用，公民社会应积极参与，同时市场也要突出其应有的作用，只有这样，才能解决区域生态治理中集体行动的困境。② 丁国和基于协同视角考量区域生态环境这一公共事务治理问题，强化共容意识，致力摆脱传统路径依赖，努力形成一种“综合决策、联合执法、组织激励、信息共享”的生态治理协同机制，这是生态资源特性的内在要求、政府治理创新的实践要求、生态文明建设的实然要求，也是实现区域生态共容利益的应然逻辑。③ 冯丹娃、刘琳指出生态资源区域化、整体化的特性和地方单独治理的不足，要求政府推行生态环境区域合作治理，但是由于中央与地方政府间“博弈”，地区政府间竞争和官员追求政治晋升等问题的存在，造成生态治理区域化面临一系列的困难。对此，政府必须通过完善立法，建立考核、补偿、技术投入并存机制，推动建立区域生态治理机构，推行多主体合作治理等措施促进生态治理的有效推进。④ 乐欣瑞认为生态环境问题具有渗透性高、空间大与整体性强的特点，属于典型的公共问题，加之生态环境与公众自身的利益息息相关，各利益相关主体也纷纷要求加入生态问题的治理之中，建立多

① 参见崔晶《跨域生态环境协作治理中的集体行动：以祁连山区域生态治理为例》，《改革》2019 年第 1 期。

② 参见张劲松、任远增《论区域生态治理中的集体行动》，《晋阳学刊》2013 年第 2 期。

③ 参见丁国和《基于协同视角的区域生态治理逻辑考量》，《中共南京市委党校学报》2014 年第 5 期。

④ 参见冯丹娃、刘琳《生态治理区域合作策略》，《学术交流》2016 年第 10 期。

层次、多元主体共同参与的生态治理模式成为客观发展的趋势。[①] 郭永园认为软法治理是跨区域生态治理的一种新模式，可以弥补传统法律制度在跨区域生态治理中的不足，完善生态法律责任体系，拓展生态治理法治化的疆域；针对我国跨区域生态治理中软法规范的实然情形，应丰富软法类型，增强硬法对软法的规范保障，拓展软法运用范围，构建跨区域生态治理的法治新思路，以促进跨区域生态协同治理能力和体系的现代化。[②] 赵美欣认为生态环境系统的不可分割性要求生态环境治理具有整体性，目前我国生态文明建设强调“大环保”建设，其中跨区域生态环境治理成为国家生态文明建设的重要内容，强调生态环境的系统性、整体性治理。整体性治理理论从治理理念、组织结构、运行机制和技术系统四个层面为跨区域生态治理提供了全面的分析框架。并认为目前我国在跨区域生态治理方面面临治理理念落后、组织结构碎片化、运行机制亟待健全、技术系统存在缺陷的困境，强调通过更新治理理念、调整组织结构、创新运行机制、优化技术系统来解决跨区域生态治理问题，推动我国跨区域生态治理，以改善人居环境，建设美丽中国。[③]

（四）边疆生态安全治理研究

在传统边疆治理的概念中较少将边疆生态安全纳入这一理论框架之下。随着生态被纳入“五位一体”总体布局之中，生态文明建设提上国家日程，成为国家战略布局的重要一环。边疆生态安全是我国国家安全战略中的关键环节，在我国的战略布局中占有极其重要的地位。我国边疆地区是生态安全屏障建设的关键区域，更是全面构筑面向西亚、中亚、东北亚、东亚、南亚、东南亚的跨界生态安全防线，对于促进“一带一路”沿线国家生态交流与合作，构建人类命运共同体具有重大意义。

---

① 参见乐欣瑞《区域生态治理的协作困境与优化路径研究》，硕士学位论文，南宁师范大学，2015年。

② 参见郭永园《软法治理：跨区域生态治理现代化的路径选择》，《广西社会科学》2017年第6期。

③ 参见赵美欣《整体性治理理论下跨区域生态治理研究》，《云南农业大学学报》（社会科学）2022年第2期。

1. 边疆生态安全治理的多学科研究

目前，边疆生态安全已经成为政治学领域关注与研究的重要内容，并将其放置于国家安全视域下进行考量。边疆地区的生态和环境状况对国家生态安全的影响很大，甚至还会造成国际影响。① 方盛举教授认为我国当前面临的国家安全问题极其严峻，国家安全挑战是全方位的，我国边疆民族地区的国家安全威胁尤为突出，主要包括政治安全威胁、国土安全威胁、军事安全威胁、经济安全威胁、文化安全威胁、生态安全威胁和资源安全威胁等。② 林丽梅、郑逸芳认为边疆生态安全是国家生态文明建设的重要实践内容和应对全球性生态问题的关键，边疆生态安全的重要性及其严峻的安全形势决定了边疆生态治理的战略性、紧迫性和艰巨性，而其生态禀赋的交错性和脆弱性以及社会发展的不平衡性，则加大了边疆生态环境建设的复杂性和长期性，国家生态文明建设战略部署为推进边疆生态治理带来了新的时代性机遇；面对重大机遇和严峻挑战，只有高度强调边疆生态治理的全局性战略意义，认清边疆地区的自然、政治、经济和文化特征，把保护环境、修复环境和提高供应生态产品能力作为首要任务，处理好复杂的供给主体关系，厘清政府与市场作用的边界，将边疆生态治理置于国家安全战略的高度加以审视，才能为国家安全构筑牢固的生态屏障，实现国家生态文明建设和国家安全战略。③

从政治学视角来看，对边疆生态安全治理问题及策略的相关研究比较集中。方盛举认为在美丽中国的整体框架下，要科学定位边疆的生态功能与责任，通过有效的生态治理，在边疆培育先进的生态文化，形成绿色的生产生活方式，建设优良的生态环境；边疆问题系统就包含了边疆的国家安全问题和生态保护问题，对于这一问题的解决需要区域主义的边疆治理模式。④

---

① 参见方盛举《当代中国陆地边疆治理》，中央编译出版社 2017 年版。

② 参见方盛举《对我国陆地边疆治理的再认识》，《云南师范大学学报》（哲学社会科学版）2016 年第 4 期。

③ 参见林丽梅、郑逸芳《我国国家安全视阈中的边疆生态治理研究》，《探索》2016 年第 4 期。

④ 参见方盛举《对我国陆地边疆治理的再认识》，《云南师范大学学报》（哲学社会科学版）2016 年第 4 期。

林丽梅、郑逸芳认为“治国必治边”，边疆生态安全关乎国家的整体安全，这要求边疆地区尽可能地合理利用边疆资源禀赋条件实现“三大效益”相统一，转变生产生活方式以促进资源高效利用，健全生态补偿机制以提高治理主体积极性，以及充分利用国际资源开展合作治理等推进生态治理，维护国家安全。① 谢贵平认为边疆地区的生态环境破坏、跨境水污染与大气污染威胁人类安全、国际安全、人的生存安全，边境地区面临跨国外来生物入侵、传染病、土壤污染等问题，可能会造成意想不到的跨国家、跨区域甚至全球性的灾难。随着全球化的进展以及人口流动，这些非传统安全威胁往往表现为不确定、非战争侵害，其跨境传播的速度快、范围广、频率高，使应对难度日益加大，需要重新审视陆疆安全威胁的时代性与特殊性，面对陆疆安全威胁的新难题，转变理念、创新思维，改变某些过时的价值立场与边疆安全治理范式，探索边疆安全治理的新方略与新路径。② 代兰海、薛东前认为传统以经济优先发展、条块分治管理、社会有限参与、“国家主义”惯性为特征的生态治理模式，难以适应新形势下边疆生态安全治理系统性、整体性和跨境性需求，亟须转型提升；边疆生态安全治理重构是一个涉及“价值—制度—行动”的系统工程，理念革新、体制完善、结构优化与能力提升是区域生态治理重构的基本思路。③ 青觉、吴鹏提出要坚持和完善生态文明制度体系，促进边疆地区人与自然和谐共生。④ 赵宝海认为通过强调“生态边疆”，国家实现了建构绿洲生态空间、重构牧民生活空间的合法性，这得到了生态学、水利工程学等知识体系的支持。⑤ 罗静从国家治理的角度重新审视气候变化对边疆的影响，认为边疆不仅仅是中国的生态屏障所在，由于地理地貌的构成特点，也是最易受

① 参见林丽梅、郑逸芳《我国国家安全视阈中的边疆生态治理研究》，《探索》2016 年第 4 期。

② 谢贵平：《中国陆疆安全的识别、评估与治理》，《国际展望》2016 年第 5 期。

③ 参见代兰海、薛东前《“一带一路”建设与西部边疆生态治理重构》，《社科纵横》2021 年第 2 期。

④ 参见青觉、吴鹏《新时代边疆治理现代化研究：内涵、价值与路向》，《中国边疆史地研究》2020 年第 1 期。

⑤ 参见赵宝海《生态边疆的诞生——关于额济纳绿洲抢救工程的环境政治学分析》，《内蒙古师范大学学报》（哲学社会科学版）2014 年第 6 期。

到气候变化影响的区域，未来气候持续变化的情况下，边疆地区在水安全、粮食和国土安全、生态环境安全、海岸线安全和重大工程安全方面都面临极大的挑战，这些都将成为边疆治理的新内容，建立边疆适应气候变化的长期机制是边疆可持续发展的重要保障，也成为当今边疆治理体系的重要组成内容。① 袁沙认为习近平边疆生态治理重要论述是解决我国边疆生态环境问题，满足人民群众对美丽边疆的需要，维护中国和周边邻国边疆生态安全与可持续发展基础上形成的系统认识，是马克思主义生态思想与中国边疆生态治理实践相结合的时代产物，其中包含中国古代生态观的朴素思想，与中国共产党历代领导人边疆生态治理思想一脉相承，具有鲜明的法治特征，强调边疆生态治理要坚持法制先行，严格执法，全民守法，在具体实践中坚持党的领导和陆海统筹原则，旨在筑牢中国边疆生态安全屏障。②

从边疆学视角来看，周琼指出边疆安全已经不仅是政治、经济、军事层面的问题，也是生态系统恢复及发展层面的重要问题，边疆地区的生态安全在某种意义上具有了国防安全的内涵。③ 吕文利指出推进边疆生态治理，关键在于因地制宜，生态保护要因地施策、因类施策，制定区域性政策，要推进生态治理现代化“绿色力”建设，全面提高资源利用效率。边疆地区森林、海洋、草原、湿地、荒漠等生态系统密集分布，要注意生态保护与经济发展相互协调的问题，着力解决“守着青山绿水却喝着清汤寡水”的突出问题，建立生态产品价值实现机制，在边疆地区探索和完善市场化、多元化生态补偿，使民众有更强的获得感。④

从经济学视角来看，高天跃提出了西南民族地区生态经济型治理的概念，尝试建构生态经济理念、生态经济机制、生态经济平台及生态经济项

① 参见罗静《气候变化、气候安全与边疆治理——边疆适应气候变化的挑战和应对》，《中国边疆学》2018 年第 1 期。

② 参见袁沙《习近平边疆生态治理重要论述的内在逻辑》，《治理现代化研究》2022 年第 1 期。

③ 参见周琼《环境史视域中的生态边疆研究》，《思想战线》2015 年第 2 期。

④ 参见吕文利《新时代中国边疆治理体系与治理能力现代化：意蕴、内涵与路径》，《云南社会科学》2021 年第 1 期。

目“四位一体”的民族地区群众治理体系，让自治主体在划定自治单元中开展自治事务，快速响应及时处理公共性自治事宜，实现最小层次的自我管理、自我服务、自我发展。① 从民族学视角来看，子志月认为在环境治理中应为少数民族妇女提供发挥能动性的平台，并强调社会性别分析对边疆生态环境治理的积极意义，以及少数民族妇女在边疆地区生态安全的建设过程中所发挥的独特而重要的作用。② 从档案学视角来看，华林等认为云南散存有大量的少数民族环保碑刻档案，这些碑刻档案涉及封山育林、保护瞿塘水源等方面的环境保护内容，开展其档案资源建设，有利于形成专题性生态档案，为服务边疆民族地区生态治理奠定档案资源基础。③

2. 边疆生态安全治理的区域研究

从边疆生态安全治理的区域研究来看，主要集中于西部边疆生态安全及其治理研究。罗中枢探讨了新时期西部边疆生态安全屏障建设及其实施路径，包括西部边疆生态资源的开发、利用、保护、修复的经济机制，重大生态安全风险监控体系构建，全域型防灾减灾新体系建设，民族地区生态移民的经济绩效评价，喜马拉雅区域、三江源以及祁连山生态脆弱区等重点区域的生态安全风险防治，青藏高原生态环境保护法治化，三江源退牧还草与生态移民，西部边疆重大生态安全问题应对的双边、多边合作机制等。④ 李声明从国家安全的高度审视西部边疆生态安全，认为新疆、西藏、内蒙古、广西分别是我国西部边疆、北部边疆、南部边疆重要生态涵养区和生态安全屏障区，其生态环境建设不仅关乎国家生态安全，也对我国国家安全带来重大影响，必须从建设生态文明，树立绿色发展理念，建立生态环境补偿机制，保护生态环境制度，加强与周边国家生态环境建设

① 参见高天跃《西南边疆民族地区生态经济发展与社会治理结构建设研究》，《黑龙江民族丛刊》2015 年第 5 期。

② 参见子志月《社会性别视角下少数民族妇女在边疆生态治理中的作用分析——基于对怒江傈僳族的调查》，《民族学刊》2018 年第 4 期。

③ 参见华林、李莉、董慧囡《边疆生态治理视域下云南少数民族环保碑刻档案资源建设研究》，《兰台世界》2021 年第 4 期。

④ 参见罗中枢《中国西部边疆研究若干重大问题思考》，《四川大学学报》（哲学社会科学版）2015 年第 1 期。

合作与协调等方面重视西部边疆民族地区生态环境建设和保护。① 刘懿娴从生态政治学视角出发，对西北生态环境治理进行了专门探讨，在多元主体治理研究的基础上引入协同治理概念，以进一步理清治理主体之间竞争与合作的关系，提出生态环境协同治理的路径选择，即努力提升西北地区公众的生态权益意识，并以制度创新为依托，从而构建以政府为主导的生态环境协同治理体系，推进我国西北地区生态安全屏障的建设。②

李若愚、侯明明等认为云南省以其得天独厚的自然条件孕育了丰富而又脆弱的生物多样性资源，然而外来物种入侵破坏了云南的生物多样性，威胁到国家的生态安全，分析了外来物种入侵、生物多样性及生态安全三者之间的关系，提出生物多样性资源是我国的核心竞争力所在，要将维护生态安全提升到国家战略高度予以重视，同时采取多种措施防范外来物种入侵。③ 赵春盛、崔运武以云南省为例，在国家战略规划背景下探讨了省域生态安全风险管理现状、问题及其原因，重点讨论了区域产业转移、跨境交往行为、生产生活方式变迁等对生态安全构成的风险挑战。④

3. 西双版纳生态安全治理相关研究

目前，学界缺少关于西双版纳生态安全治理的专门性成果。相关研究多集中于生态学领域，聚焦于西双版纳流域生态安全、土地生态安全以及生态安全法律制度、生态保护与修复。

郭宗锋、马友鑫认为随着人类活动范围的扩大和程度的加剧，流域土地利用、土地覆被变化对水文循环、水土流失、气候变化以及生物多样性

① 参见李声明《从国家安全的高度重视西部边疆民族地区生态环境建设和保护》，《市场论坛》2016 年第 3 期。

② 参见刘懿娴《西北地区生态环境协同治理研究》，硕士学位论文，西北师范大学，2016 年。

③ 参见李若愚、侯明明、魏艳、卿华《云南省生物多样性与生态安全形势研究》，《资源开发与市场》2007 年第 5 期。

④ 参见赵春盛、崔运武《国家战略背景下的省域生态安全风险管理问题及其对策——以云南省域生态安全风险管理为例》，《云南行政学院学报》2015 年第 6 期。

等自然过程的影响越来越大，严重威胁到流域生态安全。[①] 邹秀萍、王毅等对西双版纳2000年的生态安全空间分布状况进行了分析评价，认为西双版纳2000年的生态环境安全指数平均为58.74，最大值为98.81，最小值为18.68；从空间分布上来看，高海拔区域的生态安全状况比低海拔区域的生态安全状况要好，中东部地区的生态安全状况较西部明显要好，大坡度区域的生态安全状况较差。[②] 金鑫以西双版纳州的生态环境和对本地生态保护有影响的各种法律规章、政策乃至习惯法为研究对象，在简要论述了生态安全法律基本定义和特征的基础上，系统介绍西双版纳州的生态保护法律制度及其存在的问题，并对如何完善西双版纳州生态保护法律制度，为将来制定生态安全法提出了建议。[③] 李玉云从建设全国生态文明先行示范区、打好生态文明建设攻坚战、培育全民绿色发展理念、不断增强生态文化自信、建设边境绿色经济和谐发展示范区、实施生态安全屏障建设工程六个方面论述了西双版纳在筑牢西南生态安全屏障中所开展的具体工作。[④] 张修玉、施晨逸从西双版纳水林田湖草生态保护修复设计理念、基本原则、主要任务三个方面探讨了西双版纳践行“山水林田湖草是一个生命共同体”重要理念的过程，通过进一步弘扬传统生态观念，探索一种符合实际的生态保护与修复的地方模式。[⑤]

（五）既有研究成果的评析

以上对边疆治理、生态安全、生态治理、边疆生态安全治理相关研究做了系统梳理。第一，关于边疆治理的研究，政治学、历史学、管理学等学科皆从各自学科视野进行了不同层面的探讨，其中政治学对边疆治理的

① 参见郭宗锋、马友鑫、李红梅、刘文俊、胡华斌《西双版纳流沙河流域土地利用动态与景观格局变化》，《推进气象科技创新加快气象事业发展——中国气象学会2004年年会论文集（下册）》，中国气象学会2004年年会，北京，2004年。

② 参见邹秀萍、王毅、齐清文、陈劭锋、姜莉莉《基于RS&GIS的西双版纳生态安全评价》，《生态经济》（学术版）2008年第1期。

③ 参见金鑫《西双版纳州生态安全法律制度研究》，硕士学位论文，中央民族大学，2013年。

④ 参见李玉云《筑牢西南边疆生态安全屏障》，《社会主义论坛》2018年第9期。

⑤ 参见张修玉、施晨逸《弘扬传统文化　突出地方特色——以澜沧江流域西双版纳的生态保护与修复为例》，《中国生态文明》2019年第1期。

研究进一步明晰了边疆及边疆治理的理论内涵，构建了边疆治理理论架构，极大地推动及丰富了边疆治理理论研究。第二，关于生态安全的相关研究，更多集中于生态学、环境科学等领域，更为强调自然生态系统的平衡。生态安全问题直接或间接影响着政治安全、经济安全、军事安全、文化安全甚至生物安全，对于国家整体安全及发展产生着重要影响，也影响着全球安全，这意味着生态安全不仅是自然科学领域的重要命题，更是成为社会科学需要关注的命题。生态政治学对于生态安全尤为重视，进一步突出了生态安全的政治意涵。第三，关于生态治理的相关研究，重点对政治学、管理学等社会科学研究方面进行了总结。第四，关于边疆生态安全治理的相关研究，多分散在政治学、管理学、经济学等不同学科领域之中，专门性研究成果较少，甚少将边疆生态治理置于国家安全治理的视域下进行综合性考量和具体性探讨。虽然也有一些学者从国家安全、生态安全、协同治理等层面展开宏观研究以及个案探讨，但缺少跨学科视域展开对边疆生态安全治理的宏观与微观相结合、历时与共时相结合的研究。

当前，随着边疆治理理论的深入，在政治学视域下的边疆治理研究开始具体关注生态安全及其治理，这有利于推动边疆治理内涵及外延的拓展，更有利于边疆治理理论的深化。然而，既往研究中多侧重于对既有政策及安全问题的理论探讨，缺少对具体问题的精细化研究，难以实现研究范式的突破和创新。从研究内容来看，当前相关研究成果多注重理论层面的宏观性探讨，也有微观层面的个案研究，缺少宏观与微观相结合、历时与共时相结合的研究成果。从研究方法来看，当前研究多囿于单一学科的研究方法，缺少跨学科研究。因此，本书试图综合运用政治学、历史学、管理学、人类学等学科的研究理论与方法开展跨学科研究，将生态安全置于边疆治理这一理论视域之下，以西双版纳生态安全治理作为典型个案，从宏观到微观、从历时到共时、从文献分析到田野调查、从定性到定量进行深入、系统地探讨，为深化边疆生态安全治理研究提供借鉴。

三 研究思路

（一）厘定基本概念，搭建研究框架

明确边疆生态安全治理的理论基础，包括生态政治理论、边疆治理理论、生态治理理论。从历时性维度，厘清边疆生态安全治理的概念及内涵。从共时性维度，基于国家总体安全、国家治理、生态文明建设层面把握和理解边疆生态安全的重要战略地位及作用。

（二）基于云南实践全面梳理边疆生态安全治理的历史经验

王朝国家时期，边疆地区社会经济开发晚于腹地，直至明清时期云南地区生态环境剧烈变迁，中央与地方政府开始关注生态环境的保护及修复。民国时期，生态环境问题显现，中央政府与地方政府尤为重视森林保护、水源保护、流域治理，社会各界也呼吁保护森林，以政府为主导制定了许多关于保护生态环境的法律法规、管理办法、实施方案等，生态治理趋于规范化、法制化、科学化。20 世纪 50 年代以来，随着新的生态环境问题出现，边疆地区面临严峻的生态安全形势，边疆生态安全治理逐渐成为国家治理以及边疆治理的重要内容，上升到国家战略层面进行统一规划及考量，突出了生态安全治理在维护国家安全中的战略地位。

（三）全面分析历史时期西双版纳生态安全的演变态势

系统探讨 20 世纪 50 年代以前、20 世纪 50 至 90 年代、21 世纪以来西双版纳地区的生态安全状况，运用历史学、生态学理论与方法，深入分析影响边疆生态安全的具体问题。西双版纳生态安全状况经历了从初步改变到剧烈变迁，再到生态安全问题凸显的历程。20 世纪 50 年代以前，生态环境的破坏主要体现在自然生态系统的退化，但 20 世纪 50 年代以来逐渐演变为生态系统的恶化，到 21 世纪以来生态系统“退化”与“恶化”严重威胁边疆、跨境、区域乃至国家生态安全。

（四）系统探讨西双版纳生态安全治理历程

治理是维护生态安全的重要路径、方式、手段，维护生态安全是治理的最终目标。通过具体分析 20 世纪 50 年代以前、20 世纪 50 至 90 年代末、

21 世纪以来三个阶段生态安全治理主体、方式、手段及其所发挥的作用及成效，深入认识西双版纳生态安全治理提出的时代背景以及存在弊端，深刻理解生态安全治理理念、内容、思路、目标，从而推进边疆治理体系和治理能力现代化，筑牢边疆生态安全屏障。从历时性与共时性相结合的维度，探讨不同阶段生态安全治理的政策、组织、制度、管理。在实践路径方面，全面总结传统生态安全治理实践向现代生态安全治理实践的转变历程。20 世纪 50 年代以前的生态安全治理实践经历了从民间为主导向官方为主导的转变；20 世纪 50 至 90 年代，生态安全问题凸显，以政府为主导实施了一系列生态安全治理措施，包括保护森林、造林绿化、资源保护、水利建设、环境治理等；21 世纪以来，西双版纳生态安全治理实践开始从单一转向多元协同。在治理机制方面，系统总结传统生态安全治理机制向现代生态安全治理机制的转变历程；20 世纪 50 年代以前的生态安全治理机制更多是依托于传统的自然资源管理制度，到民国时期开始以政府为主导设立了专门的管理机构，制定了一系列保护森林、保护水源等的规章制度；20 世纪 50 年代以来，生态安全治理机制逐渐细化、完善、健全。

（五）深入剖析了西双版纳生态安全治理面临的现实困境，探索提出其治理的持续路径，并总结了因地“治”宜的典型治理模式

西双版纳生态安全治理面临机制不健全、体系不完善、理念较为滞后等多方面的现实困境，且环境保护与经济发展之间的矛盾仍旧存在，成为制约边疆生态安全治理现代化的阻碍因素之一，极大地削弱了西双版纳生态安全治理效能。探索提出要健全生态环境治理的多元协同体系、建立健全生态安全风险防控体系，培育形成生态安全治理共识性理念，因地“治”宜地探索人与自然和谐共生的现代化模式。

（六）对西双版纳生态安全治理的“自上而下”“自下而上”“多元协同”三种典型模式进行了案例分析

通过开展实地调研，对西双版纳州生态环境局、自然资源和规划局、林业和草原局、农业和农村局、水务局、国家级自然保护区管护局以及一市二县相关部门进行结构式访谈，并选取村寨对村干部、村民采取半结构

式访谈、参与观察、融入参与等方式，对比分析中央和地方政府、民间社会组织以及普通民众等不同群体在治理过程中的思路、执行、效果与不足之处，将典型性的案例研究提升为范式理论进行探讨，推进研究深度和广度。

四　研究创新及不足

（一）创新之处

从研究内容来看，立足边疆治理视域，对边疆生态安全治理的相关概念进行了学理阐释。从历时性层面，全面梳理了边疆生态安全治理的云南实践历程以及西双版纳生态安全问题的产生及其治理进程，比较分析了不同时期生态安全治理主体、方式、手段的区别及联系。从共时性层面，运用边疆治理理论，基于组织结构、管理体系、制度保障等维度对西双版纳生态安全治理进行了系统探讨，深层次分析了西双版纳生态安全治理面临的现实困境，提出推进生态安全治理体系、理念、模式的持续路径。从微观层面，结合具体案例，总结了西双版纳生态安全治理的“自上而下”“自下而上”“多元协同”模式，这三种模式因地“治”宜，反映了西双版纳生态安全治理主体从单一治理到多元共治的转型及重构。

从研究资料来看，相较于以往生态安全治理的相关研究，在文献资料的搜集、整理及分析上有较大拓展。纵向来看，对历史时期以来云南及西双版纳地区的档案、方志、民族地区社会经济调查报告、年鉴、报纸、期刊、著作及网络资料等进行了全面、系统地搜集与整理。横向来看，前往西双版纳生态环境局、自然保护区管理局、林业和草原局、农业和农村局、水利局、自然资源局等相关部门以及乡镇、村寨进行实地调研及访谈。此外，还注意到跨学科资料的搜集与整理，包括生态学、环境科学等自然科学领域的定性数据及结论。通过以上资料的掌握，有利于科学、客观地呈现西双版纳生态安全治理进程的全貌。

（二）不足之处

首先，边疆生态安全治理是超越单一学科的复杂问题，需要多学科交叉研究，涉及政治学、历史学、管理学、社会学、生态学、环境科学等人文社科与自然科学领域的研究理论和方法。在以往关于边疆生态安全治理的相关研究中，囿于单一学科，缺乏多学科交叉的研究视角和方法，也因此限制了对此问题的全局把握和有效解决。笔者虽有历史学、政治学的学术背景，试图运用多学科交叉的研究理论和方法为边疆生态安全治理研究提供一个新的研究范式。但就目前形成的范式来看，仍存在诸多不足。

其次，对边疆生态安全治理理论的突破和创新不够。本书全面总结了西双版纳生态安全治理的实践经验，并对不同时期的治理方式、手段等进行了系统分析，赋予了边疆生态安全治理新的内涵。但随着新的生态安全问题的出现，对边疆生态安全治理不断提出新的要求，面临着新情况、新挑战和新问题。对边疆地区特殊情况的把握不够，难以创新应对策略，更难以做出新的理论解答。这也是今后继续努力的方向及目标所在。

此外，对边疆生态安全状况及其治理的实地调研存在不足。因时间精力有限，并未对我国边疆地区展开全面调研，缺乏对边疆生态安全治理整体、深入的剖析，而是基于云南进行探讨，导致研究结论在宏观把握、实用性、指导性方面有所局限。在后续研究中会继续补充完善此部分内容，以期更好地推动边疆生态安全治理研究。

五 “西双版纳”政区沿革

本书以“西双版纳”为主要研究区域，因此有必要对历史时期“西双版纳”的行政区划进行大致梳理，以便更为清晰地认识和理解历史时期西双版纳生态安全治理进程。

西双版纳地区乃滇越①乘象国及哀牢故地。西双版纳是傣语 Sipshong-panna 的音译，Sipshong 汉义是十二，panna 汉义是千田，西双版纳的汉义是十二千亩，千亩是计算封建领地的单位，每一千亩便是一个版纳，每个版纳同时也是领有该领地的傣族封建土司宣慰使②、土千总和土把总③，

① 《史记·大宛列传》《汉书·张骞传》称傣族先民为“滇越”。

② 傣语称其为召片领。

③ 傣语称其为召勐。

这是向中央王朝缴纳贡赋的单位，但版纳并非一级行政机构，“勐”才是行政机构，各勐首领称为“召勐”。

西汉时，西双版纳地区为益州郡边隅之地；东汉属永昌郡；南北朝时期，西双版纳地区部落联盟“泐西双邦”,[①] 初步建立起邦（勐）、火西、曼的傣族坝区行政区划设置和邦（勐）、火圈、曼的其他民族山区行政区划设置。唐朝时，蒙舍诏阁罗凤合六诏，勐泐王属南诏银生节度。南宋孝宗淳熙七年（1180），傣族首领帕雅真[②]统一西双版纳各部落，以今天的景洪为中心建立景陇王国，隶属于大理国地方政权。自元代，西双版纳正式进入中央王朝版图，隶属于云南行省，并在西双版纳实行土司制度。至元十一年（1274），置彻里路军民总管府，向元朝纳贡；至元三十三年（1296），改设彻里军民总管府。[③] 明朝时，实行土司制度，其行政区划多沿袭土司世袭领地制。如：明洪武十七年（1384），改车里军民府为车里军民宣慰使司；明隆庆六年（1572），车里宣慰使刀应勐在下令征集贡品时，将十二个贡赋单位称十二版纳；清雍正七年（1729），中央王朝在十二版纳实行部分改土归流，分车里宣慰使司所辖澜沧江以东六版纳，即思茅、普藤、整董、勐乌、六大茶山、橄榄坝置普洱府，隶属于云南省，于攸乐[④]设同知，思茅设通判，其余澜沧江以西六版纳仍归属车里宣慰使司；雍正十三年（1735），裁攸乐同知，改思茅通判为同知，设思茅厅，车里宣慰司及六顺、倚邦、易武、勐腊、勐遮、勐阿、勐笼、橄榄坝 9 土司及攸乐土目地隶思茅同知（思茅厅）；光绪二十一年（1895），十二版纳减为十一版纳；民国元年（1912），思茅厅兼副营处务柯树勋，上书《治边十二条》，主张设流暂不改土，被批准后，划十二版纳为 11 区，即车里、勐海、勐混、勐遮、勐笼、橄榄坝、勐捧、勐腊、易武、普文、六顺；民国二年（1913），置普思沿边行政总局；民国十四年（1925），改普思沿边行政总局为普思殖边总办公署；民国十六年（1927），普洱道尹徐为光在未

---

① 傣语意为 12 个傣泐部落，即勐泐。

② 又译为叭真。

③ 参见西双版纳傣族自治州地方志编纂委员会编《西双版纳傣族自治州志（上册）》，新华出版社 2002 年版，第 97 页。

④ 今景洪市基诺山。

获省准情况下将8个殖边分署改为7县1行政署：第一区为车里县，第二区为五福县（1934年改称南峤县），第三区为佛海县，第四区为临江行政署，第五区为镇越县，第六区为象明县，第七区为普文县，第八区为庐山县；民国十七年（1928）后，倚邦、普文、勐旺等地划归思茅县，整董划归江城县，后缩减为车里、佛海、南峤、镇越四县。[①]

中华人民共和国成立后，1955年6月，改西双版纳傣族自治区为西双版纳傣族自治州。1958年6月，将版纳景洪、版纳勐海、版纳勐遮、版纳勐腊、版纳易武5个县级版纳改建为景洪、勐海、易武3个县级版纳。1993年12月22日，经国务院批准，撤销景洪县，设置景洪市。[②] 至此，西双版纳州辖一市两县（景洪市、勐海县和勐腊县），即本书主要研究区域。

---

① 参见西双版纳傣族自治州地方志编纂委员会编《西双版纳傣族自治州志（上册）》，新华出版社2002年版，第96—98页。

② 参见西双版纳傣族自治州地方志编纂委员会编《西双版纳傣族自治州志（上册）》，新华出版社2002年版，第99—101页。

第一章　边疆生态安全治理的相关概念

维护边疆生态安全既是边疆生态治理体系与治理能力现代化的重要目标，更是维护区域、国家乃至全球生态安全的重要内容。要解决边疆生态安全问题，首先是要准确理解边疆生态安全治理依托的理论基础，全面梳理生态安全的概念演变历程，系统把握边疆生态安全的地位及作用。

第一节　边疆生态安全治理的理论基础

边疆生态安全治理具有综合性、长期性、复杂性、跨界性等多重特征，这一问题并非单一学科理论与方法可以清晰阐释，而是需要立足政治学，综合运用管理学、历史学、人类学等多学科的理论与方法。

一　边疆治理理论

边疆是一个具有多重含义的存在，也是一个变动的存在，在不同历史时期具有不同的内涵。对于“边疆治理”这一概念及内涵的理解应当先明确“边疆”这一概念。从历史学的视角来看，边疆是一个地理、历史、政治概念，有军事、经济、文化方面的含义，发展趋势是成为统一多民族中国的有机组成部分，具有历史悠久、地域广阔、民族多样、问题复杂的特点，在历史和现实中具有特殊的战略地位。① 从政治学视角出发，边疆是

① 参见马大正《中国边疆治理：从历史到现实》，《思想战线》2017 年第 4 期。

用以标志国家与边界相连区域的概念，在此条件下，一种以国家边界为基础的边疆观念形成。[①] 我国的边疆概念是在特定的社会历史条件下形成的，蕴含丰富的民族文化内涵，并随着社会历史条件的变化而变化；历史上的边疆，不仅是国家的一个边缘性的特殊区域，也是一个具有政治、文化、地理、战略、军事等多重含义的概念。[②] 国家在发展的过程中，基于有效治理的需要，往往把国家疆域的边缘性部分界定为边疆，并采取特殊的措施对其进行治理。[③] 对于“边疆治理”这一概念及内涵的界定，随着边疆治理复杂性的提高，迫切需要政治学、管理学、历史学等不同学科对“边疆治理”展开全面而深刻的学理探究。边疆治理在整个国家治理中处于一个重要的地位，是一种典型的区域治理，其目的在于解决各种边疆问题，以更好地实现边疆社会稳定繁荣，保障国家安全。

从边疆治理理论来看，中国边疆治理模式倡导实施“族际主义与区域主义并重、族群主义与国家主义并重、梯度主义与地缘主义并重、微观主义与宏观主义并重、统治主义与治理主义并重”[④] 五个并重模式。在陆地边疆治理中，“族际主义”治理方式应当转向“区域主义”治理。[⑤] 我国陆地边疆的最佳治理格局应当是软治理与硬治理相结合。[⑥] 陆地边疆治理现代化的实现路径应打破政府一元的边疆治理模式，建构国家、政党、社会纵横联动、协同共治的合作治理体系。[⑦] 边疆治理是地方治理的特殊类型，政府、市场与社会作为资源配置的主体发挥着核心作用，三者的地位与关系直接决定着某一阶段或某一国家边疆治理的性质与面貌。[⑧]

中国传统的边疆治理结构难以适应经济社会发展的需要，并且这种治

① 参见周平《我国的边疆与边疆治理》，《政治学研究》2008 年第 2 期。

② 参见周平《我国边疆概念的历史演变》，《云南行政学院学报》2008 年第 4 期。

③ 参见周平《边疆在国家发展中的意义》，《思想战线》2013 年第 2 期。

④ 陈霖：《中国边疆治理研究》，云南人民出版社 2011 年版。

⑤ 参见周平《陆疆治理：从“族际主义”转向“区域主义”》，《国家行政学院学报》2015 年第 6 期。

⑥ 参见方盛举、吕朝辉《中国陆地边疆的软治理与硬治理》，《晋阳学刊》2013 年第 5 期。

⑦ 参见刘永刚《合作治理：中国陆地边疆治理的多元关系及实现路径》，《学术论坛》2017 年第 4 期。

⑧ 参见张健《边疆治理的模式类型及其效应研究——以政府、市场和社会三者关系为视角的分析》，《思想战线》2013 年第 1 期。

理结构的滞后性严重影响中国边疆治理的现代化。传统的边疆治理结构必须通过理论重构、制度重构和实践重构来实现转型，构建起现代型的边疆治理结构，而边疆治理转型与重构的最终实现，有赖于国家层面的边疆治理战略的构建。① 从“统治”到“治理”的转变过程既是边疆治理模式从“传统”到“现代”的重构过程，也是边疆地方政府治理模式转型的理论逻辑，本质上都是适应边疆社会经济发展的现实需要。② 边疆治理结构重组、治理体系重构与治理能力重塑是边疆治理现代转型的逻辑选择，其中，治理结构重组是要建构政党、国家与社会三者有效整合的边疆治理主体结构；治理体系重构是要建立集价值、组织与制度于一体的现代边疆治理体系；治理能力重塑则是在提升制度执行力的同时，通过学习与培养现代治理技术，实现治理能力的现代化，从而助推边疆治理的整体性现代化。③

二　生态政治理论

生态政治学是生态学与政治学相结合的交叉学科，属于政治学研究的一个分支，为传统政治学开辟了新的方向，也为今后的生态学研究奠定了基础。生态政治理论产生于 20 世纪 60 年代的西方，其形成是人类工业文明发展到一定历史阶段的必然结果，其理论渊源是马克思和恩格斯的环境政治思想。西方的生态政治理论作为一种新兴的理论，和传统的政治理论相比，为重新认识人与自然、政治和社会的关系提供了新的研究范式。生态政治理论认为生态环境与政治之间存在互动关系，追求人与自然、人与人之间和谐相处，强调人类的整体利益及子孙后代的利益。一般而言，生态政治理论就是关于人类如何组织它与维持其生存的自然环境的适当关系的研究，包括人类如何处理与地球及其生命存在形式的关系和以生态环境

---

① 参见周平《论我国边疆治理的转型与重构》，《云南师范大学学报》（哲学社会科学版）2010 年第 2 期。

② 参见廖林燕、张飞《边疆治理转型过程中的地方政府治理现代化探论》，《广州大学学报》（社会科学版）2016 年第 2 期。

③ 参见姚德超、冯道军《边疆治理现代转型的逻辑：结构、体系与能力》，《学术论坛》2016 年第 2 期。

为中介的人们之间的关系。①

中国生态政治学研究始于20世纪80年代中后期，最初主要围绕个别性议题领域比如西方绿色政治/社会运动（包括绿党）和生态社会主义理论（包括西方马克思主义中的生态思想），而且主要以翻译评介的方式为主。进入90年代中期后，受1987年联合国环境与发展委员会报告《我们共同的未来》及1992年举行的世界环境与发展大会和国内生态环境问题日渐突出事实的促动，环境政治学进入了一个迅速发展的新时期。② 郇庆治较早从国外绿党及绿色政治运动探讨了生态政治。肖显静将生态政治看成是过去以及现在的政治体系在造成人类目前面临的生态危机中的作用，以及为了克服这一危机，人类应该构建什么样的政治体系，并阐释了主权国家在历史进程中的政治内涵和生态环境危机的产生及解决危机的关系。③ 孙正甲认为研究自然—社会—政治系统，系以自然的政治价值和社会价值为基本视角，重新审视政治，其重点在于自然的政治化和社会化，而不在于政治和社会本身。④ 在由“自然—人—社会”所构成的有机系统中，生态问题已经超越了自然环境的界限而与政治生活紧密的关联起来，生态政治将政治纳入生态环境系统中考量，揭示出生态环境与政治之间的交互影响。⑤

生态政治将政治问题置于各种复杂生态因素中考察研究，这种思维可以跳出传统政治学的局限，丰富政治学的研究方法，从不同角度揭示政治现象的内在本质，为政治学研究提供新的研究范式。生态治理是生态政治学研究的重要内容之一。沈国舫指出我国在自然生态保护或区域生态环境保护方面，在政策上面临结构性缺位的困境，无法解决诸如国家重要生态功能区保护、流域生态保护和污染防治，以及矿产资源开发中的生态环境

① 参见郇庆治《环境政治国际比较》，山东大学出版社2007年版，第1—2页。

② 参见郇庆治《环境政治学研究在中国：回顾与展望》，《鄱阳湖学刊》2010年第2期。

③ 参见肖显静《生态政治何以可能》，《科学技术与辩证法》2000年第6期。

④ 参见孙正甲《生态政治学》，黑龙江人民出版社2005年版，第81—82页。

⑤ 参见方世南《从生态政治视角把握生态安全的政治意蕴》，《南京社会科学》2012年第3期。

破坏问题，而且还威胁到地区和不同人群间的公平与和谐发展。① 潘家华认为生态是治理的对象，具体而言包括生态保护、资源节约和污染控制，生态制度和生态治理所关注或所针对的并不是其他的关系，而是人与自然的关系，目标指向是人与自然的和谐共生。② 庄贵阳指出疫情防控时代生态治理体系的完善和发展要以制度建设保障人与自然和谐共生、完善生态环境风险防控与预警机制、切实提高国家生物安全治理能力、保持推进生态文明建设的战略定力、把绿色消费纳入刺激消费的政策视野。③ 郇庆治认为当代中国的“国家生态环境治理现代化”同时作为一种制度体系和治理能力，既离不开更宏观意义上的政治学视域下的社会经济与政治环境条件分析及其重构，不简单是一种政府公共政策层面上的渐进调整问题，也离不开基于特定价值理念原则的社会主义政治恪守或选择。④ 此外，王毅、何建坤、胡鞍钢等从环境公共政策的视角分析了政策技术层面上的中国政府生态治理，其中又可以细分为可持续发展与生态治理、循环经济与生态治理、低碳经济与生态治理、生态经济政策与生态治理、“生态现代化”与生态治理等。

三　生态治理理论

从历史演进脉络来看，“治理”之具体含意，是一个历久弥新并根植于现实社会具体发展需求的有机概念。“治理”（governance）一词，最早出现于古希腊城邦政治之中，源于拉丁文和古希腊文，在古希腊文中解释为“掌舵”，带有“控制”（control）、“引导”（direct）和操纵（pilot）之意。治理理论形成于20世纪80年代末90年代初。治理理论创始人之一詹

---

① 参见沈国舫、任勇《我国建立生态补偿机制若干政策问题探讨》，《第五届环境与发展中国（国际）论坛论文集》，第五届环境与发展中国（国际）论坛，北京，2009年。

② 参见潘家华《循生态规律，提升生态治理能力与水平》，《城市与环境研究》2019年第4期。

③ 参见庄贵阳《从疫情防控看我国生态治理体系的完善与发展》，《国家治理》2020年第18期。

④ 参见郇庆治《环境政治学视角下的国家生态环境治理现代化》，《社会科学辑刊》2021年第1期。

姆斯·罗西瑙将治理与统治做了重要区分，认为治理的内涵较之统治而言更为丰富。治理理论是伴随着当今世界的全球化和民主化的进程开始兴起。自1989年世界银行在概括当时非洲的情形时，首次使用了“治理危机”后，“治理”一词便被广泛地运用于政治发展的研究中。一般将“治理”定义为：“各种公共的或私人的机构管理共同事务的诸多方式的总和，是使相互冲突或不同的利益得以调和并且采取联合行动的持续的过程。”① 英国学者罗伯特·罗茨对治理概念进行梳理后，认为治理至少有六种不同的用法，包括：作为最小国家，作为公司治理，作为新公共管理，作为“善治”，作为社会—控制系统，作为自组织网络。②

学界关于“治理”概念的说法颇多，联合国全球治理委员会的定义较有代表性，指出“治理是各种公共的或私人的个人和机构管理其共同事务的诸多方式的总和，是使相互冲突的或不同的利益得以调和并采取联合行动的持续的过程”③。治理具有四个特征，其一，治理不是一整套规则，也不是一种活动，而是一个过程；其二，治理过程的基础不是控制，而是协调；其三，治理既涉及公共部门，也包括私人部门；其四，治理不是一种正式的制度，而是持续的互动。④ 由此可见，治理的主要特征“不再是监督，而是合同包工；不再是中央集权，而是权力分散；不再是由国家进行再分配，而是国家只负责管理；不再是行政部门的管理，而是根据市场原则的管理，不再是由国家‘指导’，而是由国家和私营部门合作”⑤。治理的目的是“在各种不同的制度关系中运用权力去引导、控制和规范公民的各种活动，以最大限度地增进公共利益”⑥。

治理与统治不同，治理是指各种公共的或私人的个人和机构管理其共

① 青觉、吴鹏：《新时代边疆治理现代化研究：内涵、价值与路向》，《中国边疆史地研究》2020年第1期。

② 参见［英］罗伯特·罗茨《新治理：没有政府的管理》，《政治学研究》1996年第154期。

③ 代兰海、薛东前：《“一带一路”建设与西部边疆生态治理重构》，《社科纵横》2021年第2期。

④ 参见俞可平《治理和善治：一种新的政治分析框架》，《南京社会科学》2001年第9期。

⑤ 俞可平：《治理与善治》，社会科学文献出版社2000年版，第111页。

⑥ 俞可平：《权利政治与公益政治》，社会科学文献出版社2005年版，第133页。

同事务的诸多方式的总和，它是使相互冲突的或不同的利益得以调和并且采取联合行动的持续的过程。统治是以强制为主，权力运行的方向是自上而下的单一向度管理，而治理是以各种行为体自愿合作为主，权力运行的方向是一个上下互动的双向或多向度管理，即主要通过民主协商谈判妥协合作，来确立认同共同的目标方式而实施对公共事务的管理。治理的概念已经超出了传统的统治范畴，它强调了政府与公民对公共生活的合作管理，是政治国家与市民社会的一种新颖关系，是两者的最佳状态。[①]

治理理论是在西方行政改革的基础上催生的一个重要理论流派，治理试图构建政治国家与公民社会合作、政府与非政府合作、公共机构与私人机构合作的社会机制，来弥补政府能力及其缺陷，进而达到和促成以官民合作为特征的“善治”，展示着与单一权力的传统公共行政彻底决裂的新型的社会网络管理模式。[②] 一些学者将治理理论体系归纳为三种研究途径，包括“政府管理”的途径、“公民社会”的途径以及合作网络的途径。[③]治理理论认为，政府并不是国家唯一的权力中心，在公共管理领域，政府部门、私营部门、第三部门和公民个人共同组成了公共行动体系。在治理过程中，各种主体间相互依存、相互合作，通过合作、协商、伙伴关系、确立认同和共同的目标等方式实施对公共事务的管理。[④] 在这一背景下，有些学者提出“善治”（good governance）理论，认为善治是使公共利益最大化的社会管理过程，善治的本质特征就在于它是政府与公民对公共生活的合作管理，是政治国家与市民社会的一种新颖关系，是两者的最佳状态；善治的基本要素有：合法性、法治、透明性、责任性、回应性、有效性、参与、稳定、廉洁以及公正；善治实际上是国家的权力向社会的回归，善治的过程就是一个还政于民的过程，善治表示国家与社会或者说政

---

① 参见王库《中国政府生态治理模式研究——以长白山保护开发区为个案》，博士学位论文，吉林大学，2009 年。

② 参见姚荔青《中国生态环境问题的政府治理》，硕士学位论文，苏州大学，2006 年。

③ 参见陈振明主编《公共管理学》，中国人民大学出版社 2005 年版，第 77—82 页。

④ 参见范俊玉《政治学视阈中的生态环境治理研究以昆山为个案》，博士学位论文，苏州大学，2010 年。

府与公民之间的良好合作。①

什么是生态治理？顾名思义，即对生态环境的治理，治理是相对于问题而言，是一种行动、行为及过程。随着生态环境的日趋恶化以及生态风险的频繁发生，生态治理研究已经逐渐深化。20 世纪 50 至 70 年代，占据主导地位的为环境国家干预理论，代表人物有加尔布雷思、米山、鲍莫尔和奥茨等，他们的主要观点为基于市场的缺陷性及环境的外部性特征，国家干预是必要的。20 世纪七八十年代，占据主导地位的为环境市场自由主义治理理论。该理论有两大理论支柱，分别是“庇古税”和“科斯定理”。20 世纪 80 年代以来，占据主导地位的是环境社会治理理论，该理论主张通过民主协商、合作治理、社会参与来解决环境治理风险。②

一些学者认为，生态治理改变了传统管理方式及主体单一的弊端，强调了在有限的治理资源条件下，如何通过多方参与、节约资源、良性互动，取得最好的治理效果。生态治理作为一种新的治理模式，指导理念是通过善政走向善治。生态治理是治理理论在生态领域的运用，是指政府、企业、公民以及社会组织根据一定的治理原则和机制进行更好的环境决策，公平和持续地满足生态系统和人类的目标要求，是一种建立在基层民主之上的多元参与、良性互动、诉诸公共利益的治理方式，与传统的生态管理体制不同，生态治理强调更多的是生态建设目标从单一注重数量向数量、质量、结构和功能“四位一体”方向转变。生态建设模式从行政主导向合作共治转变，生态建设手段从刚性命令式向柔性协商式转变。③

生态治理指“以政府为核心的多元行为主体以有效促进公共利益最大化为宗旨，民主运用公共权力并以科学的方法，保护生态环境、控制污染及解决环境纠纷，达到生态系统的良性循环，实现人与自然和谐相处的互动合作过程”④。从生态系统特征和规律出发，运用行政、经济和社会管理

---

① 参见俞可平《全球治理引论》，《马克思主义与现实》2002 年第 1 期。

② 参见胡乙《多元共治环境治理体系下公众参与权研究》，博士学位论文，吉林大学，2020 年。

③ 参见沈佳文《公共参与视角下的生态治理现代化转型》，《宁夏社会科学》2015 年第 3 期。

④ 余敏江：《生态治理评价指标体系研究》，《南京农业大学学报》（社会科学版）2011 年第 1 期。

等多元手段，汲取世界生态治理经验，构建合理的生态治理框架是保障生态产品和服务有效供给，实现生态治理现代化的根本手段。① 对生态环境的治理就是要运用政府和其他利益主体，根据生态环境易被污染、不易治理的特点，采取以对生态环境的事先保护为主，事后治理为辅的政策，最终使公民的生态环境质量得到较好的改善。②

生态治理是人类生存与发展过程中维持良好生态状况的管理过程。生态治理的目标是在人类发展的基础上维持良好的生态状况，或实现人与自然的和谐相处。理解生态治理的概念需要处理好两对关系：生态治理与环境保护的关系；生态治理与发展的关系。环境保护是生态治理的重要组成部分。除了环境保护之外，生态治理包含了更广泛的内容。生态治理贯穿于人类社会生产和生活的整个过程，它不是简单地保护环境，而是要在人类发展的基础上实现人与自然的和谐相处。人类的发展建立在改造自然和征服自然的基础上，人类活动必然影响自然环境，甚至要改变某些自然事物的存在或存在方式。生态治理不是简单地以保护环境为由否定和拒绝这些人类的生产和生活行为，而是要求在改造自然过程中遵循自然规律，尽量减少对自然的影响，同时通过一定的制度和措施保障甚至修复自然环境。简而言之，生态治理一方面着眼于环境保护，一方面着眼于发展，在发展过程中注意保护环境。因此，生态治理的概念是在人们对人与自然关系的认识逐步深化的过程中产生的，也是西方工业化国家在经历了工业化带来的各种环境问题的实践中产生的。西方国家在实现工业化之后对河流污染、空气污染采取了各种补救措施，投入了巨额资金治理污染。这种以增长优先，实现增长之后再回过头来治理污染的模式常常被称为“先污染，后治理”模式。生态治理经历了不同的范式转换，从治疗到预防、从局部治理到整体治理、从政府管制到多元治理。③

生态治理也是一种多元主体共同参与的治理。治理主体既可以是公共

---

① 参见中国科学院可持续发展战略研究组《2015 中国可持续发展报告——重塑生态环境治理体系》，科学出版社 2015 年版，第 20—31 页。

② 参见姚荔青《中国生态环境问题的政府治理》，硕士学位论文，苏州大学，2006 年。

③ 参见丁开杰、刘英、王勇兵《生态文明建设：伦理、经济与治理》，《马克思主义与现实》2006 年第 4 期。

机构，也可以是私人机构，包括政府、非政府组织、民间组织、社会中介组织、企业以及公民个体等。① 生态治理长期以行政为主导，由于政府、市场、企业、个人等身份悬殊和角色不同，行政主导的生态治理体系难以有效应对涉及企业、社会等多方利益的环境问题，市场自决型的治理绩效也难以预期，生态治理遭遇“政府失灵”和“市场失灵”的双重困境。这样的困境说明，治理主体“多元化”成为生态治理新范式。② 推进生态治理现代化，核心内容是明确治理主体，共同承担生态治理责任，实现各主体协同共治。③ 多元主体协同生态治理，是实现生态治理现代化的重要保证。④ 生态治理主体的多元化体系中，治理主体并非完全集中在政府，而是由多元主体共享，更强调政府与社会的合作、政府与市场的协调、政府各部门之间的分工，强调自上而下的管理和自下而上的参与相结合的过程。⑤ 实际上一系列环境公共问题的起源和解决方案是多元的，需要包括地方政府、环保组织、公众、企业在内的多元主体协力应对。⑥ 协同共治是实现生态治理现代化的有效途径，也是实现生态治理现代化的必要手段，需要提高环境执法能力，强化地方政府环保责任；健全企业的环境约束和激励政策；提高环境信息透明度，有效推进公众参与和社会监督。⑦

生态治理是实现生态安全和生态文明的重要保障，必须采用资源节约、环境保护、生态创建、多元参与、良性互动的治理模式和治理路径。

① 参见孙特生《生态治理现代化：从理念到行动》，中国社会科学出版社 2018 年版，第 90 页。

② 参见孙特生《生态治理现代化：从理念到行动》，中国社会科学出版社 2018 年版，第 88 页。

③ 参见李晓西《完善生态治理需要协同共治》，《人民日报》2015 年 5 月 19 日第 7 版。

④ 参见孙特生《生态治理现代化：从理念到行动》，中国社会科学出版社 2018 年版，第 92 页。

⑤ 参见唐玉青《多元主体参与：生态治理体系和治理能力现代化的路径》，《学习论坛》2017 年第 2 期。

⑥ 参见孙特生《生态治理现代化：从理念到行动》，中国社会科学出版社 2018 年版，第 92 页。

⑦ 参见孙特生《生态治理现代化：从理念到行动》，中国社会科学出版社 2018 年版，第 96 页。

安全既是一种“优态共存”的状态，又是一种“共同治理”的能力。[①] 安全问题实质上是一种治理问题。[②] 边疆地区既是重要生态安全屏障区和生态功能区，也是国家生态安全的危机源头。边疆治理理论、生态政治理论、生态治理理论为边疆生态安全治理提供了重要的理论基础，进一步明确了生态安全治理的概念、作用及目标。生态安全治理是指综合运用法律、经济、行政、教育和科学技术等多种手段，协调生态环境保护与社会经济发展之间的关系，维护生态环境质量和生态系统服务功能，避免由于人类不当活动和自然因素造成环境污染、生态破坏而导致的对人类健康、生物多样性、经济发展、社会稳定甚至政权安全的威胁，保证生命系统和经济社会处于健康持续发展的适宜状态。[③]

边疆生态安全治理不仅关乎国家生态安全，更影响着区域乃至国家生态安全。边疆生态安全已成为影响国家生态安全屏障构建乃至国家总体安全的重大现实问题。生态安全是生态治理现代化的出发点和落脚点，建设人与自然和谐共生现代化是边疆生态安全治理的长远目标，对于维护边疆、跨境、区域乃至国家生态安全，筑牢国家生态安全屏障，推进国家生态安全治理体系和治理能力现代化具有重要作用。

第二节　边疆生态安全治理概念的生成逻辑

目前，学界关于“生态安全”的概念尚无统一界定。20 世纪 70 年代末 80 年代初，国外学界将环境问题纳入安全概念和国际政治范畴，生态安全是国家安全的重要组成部分逐渐成为国内外学界共识，生态安全的概念被提出。“生态安全”对于中国学界而言是一个“舶来”词，国内众多学者对于生态安全的概念阐述多是建立在西方现代科学话语体系之下，较少

① 黄宝强、刘青、胡振鹏等《生态安全评价研究述评》，《长江流域资源与环境》2021 年第 S2 期。

② 参见肖晞、陈旭《总体国家安全观下的生物安全治理——生成逻辑、实践价值与路径探索》，《国际展望》2020 年第 5 期。

③ 参见曹国志、於方《生态安全治理新格局》，国家行政学院出版社 2018 年版，第 2 页。

关注中国历史时期关于“生态安全”的认知、观念及思想。生态安全问题在我国社会发展历程中一直存在，历史上的地震、洪水、干旱、瘟疫等诸多自然灾害都曾对人类安全和社会发展构成威胁。在人与自然灾害长期斗争的过程中，便形成了生态安全的认知、观念及思想。

一　理论源泉：中华传统文化中蕴含的生态安全思想

在古代历史文献记载中，虽然没有“生态”“生态治理”“生态安全”的直接表述和概念阐释，但在古人的认知、实践、行为之中包含丰富的生态安全思想，也曾制定了诸多保护及治理生态环境、维护生态安全的实践措施。经过长期的人与自然相处过程，古人逐渐形成了“天人合一”的生态安全整体思想、“仁爱万物”的生态安全伦理思想、“以时禁发”的生态安全管理思想等，为构建中国本土生态安全治理理念奠定了重要思想基础。

（一）“天人合一”的生态安全整体思想

“天人合一”的生态安全整体思想是人与自然关系的核心内涵，更是中国传统哲学的最高思想表达，强调人与自然的整体性，追求人与自然和谐共生。这一思想内涵极为丰富、复杂、多元，贯穿于中国传统思想体系始终，在中国传统社会中占据着主导地位。

先秦时期是生态安全思想的发端时期，具有显性与隐性的特点。从显性层面而言，先秦时期的一些思想家已经将天、地、人视作一个整体看待，形成了“天人合一”的生态整体性思想，将人与自然纳入同一个生态系统之中。《周易》最早阐述“天人合一”，《周易·序卦》中说：“有天地，然后万物生焉；有万物，然后有男女。”[①] 人与万物都因天地而生，人是自然的一部分，人与自然是紧密相联的有机统一整体，同处一个生命共同体。儒家孔子虽然没有明确提到“天人合一”，但在讨论天人关系时说：“天何言哉！四时行焉，百物生焉，天何言哉！”[②] 认为自然是世间万物的

① 郭彧译注：《周易》，中华书局2006年版，第416页。

② 张燕婴译注：《论语》，中华书局2006年版，第272页。

本源，自然界中的所有生命都是在一个共同体之中，四季周而复始、万物生长都要遵循自然规律。道家老子在《老子·道经》中提道："人法地，地法天，天法道，道法自然。"① 这里的"道"指的是万物之本源，天地万物本是一体，其对天、地、人的高度总结揭示了整个宇宙的生命规律，人必须遵循自然规律、顺应自然。《管子·君臣上》记载："道也者，万物之要也。"②《管子·内业》记载："凡道，无根无茎，无叶无荣，万物以生，万物以成，命之曰道。"③ 即"道"为万物之源，人们在向自然索取时也应保护好自然。庄子提到人与天地万物一体，《庄子·齐物论》记载："天地与我并生，而万物与我为一。"④《庄子·天地》记载："天地虽大，其化均也；万物虽多，其治一也。"⑤ 荀子在《荀子·天论》中说："万物各得其和以生，各得其养以成。"⑥ 主张万物生长都有其自然规律，人应当遵循自然规律，方能使自然循环运转。此外，西汉哲学家董仲舒在《春秋繁露·深察名号》中说，"事各顺于名，名各顺于天。天人之际，合而为一"⑦；《春秋繁露·立元神》中说："天地人，万物之本也，天生之，地养之，人成之。"⑧ 明确指出了天、地、人三者虽然各有各的作用，但都是"合而为一"的。

从隐性层面而言，"生态安全"的意识隐藏在古人的认知之中。虽然先秦时期诸多思想家已经意识到人与自然是一个共同体，但并未直接将自然置于"安全"层面进行考量，更多是隐性的。管子认为需要满足"天时、地利、人和"才能保证城市安全乃至国家安全，虽并未直接提及"安全"一词，却有"安全"之意。《管子·乘马》记载："凡立国都，非于大山之下，必于广川之上。高毋近旱，而水用足，下毋近水，而沟防者。

① 饶尚宽译注：《老子》，中华书局2018年版，第63页。

② 黎翔凤撰，梁运华整理：《管子校注》，中华书局2004年版，第261页。

③ 黎翔凤撰，梁运华整理：《管子校注》，中华书局2004年版，第937页。

④ （晋）郭象撰，（唐）成玄英疏，曹础基、黄兰发点校：《庄子注疏》，中华书局2011年版，第44页。

⑤ （晋）郭象撰，（唐）成玄英疏：《庄子注疏》，中华书局2011年版，第218页。

⑥ （清）王先谦撰，沈啸寰、王星贤整理：《荀子集解》，中华书局2012年版，第302页。

⑦ （清）苏舆撰，钟哲点校：《春秋繁露义证》，中华书局2019年版，第251页。

⑧ （清）苏舆撰，钟哲点校：《春秋繁露义证》，中华书局2019年版，第148页。

因天材，就地利，故城郭不必中规矩，道路不必中准绳。”① 管子认为都城的安全要综合考量天时地利，依据自然地理优势来建城郭，以此形成一道天然的安全屏障。《管子·五辅第十》记载：“所谓三度者何？曰：上度之天祥，下度之地宜，中度之人顺，此所谓三度。故曰：天时不祥，则有水旱。地道不宜，则有饥馑。人道不顺，则有祸乱；此三者之来也，政召之。”②

直至东汉时期，古人开始将“安全”置于“天”的层面进行考量，即将“自然”与“人类社会”结合起来考量“安全”，促使生态安全整体思想的形成及发展。《太平经》卷三十七《试文书大信法》中提道：“令后世日浮浅，不能善自养自爱，为此积久，因离道远，谓天下无自安全之术，更生忽事反斗禄，故生承负之灾。”③ 这里所提到的“天下无自安全之术”，说明“天下”需要“安全之术”，而“天下”即人类社会与自然界这一整体。《太平经》卷四十五《起土出书诀》记载：“夫人命乃在天地，欲安者，乃当先安其天地，然后可得长安也。”④ 这里所提到的“安”“安全”是其重要内涵之一，而所谓“天地”“人命”，说明了天、地、人处在一个系统之中，即生态系统。强调包括人在内的天地万物同出一体，共生共存、相互协调，进一步反映了古人言辞中所蕴含的生态安全整体思想。

（二）“仁爱万物”的生态安全伦理思想

中国古代“仁爱万物”的生态安全伦理智慧强调人与自然和谐共生共存以及世间万物的平等性。儒家从孔子、孟子到宋儒的“仁者爱人”“仁民爱物”“仁者与天地万物为一体”“民胞物与”“仁民爱物”具有强烈的生态伦理关怀。儒家孔子提出“尊重生命、仁爱万物”的主张，《礼记·曲礼》说：“国君春田不围泽，大夫不掩群，士不取麛卵。”⑤ 孟子将孔子

① 黎翔凤撰，梁运华整理：《管子校注》，中华书局 2004 年版，第 83 页。
② 黎翔凤撰，梁运华整理：《管子校注》，中华书局 2004 年版，第 199 页。
③ 王明编：《太平经合校》，中华书局 1960 年版，第 55 页。
④ 王明编：《太平经合校》，中华书局 1960 年版，第 124 页。
⑤ 陈戍国撰：《礼记校注》，岳麓书社 2004 年版，第 21 页。

所提的“仁爱”的范围从人扩展到万物，将人性关怀推广到整个生态系统之中，将自然纳入道德规范之中，以生态道德规范来约束人类开发自然资源的行为，倡导仁爱万物，尊重自然和保护自然。《孟子·梁惠王章句上》说：“君子之于禽兽也，见其生，不忍见其死；闻其声，不忍食其肉。”①《孟子·尽心》说：“君子之于物也，爱之而弗仁；于民也，仁之而弗亲。亲亲而仁民，仁民而爱物。”②《孟子·告子》说：“牛山之木尝美矣，以其郊于大国也，斧斤伐之，可以为美乎？是其日夜之所息，雨露之所润，非无萌蘖之生焉，牛羊又从而牧之，是以若彼濯濯也。人见其濯濯也，以为未尝有材焉，此岂山之性也哉？……故苟得其养，无物不长；苟失其养，无物不消。”③

董仲舒将人类的人性关怀推广到整个生态系统之中，主张应从爱民扩大到爱鸟兽昆虫等自然万物，“仁爱”不仅包括人际道德，也包括生态道德关怀。西汉《春秋繁露·仁义法》说：“质于爱民以下，至于鸟兽昆虫莫不爱，不爱，奚足谓仁！”④ 宋明时期“万物一体”的生态系统观成为“仁爱万物”的核心内涵。宋代程颢在《二程粹言·论道》中说：“仁者以天地万物为一体，莫非我也。”⑤ 强调包括人在内的天地万物同出一体，共生共存，具有同一性、整体性；张载在《正蒙·乾称篇》中提出：“乾称父，坤称母……民吾同胞，物吾与也。”⑥ 即天地万物乃为同源，相互之间是如同血脉一般紧密联系的，无法割裂。明代王阳明进一步发展了仁者的思想，在《王阳明集》中说：“草木犹有生意者也，见瓦石之毁坏而必有顾惜之心焉，是其仁之与瓦石而为一体也；是其一体之仁也。”⑦ 这种“一体之仁”的观念是人对天地万物的一种生态保护责任与意识。

道家坚持“自然无为”“无为而治”的原则，主张天地万物的运行自

① （清）焦循撰，沈文倬点校：《孟子正义》，中华书局2017年版，第69页。
② （清）焦循撰，沈文倬点校：《孟子正义》，中华书局2017年版，第785—786页。
③ （清）焦循撰，沈文倬点校：《孟子正义》，中华书局2017年版，第456页。
④ （清）苏舆撰，钟哲点校：《春秋繁露义证》，中华书局2019年版，第221页。
⑤ （宋）程颢、程颐：《二程遗书》，上海古籍出版社2000年版，第65页。
⑥ （宋）张载撰，（清）王夫之注：《张子正蒙》，上海古籍出版社2000年版，第143页。
⑦ （明）王守仁著，吴光等编校：《王阳明全集》，上海古籍出版社1992年版，第968页。

有其规律与秩序，不需要过多的人为干预，人们在利用自然资源时要尊重自然、保护自然，不能肆意地破坏自然，随意剥夺自然万物的生存权利。庄子在《庄子·秋水》中说："以道观之，物无贵贱。以物观之，自贵而相贱。"[①] 主张"人"和"物"是平等的，应当平等对待。佛教主张"众生平等""慈悲为怀""泽被草木"的思想，肯定人与自然都有其存在的价值，地位平等，人应尊重自然界中的一切生命。

（三）"以时禁发"的生态安全管理思想

中国古代"以时禁发"的生态安全管理思想是一种从官方政策法规到民间乡规民约、习惯法等层面共同保护、监督、管理自然资源的制度性、规范性的理念。因此，将生态安全管理界定为一种维护人类社会发展和自然生态系统平衡及其共生关系的基本制度，是以政府为主导对生态环境进行治理、监管、保护、修复、改善的保障性措施，但又不仅仅限于政府层面的制度性规定，更囊括了民间及社会层面的自发性规范、约束行为。

就官方层面来看，先秦时期的月令中具有丰富的生态安全管理思想。曾子在《礼记·祭义》中提出："树木以时伐焉，禽兽以时杀焉。"[②]《礼记·月令》记载："禁止伐木；毋覆巢，毋杀孩虫、胎夭、飞鸟，毋麛毋卵。"[③] 主张禁止砍伐生长期的树木，不得猎杀怀孕或哺乳期的动物，不损毁鸟窝，要保护好幼小的麋和鹿，这一思想成为后世生态管理的重要举措。春秋时期制定了一系列保护生态环境的相关政策。管仲尤为关注自然资源管理和保护的重要性，提出了"以时禁发"的思想。《管子·八观》说"山林虽近，草水更美，禁发必有时"[④]，主张人们在开发利用自然资源时，应当顺应自然规律，遵循时节秩序。此外，还颁布了严酷的封山禁令，《管子·地数》记载："苟山之见荣者，谨封而为禁。有动封山者，罪

① （晋）郭象撰，（唐）成玄英疏，曹础基、黄兰发点校：《庄子注疏》，中华书局 2011 年版，第 317 页。

② （西汉）戴圣编纂，胡平生、张萌译注：《礼记》（下），中华书局 2017 年版，第 916 页。

③ 陈成国撰：《礼记校注》，岳麓书社 2004 年版，第 109 页。

④ 黎翔凤撰，梁运华整理：《管子校注》，中华书局 2004 年版，第 261 页。

死而不赦。有犯令者，左足人，左足断；右足人，右足断。”① 这一法令充分体现了古人对保护生态环境的重视。战国时期，孟子在《孟子·梁惠王上》中也提道：“不违农时，谷不可胜食也；数罟不入洿池，鱼鳖不可胜食也；斧斤以时入山林，材木不可胜用也。谷与鱼鳖不可胜食，材木不可胜用。”②《荀子·王制》中提道：“草木荣华滋硕之时，则斧斤不入山林，不夭其生，不绝其长也。鼋鼍鱼鳖鳅鳣孕别之时，罔罟毒药不入泽，不夭其生，不绝其长也。春耕、夏耘、秋收、冬藏，四者不失时，故五谷不绝，而百姓有余食也。污池渊沼川泽，谨其时禁，故鱼鳖优多，而百姓有余用也。斩伐养长不失其时，故山林不童，而百姓有余材也。”③ 强调要尊重自然规律，顺应四时秩序，指导百姓的农事生产活动要根据自然节律合理利用与保护自然资源。西汉刘安的《淮南子·主术训》中记载：“畋不掩群，不取麛夭，不涸泽而渔，不焚林而猎。豺未祭兽，罝罦不得布于野；獭未祭鱼，网罟不得入于水；鹰隼未挚，罗网不得张于溪谷；草木未落，斤斧不得入山林；昆虫未蛰，不得以火烧田。孕育不得杀，卵不得探，鱼不长尺不得取，彘不期年不得食。”④ 告诫人们在利用自然资源的过程中必须要充分地尊重自然、保护自然，不能肆意破坏自然，随意剥夺自然万物的生存权利。这些思想有利于规范、约束人们对自然资源的过度开发行为，对于当前生态安全治理具有重要现实意义。

就民间层面而言，地方民众在长期与自然相处过程中形成了丰富的生态安全管理思想，主要体现在保护水源、森林、动物等自然资源的行为规范之中，并衍生了诸多乡规民约、习惯法等。这些约定俗成的民间规约大多传承至今，与国家法律法规相配合，较好地保护了当地生态环境。如西南边疆地区的傣族、布朗族、藏族等多个民族都有“神山”“神林”，严格规定平时不得进入“神山”，更不能动里面的土石、花草、树木甚至是枯枝烂叶也不能捡。在纳西族的《东巴经》中记载：“有禁止在河里洗屎布，

① 黎翔凤撰，梁运华整理：《管子校注》，中华书局2004年版，第1360页。

② （清）焦循撰，沈文倬点校：《孟子正义》，中华书局2017年版，第44—46页。

③ 安小兰译注：《荀子》，中华书局2007年版，第92—93页。

④ 何宁：《淮南子集释》，中华书局1998年版，第685页。

禁止向河里扔废物或倒垃圾，禁止向河里吐口水，禁止堵塞水源等诸多的禁忌规范。”① 同样，大理白族“为了保护水源不受污染，禁止在泉水边宰杀猪鸡，禁止在井泉边洗衣服，更不能向水中吐痰撒尿、倾倒垃圾污水”②，并将燕子看作自己的家庭成员，不慎伤害燕子就认为是伤害了自己的骨肉；傈僳族、独龙族、怒族、布朗族、阿昌族等民族都有一定的狩猎规则和禁忌，他们忌打怀崽、产崽、孵卵动物，对正在哺乳的动物“手下留情”，忌春天狩猎，因为许多动物在春天下崽。③ 彝族认为：“青蛙、蛇、鹰、熊、猴与人有着亲缘关系，不能随意伤害，更不能食之。如有人违犯与其相残，先祖会惩罚他。食其肉，便会受到玷污，死后不能与先祖团聚。”④ 这些民间约定俗成的规约是千百年来人与自然相处过程中凝结而成的中国智慧，对于有效应对边疆生态危机、维护边疆生态安全具有一定意义。

二　从观念到实践：近现代化背景下生态安全概念的形成及发展

近代以来，随着工业革命在世界范围的广泛传播，科学技术迅猛发展，尤其是西方国家经济高速增长，人们对自然界攫取大量资源，逐渐超过了生态环境承载力，致使生态环境剧烈变迁，造成气候变化、资源短缺、环境污染、水土流失、生物多样性减少、自然灾害频繁等一系列生态危机，严重威胁着全球生态安全。在这一特殊历史背景之下，人们开始意识到生态安全的重要性，生态安全逐渐从“观念”层面转向“实践”层面。

（一）近代化背景下“生态安全”内涵的初步呈现

清末民国时期，我国的生态环境趋于退化，面临空前的经济危机、社

① 管彦波：《民间法视阈下的水文生态环境保护——以西南民族为考察重点》，《贵州社会科学》2015 年第 5 期。

② 管彦波：《民间法视阈下的水文生态环境保护——以西南民族为考察重点》，《贵州社会科学》2015 年第 5 期。

③ 参见李立《云南少数民族传统生态文化及其现代转换》，《边疆经济与文化》2012 年第 1 期。

④ 周珏：《少数民族习惯法生态环境保护价值研究以丽江少数民族习惯法为例》，硕士学位论文，西北农林科技大学，2014 年。

会危机、文化危机、生态危机。然而，危机也是转机，随着西方近代科学技术的传入，为缓解农业社会的生态极限提供了可能，推动着传统中国人与自然的认知体系和互动体系向近代化转型。① 此一时期，时人开始接受并使用西方科学知识体系之下的“生态”“安全”等概念，开始从“安全”层面来进一步理解生态环境，以“安全”来界定水源、卫生、森林、流域“安全”与否，并将此类生态“安全”视为社会经济发展的重要条件，以“安全”来理解人与自然互动之关系，并以安全为目标治理生态环境。“饮水安全”“森林安全”“流域安全”“农业安全”等词汇的广泛使用反映了“生态安全”内涵的延伸及拓展，这也是近代化转型过程中的重要体现。

第一，饮水安全。民国时期，时人所饮用之水多系河水、湖水、池水、井水等，因饮水问题而导致的霍乱、血吸虫以及胃肠传染病频繁发生，时人开始注意饮水安全问题，并提倡引用自来水。此时，“中国少数大都市，均有自来水之设备，其他各都市，居民之饮料，大半仍取诸于河、湖、池沼，此种饮水料，对于健康上安全与否，苟不先为解决，殊于保健有莫大之障碍，例如扬子江与钱塘江流域，均有住血吸虫之发生，此类含吸虫之水，如经煮沸引用，尚无大碍；倘用之洗涤，一旦吸虫传入皮层，足以妨碍健康，甚且危及生命”②。“肠胃传染病中的霍乱、伤寒、痢疾，在卫生学校是久已被称为由水发生的传染病的，因为他们的主要传染来源是不洁的饮水。……安全的饮水，是现代都市首要的条件，应当与治安、交通、具有同等的重要性。”③ 饮水安全问题关乎生命安全，“安全给水的供应，是防疫工作的重心，因水为夏令传染病蔓延的媒介，为流行的主要泉源”④；“自来水……生命安全之重要”⑤。“防止急性胃肠传染病像霍乱、伤寒、痢疾的传播，最重要的问题是怎样保护饮水的安全卫生。因

① 参见梅雪芹、倪玉平、李志英等编著《中国环境通史（第四卷）：清—民国》，中国环境出版集团2021年版，第139页。

② 李紫衡：《饮料水之安全问题》，《医事公论》1935年第3卷第3期。

③ 薛：《请给我们安全的水》，《医潮月刊》1948年第2卷第6期，第2页。

④ 文斯：《供给安全饮水，改善环境卫生》，《中央日报》1947年7月6日第9版。

⑤ 陈星沐、余维敏：《自来水之重要》，《益世报》（上海）1947年2月23日第7版。

为水源是每个人要用的，假使水源受了污染，很快就会造成疾病的流行。”①

此一时期，受西方现代知识影响，开始采用科学手段管理水源，保护水源安全。为使饮水不与病原菌接触，减少污染的机会，时人认为要严格保护河水、井水水源安全。其中，河水、污水池等“以严格规定为取水段、牲畜饮用段、洗濯段等，不准在河里倾倒粪便及洗涮马桶等污具”。井水“应该注意水井必须远离厕所、粪坑、药品或其他方法杀灭水中的病菌”②。为更好保证饮水安全，时人采取过氯、漂白粉、煮沸等多种方法对饮用水进行消毒，并认为这些方法有利于保障饮用水安全。

第二，森林安全。民国时期，对于森林安全问题尤为重视，已经意识到森林火灾、滥砍滥伐等对于森林安全的威胁，国民政府开始通过制定林业法律法规、设立林业专门机构保护、管理森林。时人提道：“我国开化有数千年之历史，人口繁衍众多，为驱除毒蛇猛兽，开垦农田，及战事上之策略，曾大事焚毁森林；为修建居室舟车，制造用具武器，并燃料等之取给，更普遍滥伐林木，加以人民有意无意之破坏，及其他一切灾害，以致森林日渐减少。迨至近代，到处童山濯濯，水旱频仍，为举世所共晓，国人知警惕，因此，提倡造林保林，设置各级农林官署及造林场所，颁布森林法，并规定植树节，请各级首领亲栽植提倡，又举行造林运动。”③ 森林安全与否关乎国计民生，“一关于国土之保安。一关于国民之生计。其利益至为宏远”④。此时开始以官方为主导维护森林安全，如浙江省农林部门，“查森林事业，收获之期甚远，为害之事甚多。现值秋深草黄，如盗伐失火，以及滥施樵采放牧等情事，在在堪虞；亟应设法保护，以策安全”⑤。实业部训令：“查森林火灾之警防，虽迭饬令注意防范，仍见各地

① 发云：《维护饮用水安全》，《亦报》1952 年 5 月 10 日第 2 版。

② 发云：《维护饮用水安全》，《亦报》1952 年 5 月 10 日第 2 版。

③ 乔荣升：《林业丛谈：振兴中国林业之基本要图》，《农业通讯》1947 年第 1 卷第 7 期。

④ 《文牍三：林业类：实业司农林局布告保护森林文》，《云南实业杂志》1913 年第 2 卷第 3 期。

⑤ 《工作概况：一阅月之农矿：农林：饬县保护森林安全》，《浙江省建设月刊》1932 年第 5 卷第 7 期。

时有发生者，此不仅减却巨额之森林资源，以致荒废林地，有害于国土之保安，且为阻碍各种产业之发展。"① 森林安全已经成为国土安全的重要组成部分，其战略地位得到提升。

第三，流域安全。华北水利委员会拟定指导上游农民办法并与冀晋察省府及华洋义振会共同办理。华北水利委员会第十次委员会时，曾议"指导永定河上游农民兴办灌溉与植林"案，"当经议决，由会详拟办法，以便实施，兹悉该项办法，已经审慎拟妥，指导永定河上游农民兴办灌溉与植林办法，分类列举，极其详尽，总之在积极指导永定河上游农民，普遍兴办灌溉与植林，以增加农林生产，减少荒山荒地，充裕农民生计，减少永定洪水与沙量，并增加下游安全，事关民生建设，各该地民众，相比乐于接受指导，以利进行，兹录其办法如左"②。为维护流域安全，国民政府与社会组织协同制定相关举措，通过兴办水利，保证农田灌溉、植树造林等，减少自然灾害，增加农林生产，协调了环境保护与经济发展之间的关系。

此外，时人也关注到农业生态安全。民国时期，时人注意到杀虫剂DDT对于农作物带来的影响。此一时期，虽然杀虫剂这一新兴药剂仅是在欧美地区大量用于防治农业病虫害，我国尚未普及，但时人已经关注到此药剂对于农作物、牲畜等的杀伤力，认为"理想之杀虫剂必需具备之条件有三，曰安全，有效，经济是也"，并就安全问题提到我国目前种植蔬菜水果所用之砒素"为一极毒之药品"，虽然在种植农作物时使用的大量砒素可以被水冲洗掉，但"仍不免有极其微量之砒素残留在蔬果上"，因此，在国际上一些先进国家对于有农药残留的食物进行了明确规定"超过规定之食物不得在市场发售"③。这种认知突破了以往的水源安全、森林安全、流域安全等传统生态要素，拓展了生态安全的内涵。

---

① 《确保森林安全　严令注意荒火》，《盛京时报》1937年5月25日第11版。

② 《国内农业消息：特约通信（二）：谋永定河下游安全，上游兴办灌溉植林：增加农林生产减少荒山荒地》，《农业周报》1931年第1卷第16期。

③ 张学祖：《四种新兴杀虫剂之安全问题》，《中国棉业》1948年第1卷第2期。

（二）现代化、全球化背景下生态安全概念的形成及发展

生态安全是现代化、全球化背景下的一个重要议题。随着现代化进程的加速和全球化的推进，人类对自然资源的需求不断增加，同时也带来了严重的生态环境问题，对人类的生存和发展构成了严重威胁。为了应对这些挑战，人们开始关注生态安全问题。

20 世纪 70 年代，国外较早从环境角度思考国家安全概念，聚焦于环境与传统国家安全的关系进行探讨。1977 年莱斯特·布朗首次将环境纳入安全概念和国际政治范畴，1983 年理查德·乌尔曼认为国家安全概念应包括来自环境方面的威胁，1986 年诺曼·迈尔斯提出安全思维应把环境问题整合进来，1987 年 WCED 报告《我们共同的未来》中指出安全与环境的相互关系。20 世纪 90 年代以来，生态安全是国家安全的重要组成部分逐渐成为国内外学界的共识，1994 年美国《国家安全战略报告》首次把环境安全列入国家利益范畴，Rogers K. S. 指出生态安全是国家安全和社会稳定的重要组成部分，[①] 2002 年 Klaus Topfer 认为生态退化对当今国际和国家安全构成严重威胁。

20 世纪 50 至 70 年代，我国对于“生态安全”概念及内涵的认识集中在农业生态环境安全、森林安全以及自然灾害等方面。至 20 世纪 80 年代，从生态环境安全层面关注到农业生态环境问题的研究成果颇丰，开始将农药作为评价环境安全的一项重要指标。20 世纪 90 年代，“生态安全”首次进入国际政治领域，并对“安全”概念形成冲击，“生态安全”开始作为一个学术命题进行探讨。此时期，生态安全问题已经成为影响国家安全乃至全球安全的新挑战，对安全的环境主义考虑拓展了安全的概念，成为国际政治和国内政策的首要事项，“生态安全”成为安全观念的新内容，[②] 更成为国家安全的重要组成部分。一些学者相继指出生态安全的重要性。如国家生态环境安全已经成了一个战略概念，生态环境安全问题已经成了影

---

① Roegs K. S., *Ecological security and multinational corporations*, Environmental Change & Security Project Report, Issue No. 3, 1997.

② 参见屠启宇《从生态问题谈国家安全战略的调整》，《国际观察》1993 年第 4 期。

响我国与周边国家关系的战略问题。[①] 军事安全、政治安全和经济安全致力于生态安全的良好环境，生态安全是其他方面安全的载体和基础。[②] 此时，“生态安全”的概念及内涵更多置于国家安全之下进行思考。国家生态安全即实现一国生存和发展所处生态环境。[③] 国家生态安全实际上是一种生存安全，是指一国生态环境能够适应国家经济和社会发展需要的状态。[④]

21 世纪以来，国内不同学科关于生态安全概念及内涵的研究层出不穷，但对生态安全的概念界定在学界并未形成统一标准，使生态安全的概念及内涵得到不断丰富、凝练、拓展。学界开始从非传统安全角度思考生态安全的概念及含义，极大丰富了国家安全的内涵。如王韩民、曲格平、肖笃宁、陈国阶、邹长新、周国富、余谋昌、解振华、傅伯杰、方世南、刘跃进、彭建、张琨、黄爱宝等从生态学、管理学、哲学、经济学等不同视角进行了探讨。如：从广义层面定义生态安全，生态安全是指在人的生活、健康、安乐、基本权利、生活保障来源、必要资源、社会次序和人类适应环境变化的能力等方面不受威胁的状态，它包括自然生态安全、经济生态安全和社会生态安全，组成一个复合人工生态安全系统；从狭义层面定义生态安全，指的是自然和半自然生态系统的安全，即生态系统完整性和健康的整体水平反映。[⑤] 一些学者也开始转向对区域生态安全概念的探讨，提出区域生态安全的概念是指在一定时空范围内，在自然及人类活动的干扰下，区域内生态环境条件以及所面临的生态环境问题不对人类生存和持续发展构成威胁，并且自然—经济—社会复合生态系统的脆弱性能够不断得到改善的状态。[⑥] 生态安全在国土、水、人民健康和生物方面的重

① 参见赵英《生态环境与国家安全》，《森林与人类》1996 年第 6 期。

② 参见程漱兰、陈焱《关于国家生态安全》，《经济研究参考》1999 年第 B5 期。

③ 参见程漱兰、陈焱《高度重视国家生态安全战略》，《生态经济》1999 年第 5 期。

④ 参见王韩民、郭纬、程漱兰等《我国生态安全的问题与建议》，《经济研究参考》1999 年第 72 期。

⑤ 参见肖笃宁《干旱区生态安全研究的意义与方法》，《生态安全与生态建设——中国科协 2002 年学术年会论文集》，中国科协 2002 年学术年会，成都，2002 年。

⑥ 参见高长波、陈新庚、韦朝海、彭晓春《区域生态安全：概念及评价理论基础》，《生态环境》2006 年第 1 期。

要性已经突显出来。[①] 生态安全已经成为一个相对独立的安全要素，与军事、政治和经济安全同等重要。国家生态安全关乎经济社会可持续发展，是国家安全体系的重要基石，非传统安全的生态安全与传统安全有机统一，生态安全与各种不同国家安全要素之间相互影响。

进入 21 世纪以来，国家生态安全愈加受到政府层面的关注和重视。2000 年，中华人民共和国国务院发布的《全国生态环境保护纲要》，首次明确提出了“维护国家生态环境安全”的目标，指出国家生态安全是一个国家生存和发展所需的生态环境处于不受或少受破坏与威胁的状态。2002 年，十六大报告明确提出，同国防安全、经济安全一样，生态安全是国家安全的重要组成部分。2004 年 12 月，第十届全国人民代表大会常务委员会第十三次会议修订通过《中华人民共和国固体废物污染环境防治法》，在第一条中明确提出，为了防治固体废物污染环境，保障人体健康，维护生态安全，促进经济社会可持续发展，制定本法。将维护生态安全作为立法宗旨写进了国家法律，使其作为一个法律概念得以确立。随着我国生态文明建设的深入推进，对生态安全的认识也提升到一个新的高度。2014 年，习近平总书记主持召开中央国家安全委员会第一次会议强调，贯彻落实总体国家安全观，构建集政治安全、国土安全、军事安全、经济安全、文化安全、社会安全、科技安全、信息安全、生态安全、资源安全、核安全等于一体的国家安全体系。党的十九大报告中进一步阐述了生态安全的重要性，指出要坚定走生产发展、生活富裕、生态良好的文明发展道路，建设美丽中国，为人民创造良好生产生活环境，为全球生态安全做出贡献。2018 年全国生态环境保护大会提出了生态文明建设中的五大体系建设，其中一个就是“以生态系统良性循环和环境风险有效防控为重点的生态安全体系”建设。[②] 党的二十大报告指出：促进人与自然和谐共生是中国式现代化的本质要求之一。生态安全作为国家安全的重要组成部分，不仅是生态文明建设的核心内容，更是建设人与自然和谐共生的重要目标，

① 参见邹长新、沈渭寿《生态安全研究进展》，《农村生态环境》2003 年第 1 期。

② 赵建军、胡春立：《加快建设生态安全体系至关重要》，《中国环境报》2020 年 4 月 13 日第 3 版。

在我国国家发展战略中占据着重要地位。

生态安全概念的形成及发展是一个循序渐进的过程。从中华传统文化中蕴含的生态安全思想到近代以来生态安全内涵的丰富及向治理实践的转变，再到现代化、全球化背景下生态安全概念的正式提出，尤其是随着我国生态文明建设的推进，生态安全的概念及内涵得到了极大的拓展。这一概念的演变历程反映了人们对生态安全问题的认识不断深化以及对人与自然和谐共生的追求。

三　环境变迁：边疆生态安全问题的产生

边疆生态安全问题的产生从来不是一蹴而就，而是一个渐进式的历史过程。边疆生态环境在自然与人为双重作用之下不断变迁，要想理清边疆生态安全问题的产生有必要对历史时期边疆生态环境变迁过程中的主要问题进行追溯。

（一）农业垦殖与环境破坏：20世纪50年代以前边疆生态安全问题

20世纪50年代以前，边疆地区较为突出的生态安全问题体现在人口迁移、山地开发以及外来物种引进、过度攫取自然资源等方面。总体上来看，明清以前，边疆地区人口稀少，生产力水平较低，生态环境并未遭到大规模破坏。至明清时期，内地已经人满为患，内地民众不得不迁徙到边疆地区寻求生存与发展，促进了边疆地区社会经济开发，但加剧了生态环境的破坏。

清代，内地人口迁徙至边疆地区已经成为国家社会经济发展之趋势，流入区域包括台湾、辽宁、吉林、黑龙江、内蒙古、新疆、西藏、云南、广西等地。[①] 人口的大规模迁徙加速了对边疆地区的农业垦殖，致使边疆生态环境急剧变迁。17世纪以前，随着历代中央王朝对云南统治和开发的深入，生态环境逐渐发生变化，由于人口增长、农业垦殖、高产农作物种植、山地农业民族的刀耕火种及金属矿产的大规模开采冶铸等导致生态变迁。[②]

① 参见张世明《清代边疆开发不平衡性：一个从人口经济学角度的考察》，《清史研究》1998年第2期。

② 参见周琼《三至十七世纪云南瘴气分布区域初探》，《历史地理》第22辑，上海人民出版社2007年版，第276页。

明清时期也是外来物种引进的繁盛期，大规模的人口迁移加剧了人们对山地的开发，尤其是明代玉米、番薯、马铃薯等外来粮食作物的引入，进一步增加了对山地的开发利用，这对中国各边地，尤其是西南、北方与西北广大边疆地区的政治、经济、环境等产生了直接而重要的影响。明清时期，大量的内地移民进入边疆，至清嘉庆、道光之际，迁入云南山地的农业移民至少有 130 万人，[①] 使云南山地得到大规模开发，在推动当地社会经济发展的同时，也给当地生态环境带来了严重影响。清乾隆时期，粤西极边之地，因山多地少，民间百姓开垦水田五亩以下，旱田十亩以下，永免升科。这给移民开垦新地提供了动力，经过清前期平原丘陵的开垦殆尽，自清中期起，山区地带及原有的森林地带成为开发的新重点，给当地生态环境带来严重威胁。如广西全州地区因森林资源消耗殆尽，导致水源减少，土地干裂，影响了当地农业生产。谢庭瑜在《论全州水利上临川公》中说："郡之资灌者多沟涧细流，其源发于山溪，往者山深树密，风雨暴斗，雷奔云泄，旱干无虞，惟苦汛隘。比岁以来，流日狭浅，弥旬不雨，土田坼裂，农夫愁叹，水讼纷纭……涧水之源，虽由山发，实藉树而藏……迩来愚民规利目前，伐木为炭，山无乔材，此一端也。其害大者，五方杂氓，散处山谷，居无恒产，惟伐山种烟草为利，纵其斧斤，继以焚烧，延数十里，老干新枝，嘉植丛卉，悉化灰烬，而山始童矣。庇荫既失，虽有深溪，夏日炎威，涸可宜待。"[②] 再如乾嘉时期，由于大量流民涌进山区，"以最野蛮的方式，破坏了森林，种植蓝靛及玉米，尤以玉米为主。在高坡度的山区里铲除了天然植被，改植农作物，会立即导致水土流失，几场大雨就可以使岩石裸露"[③]。

清代中后期，因玉米、马铃薯等高原作物在山区、半山区大范围地开垦种植，造成水土流失、河道淤塞等自然灾害频繁。如 19 世纪 20 年代，

① 参见曹树基《中国移民史》第 6 卷，福建教育出版社 1997 年版，第 170 页。

② 全州县志编纂委员会编，唐楚英主编：《全州县志》，广西人民出版社 1998 年版，第 1016 页。

③ ［美］赵冈：《中国历史上生态环境之变迁》，中国环境科学出版社 1996 年版，第 27 页。

长期开山种植玉蜀黍造成严重的水土流失和河道泛滥，[①] 导致云南生态环境随之发生了重大变迁，地表覆盖物由类型丰富的植被变为单一的农作物，半山区、山区的植被因之减少，地表土壤的附着力和凝聚力大大降低，土壤退化、水旱灾害频发、水土流失严重。[②] 玉米、马铃薯等外来物种本身并不会对生态系统造成破坏，但由于人类活动的过度与无序开发，试图为外来物种创造适宜的生态环境，代替本土物种，彻底改变本土生态系统，这是人类企图征服自然的表现，必然导致生态灾难，严重威胁着边疆生态安全。因山地资源的持续过度开发，至民国时期，在云南地区诸多城乡附近濯濯童山的现象突出。民国《大关县志稿》中记载："惜乎山多田少，旷野萧条，加以承平日久，森林砍伐殆尽而童山濯濯。"[③] 再如缅宁县境"极目童山，除附近乡村之一部分山地可耕外，余均无人开垦"[④]。

清代广西东北地区的生态环境也发生了剧烈变迁，具体表现在农田大量开垦、森林大面积萎缩、原始森林退化成经济林、水土流失、山区泉水枯竭、生态环境被破坏或者改变等，主要是由于农业垦殖、山地资源的过度开发造成。[⑤] 18 世纪中叶，新疆地区在清政府的主导下大规模开发，农田与人口的数量迅速增加，集中的发展对生态环境尤其是极为脆弱的绿洲的环境施加了极大的压力，让该历史阶段的塔里木河水系流域环境迅速衰退。[⑥] 东北边疆地区的生态环境自同治以后，随着内地人口不断涌进，特别是大量潜入清政府管理较弱的长白山区，从事垦殖和伐木活动，造成森林面积急剧减少。尤其是晚清时期，沙俄和日本相继侵入中国东北地区，对中国东北森林的肆意砍伐，造成大片森林被毁。[⑦] 森林被大规模砍伐之

---

① 参见何炳棣《美洲作物的引进、传播及其对中国粮食生产的影响》，《世界农业》1979 年第 4 期。

② 参见周琼、李梅《清代中后期云南山区农业生态探析》，《学术研究》2009 年第 10 期。

③ 《大关县志稿》，民国三十四年（1945）稿本传抄皮藏。

④ 《缅宁县志稿》，民国三十七年（1948）稿本。

⑤ 参见闫西徽《环境、作物与族群——以清代桂东北地区为中心》，硕士学位论文，广西师范大学，2018 年。

⑥ 参见邓一帆《清代新疆塔里木河流域的农业开发及生态影响研究》，硕士学位论文，西北农林科技大学，2017 年。

⑦ 参见陈跃《清代东北地区生态环境变迁研究》，博士学位论文，山东大学，2012 年。

后，随之而来的是山区植被蓄水功能退化，导致严重的水土流失。

明清时期，在中央王朝的政策主导下，西北、西南、东北边疆地区得到了大规模开发，从人口移民到农业垦殖再到矿产资源开采，推动了边疆地区社会经济发展。与此同时，也导致森林面积急剧减少。至清末民国时期，边疆许多地区已是“童山濯濯”的景象。由于原始森林生态系统的破坏，水土流失加剧、自然灾害频发、生物多样性减少，如“道光时期，新疆虎的踪迹遍布塔里木河流域绿洲，而至于光绪后期，虎的数量已经明显减少，19 世纪末 20 世纪初其种群规模急剧减小”①。以吉林省为例，“本省既多森林，故动物亦伙。惟自开辟以来，斧斤不时入山林，猎犬不时而奔驰。网罟频施，牧业不讲。鸟兽随森林以渐稀，渔牧几将绝无而仅有”②。由此可见，20 世纪 50 年代以前，边疆自然生态系统已经处于不安全、不稳定的状态，生态系统退化成为影响边疆生态安全的突出问题。为了更好地维护生态系统平衡，保证国家安全，民国时期，为保护森林、水源等自然资源相继制定了一系列管理办法，但收效甚微。

（二）环境污染与物种危机：20 世纪 50 年代以来边疆生态安全问题

随着现代化进程的加快，20 世纪 50 年代以来边疆生态安全问题较 20 世纪 50 年代以前更为多样、复杂。20 世纪 60 年代，全国兴起“农业学大寨”运动，边疆地区也未能幸免，围湖造田、毁林开荒，造成水土流失、河道淤塞、旱涝灾害频发，致使生态系统退化，生态系统生产力下降。20 世纪 60 年代末 70 年代初，以“废水、废气、废渣”为主要表现形式的环境污染问题日益凸显。

20 世纪 80 年代，中国的快速工业化进程将经济和劳动就业的重心转向工业制造业，大规模开采、使用矿产和化石能源，大量的工业废弃物进入环境。虽然此时的农业生产力得到了很大的提高，但是水源污染、空气污染、土壤重金属污染等环境污染问题逐渐突出。相较于改革开放之前生

① 邓一帆：《清代新疆塔里木河流域的农业开发及生态影响研究》，硕士学位论文，西北农林科技大学，2017 年。

② 陈跃：《清代东北地区生态环境变迁研究》，博士学位论文，山东大学，2012 年。

态系统的退化，环境污染对于生态安全的危害更甚。此时的边疆生态问题也逐渐凸显。当时的一些学者即提出：我国边疆地区处于全国生态资源要素的源头区域，地理位置特殊，国土资源广袤，生态资源丰富，在全国生态系统中占有突出的地位，对全国经济和社会发展全局起着生态屏障的作用。① 如新疆地区，从20世纪50年代以来进行了大规模地垦殖，改变了原生生态系统，将原本的荒漠生态系统改造为绿洲生态系统，促进了农业经济的迅速发展，但在开垦和种植中存在一些不合理的垦殖方式，对原生生态系统造成了一定破坏，导致地下水位上升、次生盐渍化严重，有的还开垦了少量坡度大、不易保持水土的草地，不少农场由于烧柴问题还毁坏了农场附近的野生植物等。②

从20世纪90年代开始，边疆地区生态环境问题突出，如云南怒江州生态环境遭到了严重破坏，森林面积减少、环境污染严重、自然灾害频发。③ 截至1999年，西南五省区市石漠化土地面积达729.5万公顷，占土地面积的53%；特别是土地的荒漠化，西部地区最为严重；西部地区沙化土地面积达到16255万公顷以上（仅内蒙古、甘肃、青海、宁夏、陕西、西藏和新疆七省区数据），占全国沙化土地面积的90%以上。④ 边疆生态问题严重威胁到腹地生态安全。如1997年创历史纪录全年226天黄河断流、1998年的长江大水灾、2000年北京等地区空前频繁的强沙尘暴，边疆生态环境破坏的恶果以特有的危机形式爆发出来，形成了大规模跨地域的报复，中国西部包括广大的民族边疆地区的源头生态状况，已经上升为中国环境的首要问题。⑤ 边疆生态问题已经成为影响边疆生态安全甚至国家生

---

① 参见中共云南省委宣传部课题组《生态文明与民族边疆地区的跨越式发展》，《云南民族学院学报》（哲学社会科学版）2002年第6期。

② 参见罗农《合理垦殖是改造荒漠生态系统促进边疆经济繁荣的重要手段》，《农业经济问题》1981年第6期。

③ 参见傅志上、高志英、缪坤和《边疆少数民族地区生态环境变迁与脱贫致富——云南省怒江傈僳族自治州经济开发新模式研究》，《思想战线》1998年第3期。

④ 参见中共云南省委宣传部课题组《生态文明与民族边疆地区的跨越式发展》，《云南民族学院学报》（哲学社会科学版）2002年第6期。

⑤ 参见中共云南省委宣传部课题组《生态文明与民族边疆地区的跨越式发展》，《云南民族学院学报》（哲学社会科学版）2002年第6期。

态安全的重要问题。边疆地区的生态环境具有源头性要素的特征，与全国生态环境的现实关联度大，后发制约性极强。从生态环境与经济社会相互作用的关联和制约上看，我国边疆地区的生态环境，既是全国经济和社会发展的生态屏障，又是边疆地区自身持续发展的物质保证，其生态环境状况对全国、对边疆民族地区都具有关键的意义。①

进入21世纪以来，人们开始广泛关注边疆生态安全问题。我国边疆生态安全面临着自然资源利用低效、生物多样性遭破坏、草原生态功能退化、水土流失严重等问题，严重危及国家安全。随着经济的迅速发展，交通运输条件的便捷，人口密度增长、入境游客等直接或间接冲破高山、河流、湖泊、森林、草原等天然屏障，为生物入侵开通了便捷通道，导致跨国、跨区域生物入侵加剧，对于社会经济发展造成严重损失。如“加拿大一枝黄花”，因其繁殖能力极强、传播速度快、生长优势明显，在与其他周边植物竞争光照、养分中往往有绝杀功能。在中国农业部首批认定的10种危险性外来入侵生物之一的“加拿大一枝黄花”已在内蒙古花卉市场发现作为配花被广泛使用，一旦在中国蔓延必然对生态系统造成巨大威胁。②甘肃是全国最大的对外蔬菜、花卉制种基地，种子种苗是最主要的进境植物产品，国外有害生物传入和扩散的风险较高，武威进境木材检验监管区建成后，俄罗斯板材直接进口武威，也将面临外来有害生物防控方面的挑战。③ 人类活动过度干预是造成外来物种入侵的主要外在因素，生态系统一旦被人类活动破坏，便会降低其抵御外来物种的能力，加剧外来生物的扩张速度，造成生态灾难。随着中国倡导的“一带一路”国际合作的深入开展，便决定了在打造国际贸易、经济合作、跨国交流的国际共享、共赢平台的同时，必将面临人类活动造成的生态系统失衡的问题。一方面，随着国际贸易和人类交往的频繁，大部分入侵物种由人携带、货物运输侵入异地，如郑新欧、汉新欧、蓉新欧、义新欧、粤新欧等中欧班列陆续开

① 参见《民族边疆地区的发展要依靠生态文明》，《生态经济》2003年第4期。

② 参见宋培玲、云晓鹏、李子钦《国内外有害生物入侵现状及对策》，《中国植物病理学会第九届青年学术研讨会》，郑州，2009年。

③ 《“一带一路”倡议下筑牢国门生物安全网》，http://www.aqsiq.gov.cn/zjxw/dfzjxw/dfftpxw/201707/t20170727_494122.htm（2017年7月27日）。

通，为一些外来物种提供了自然扩散去不了的地区的条件，加速生物入侵的速度、规模和数量；另一方面，人类的干扰活动很大程度上影响生物入侵的进程，如单一品种的作物和人工林种植面积增加，群落多样性降低，更易受外来物种入侵；此外，人类活动有时还为外来物种提供入侵、扩散和躲避危险的条件。此外，在边疆地区自然资源保护方面也存在着诸多问题。如：2014 年，我国边疆地区自然保护区个数为 929 个，面积为 9835.7 万公顷，相比 2008 年，自然保护区个数增加了 26 个，但面积减少了 398 万公顷，自然保护区占辖区面积比重下降了 0.53 个百分点。[①] 广西北部湾除保护区还保存部分天然林外，其他地段基本被人工林所取代，森林结构简单、树种单一，容易发生病虫害和森林火灾，森林生态系统稳定性差，森林涵养水源、水土保护能力低，地力衰竭、立地生产能力下降和生物多样性降低。[②]

边疆生态安全问题是生态环境变迁的严重后果之一。边疆生态屏障具有维护国家生态安全的重要功能，边疆生态安全因之成为国家生态治理必须重视的问题。这就需要加快推进边疆生态安全治理的现代化进程，筑牢国家生态安全屏障，建设人与自然和谐共生的现代化。

四　时代需求：边疆生态安全治理取向应运而生

国家在发展的过程中，基于有效治理的需要，往往把国家疆域的边缘性部分界定为边疆。[③] 历史上的边疆，不仅是国家的一个边缘性的特殊区域，也是一个具有政治、文化、地理、战略、军事等多重涵义的概念。[④] 由于不同时期国家发展的需要，传统的边疆更多是强调其地理空间、国家疆域及政治、经济、军事、文化、民族、宗教等内涵。边疆是在客观条件

---

① 参见林丽梅、郑逸芳《我国国家安全视阈中的边疆生态治理研究》，《探索》2016 年第 4 期。

② 参见覃家科、符如灿、农胜奇等《广西北部湾生态安全屏障保护与建设》，《林业资源管理》2011 年第 5 期。

③ 参见周平《边疆在国家发展中的意义》，《思想战线》2013 年第 2 期。

④ 参见周平《我国边疆概念的历史演变》，《云南行政学院学报》2008 年第 4 期。

基础上主观构建的产物，所以并非一成不变，而是一种变动着的存在。① 随着边疆生态问题的突出，边疆概念就有了拓展及延伸的空间，开始具有了生态属性，突破了传统疆界的概念，成为因气候条件、水域面积、海拔高度、经纬度、生态要素等的差异而形成的特殊生态屏障区，对国家生态安全具有基础性的保障作用。② 从国家地理疆域形成的历史及自然原因看，疆域的边疆与生态边疆具有较大的吻合性。历史时期，生态边疆就已经存在，这种存在在自然与人为作用之下，是一种动态的存在，在不断地变迁及发展。尤其是 20 世纪以来，随着科学技术的发展、现代化乃至全球化的深入，人为因素的影响力得到了大幅度提升，在很大程度上成为改变生态边界线及其疆域面积、范围的重要因素。③ 生态疆界与边疆生态安全问题的变迁及发展是齐头并进的，生态疆界的剧烈变迁在很大程度上威胁到区域生态系统，影响区域生态安全及发展。一旦生态边疆线模糊、断裂或消失，边疆生态安全就会受到威胁。因此，边疆地区是建立生态安全防线的首要之区，边疆生态界域也就成为筑牢国家生态安全屏障的关键性区域，具有防范生物入侵、维护边疆生态安全的功能，其安全与否关乎边疆安全及国家安全。

维护生态安全已经成为边疆治理的有机组成部分，更是边疆治理体系和治理能力现代化的重要目标之一。纵观我国边疆治理的历史进程，早期的边疆治理是围绕族际关系展开的，并形成了“族际主义”的治理取向，直至中华人民共和国成立，这种取向仍旧延续。中国传统的族际主义取向的边疆治理模式，是在秦统一中国以后的边疆治理实践中逐渐形成的，并因其在边疆治理中的成效而被强化和巩固。④ 在王朝国家时期，传统的边疆生态安全治理同样受“族际主义”取向影响，长期以来未受到重视。直至近现代以来，随着边地开发加剧、战乱频仍、社会动荡，边疆生态环境

---

① 参见周平《边疆在国家发展中的意义》，《思想战线》2013 年第 2 期。

② 参见林丽梅、郑逸芳《我国国家安全视阈中的边疆生态治理研究》，《探索》2016 年第 4 期。

③ 参见周琼《环境史视域中的生态边疆研究》，《思想战线》2015 年第 2 期。

④ 参见周平《中国的边疆治理：族际主义还是区域主义?》，《思想战线》2008 年第 3 期。

剧烈变迁。如“异域生物大量、频繁地引进，物种入侵日渐严重，数量之多、范围之广让人们始料未及，对生态系统的威胁日益增大，进一步模糊、混淆了生态疆界，威胁到本土物种及其生态系统的安全与发展”①。随着全球化进程的加快，国际之间的经济、文化、信息、贸易往来日益频繁，我国的边疆地区逐渐成为国际交往交流的前沿阵地。因此，边疆在拱卫国家核心区域发展和拓展外向性发展空间中的战略地位日趋凸显。② 边疆地区受民族文化多样、传统与非传统安全交织、经济社会快速转型、传统与现代文化碰撞、跨境民族关系、多种宗教信仰并存等多重影响，边疆安全日益成为影响边疆治理、整体国家安全及发展的突出问题。伴随边疆形势的变化和边疆问题的转型，边疆治理模式从“族际主义”转向“区域主义”。在区域主义的取向下，边疆治理要在政府主导的前提下提倡多元治理并创新政策工具，以更加多样化的手段和方式来解决各种边疆问题，以达成边疆治理的目标。③“区域主义”取向的边疆治理模式提出之后，在学界获得普遍认可，同样被用于边疆生态安全治理之中。④ 边疆问题系统包含了边疆的国家安全问题和生态保护问题，对于这一问题的解决需要区域主义的边疆治理模式。⑤

然而近年来，一些学者提出了“区域主义”取向可能存在的问题，开始从“共同体”的视角审视边疆治理。根据边疆问题性质和影响的范围来确认“区域”所指，超越了“区域主义”取向边疆治理中行政区域划分的

---

① 周琼：《环境史视域中的生态边疆研究》，《思想战线》2015 年第 2 期。

② 参见周平《边疆在国家发展中的意义》，《思想战线》2013 年第 2 期。

③ 参见周平《陆疆治理：从“族际主义”转向“区域主义”》，《国家行政学院学报》2015 年第 6 期。

④ 如代兰海、薛东前认为传统以经济优先发展、条块分治管理、社会有限参与、“国家主义”惯性为特征的生态治理模式，难以适应新形势下边疆生态安全治理系统性、整体性和跨境性需求，亟需转型提升；边疆生态安全治理重构是一个涉及“价值—制度—行动”的系统工程，理念革新、体制完善、结构优化与能力提升是区域生态治理重构的基本思路（代兰海、薛东前：《“一带一路”建设与西部边疆生态治理重构》，《社科纵横》2021 年第 2 期）。再如认为西北边疆生态安全问题的实质都是区域性问题，应该以“区域主义”价值取向进行治理解决，构筑一个多元主体“从上往下”以“区域主义”为取向的治理结构（贺亮亮：《习近平生态文明思想视阈下西北边疆生态安全治理研究》，硕士学位论文，西北师范大学，2022 年）。

⑤ 参见方盛举《对我国陆地边疆治理的再认识》，《云南师范大学学报》（哲学社会科学版）2016 年第 4 期。

“区域”内涵。[①]“区域主义”强调和突出陆地边疆地区在地缘、政治、经济、文化、心理等方面的异质性，将解决这个特定区域的各种问题作为边疆治理的主要内容，仍然存在致使边疆治理误入“地方主义”歧途的可能性，解决边疆问题需要转换思维，将“区域主义”取向转变为“共同体主义”取向，用“治理共同体”的逻辑对多样化的边疆问题进行更具针对性的治理，构建起“边疆—内地”的治理共同体。[②] 在边疆生态安全治理实践中，以解决区域问题为目标和导向的“区域主义”治理又将边疆生态安全问题局限于这一特定区域。随着边疆社会经济的快速发展，边疆生态屏障逐渐脆弱、不完整、缺乏稳定，导致边疆生态安全问题从区域向整体的反馈更为迅速，并与其他安全问题复杂交织，“区域主义”治理已经难以满足边疆生态安全问题乃至国家生态安全的治理需求，“共同体”将作为一种边疆生态安全治理取向应运而生。

第三节　边疆生态安全治理的地位及作用

边疆地区是我国具有特殊战略地位的区域，加强边疆生态安全治理研究，对筑牢边疆生态安全屏障、促进区域生态文明建设以及维护国家生态安全具有重要意义。传统的边疆以陆疆为主，随着海洋资源的开发与利用，海疆在边疆治理中的地位日益凸显。陆疆包括吉林、黑龙江、辽宁、内蒙古、新疆、西藏、广西、甘肃和云南在内的九个省区，而海疆是指领海基线以外的国家管辖海域，主要以海岸线长进行测量。[③] 我国边疆地区是联通内外、频繁流动的“海绵带”，也是不同生态环境过渡、气候变化和植被交错的特殊区域，亦是农、林、牧、副、渔相互交织的复杂地区，更是我国生态脆弱、环境问题高发的敏感地带。边疆地区一直是我国生态

① 参见何修良《新时代中国边疆治理：从“区域主义”走向“域际主义”》，《青海社会科学》2022 年第 1 期。

② 参见罗强强、孙浩然《治理共同体与共同体治理：超越既有的边疆治理研究传统》，《云南师范大学学报》（哲学社会科学版）2023 年第 3 期。

③ 参见林丽梅、郑逸芳《我国国家安全视阈中的边疆生态治理研究》，《探索》2016 年第 4 期。

系统的有机组成部分，也是国家生态安全治理的关键区域。一般而言，边疆地区作为主权国家的一个下辖区域，以国家权力的构建和治理行为的延展为其存在前提。边疆问题虽然滥觞和主要作用于边疆地区，但其后续的影响以及由之产生的衍生性问题，却并不只局限于边疆这一范畴之内。[①] 维护边疆生态安全是保障国家生态安全，实现国家可持续发展的必要条件。一旦边疆生态环境恶化，很可能引发全国经济、社会、生态环境的系统性危机。[②] 因此，有必要准确把握边疆生态安全治理的地位及其作用。

一　边疆生态安全治理关乎国家总体安全

我国边疆地区地理位置特殊，面积广袤，拥有丰富的源头性生产要素，在全国生态系统以及社会经济发展全局中占有极其重要的战略地位，起着生态屏障的作用。我国地势西高东低，边疆地区大多高山广布，如西部边境线，或纵横或穿越蒙古高原、阿尔泰山、天山、帕米尔高原、喀喇昆仑山、喜马拉雅山、横断山和云贵高原等十几个高大山脉和高原，在这些山脉和高原之间，横卧着巨大的草原、荒漠和森林，还有蜿蜒流淌的额尔齐斯河、伊犁河、雅鲁藏布江、怒江、澜沧江、元江等数十条边界和出境河流，素有“山之脊，水之源”之谓。[③] 西藏、云南、新疆等多数地区是长江、黄河、澜沧江、怒江、雅鲁藏布江的发源地，更是亚洲许多大江大河的源头以及中国乃至东南亚的水塔，其生态环境关乎亚洲气候变化。

边疆地区是我国重要的生态安全屏障区，更是重要的森林、水源涵养、生物多样性、水土保持、荒漠化防治、沙漠化防治、草原草甸、热带雨林、湿地生态功能区。但又是典型的生态脆弱区，生态脆弱区也称生态交错区（Ecotone），是指两种不同类型生态系统交界过渡区域。我国生态问题最为突出的区域也是在边疆地区，根据我国 2008 年发布的《全国生

① 参见青觉、吴鹏《新时代边疆治理现代化研究：内涵、价值与路向》，《中国边疆史地研究》2020 年第 1 期。

② 参见袁沙《习近平边疆生态治理重要论述的内在逻辑》，《治理现代化研究》2022 年第 1 期。

③ 参见冯琳、赵亚娟《西部边疆地区生态文明建设的特点及其应对措施》，《生态文明的法制保障——全国环境资源法学研讨会（年会）论文集》，新疆乌鲁木齐，新疆大学，2013 年。

态脆弱区保护规划纲要》，我国生态交错区主要分布在北方干旱半干旱区、南方丘陵区、西南山地区、青藏高原及东部沿海水陆交接地区，我国8大生态脆弱区类型中，如涉及吉林、辽宁、内蒙古、甘肃的北方农牧交错生态脆弱区，涉及新疆、甘肃、内蒙古的西部荒漠绿洲生态脆弱区，涉及云南、广西的西南岩溶山地石漠化生态脆弱区，涉及云南的西南山地农牧交错生态脆弱区，涉及西藏的青藏高原复合侵蚀生态脆弱区以及东部沿海水陆交接带生态脆弱区。这些边疆省区面临着草地退化、土地沙化面积巨大；土壤侵蚀强度大，水土流失严重；自然灾害频发，地区贫困不断加剧；气候干旱，水资源短缺，资源环境矛盾突出；湿地退化，调蓄功能下降，生物多样性丧失等方面的压力，受经济增长方式粗放、人地矛盾突出、环境监测与监管能力低下、生态保护意识薄弱、生态治理制度不健全、环保技术水平较低及投入资金不足等人为原因，严重制约了国家发展。在经济社会发展水平总体滞后于核心区的情况下，边疆地区一些政府的"赶超型"发展，加剧了生态环境的脆弱性，使边疆地区的生态屏障功能更趋弱化，使该地区自然环境的逆向改变趋势日益严重，面临着日益严峻的生态安全问题。此外，边疆地区的水土流失面积尤为严重，"荒漠化""沙漠化""石漠化"面积逐年增加，生态系统退化明显，生物多样性遭到破坏，自然灾害频繁发生。近30年来，青藏高原冰川雪线退缩，年均减少131.4平方千米，湿地萎缩，仅占原有面积的10%，青藏高原的蓄水总量逐年下降。① 生态环境的逆向变化不仅对该地区的经济社会发展构成威胁，而且加剧了全国性生态危机的出现，严重影响了中东部地区的经济和社会发展。②

除了生态禀赋上的特点之外，边疆地区在地理区位、人文社会等方面也具有区别于其他地区的显著特点。如地理区位边陲性，我国边疆地区北起内蒙古，南迤广西，与俄罗斯、蒙古、哈萨克斯坦、吉尔吉斯斯坦、塔

① 参见刘举科、喜文华主编《生态安全绿皮书：西部国家生态安全屏障建设发展报告》(2019)，社会科学文献出版社2020年版，第1页。

② 参见赵绍敏、李卫宁、向翔《生态文明与民族边疆地区的跨越式发展》，《云南行政学院学报》2003年第2期。

吉克斯坦、阿富汗、巴基斯坦、印度、尼泊尔、不丹、缅甸、老挝、越南等 13 个国家和地区接壤，地理区位特点十分鲜明，既是我国捍卫主权和领土完整的前沿阵地，维护国家安全的第一道防线，也是我国连通国内外开展对外贸易的重要通道，具有十分重要的战略地位。①

从地缘上来看，边疆生态安全问题如果得不到有效解决，对内会影响全国生态系统的正常运转，威胁社会经济的持续发展；对外蔓延则会影响到周边国家生态安全，引发不必要的矛盾与冲突。这要求边疆地区因地制宜地合理利用边疆资源禀赋条件实现经济、社会、生态效益相统一，转变生产生活方式、调整不合理的产业结构以促进资源高效利用，健全生态补偿机制以提高治理主体积极性，以及充分利用国际资源开展合作治理等推进生态安全治理，维护国家安全。②

因此，极有必要从国家总体安全的高度强调边疆生态安全治理的全局性战略意义，认清边疆地区的自然、政治、经济和文化特征，将保护环境、修复环境和提高供应生态产品能力作为首要任务，处理好复杂的供给主体关系，厘清政府与市场作用的边界，将边疆生态安全治理置于国家安全战略的高度加以审视，才能为国家安全构筑牢固的生态屏障，实现国家生态文明建设和国家安全战略。③

二　边疆生态安全治理关涉国家治理全局

边疆地区尤其是陆地边疆往往被认为是国家治理的边缘，形成这种认识的根源在于长期以来边疆地区发展不平衡不充分且受到的重视程度也不够。中华人民共和国成立后，边疆地区迅速被纳入国家安全战略规划。改革开放初期，部分边疆地区在全国经济发展中扮演着资源、能源供给者的角色。由于资源开发方式较为落后和生态环境保护意识不强，在边疆资源

① 参见冯琳、赵亚娟《西部边疆地区生态文明建设的特点及其应对措施》，《生态文明的法制保障——全国环境资源法学研讨会（年会）论文集》，新疆乌鲁木齐，新疆大学，2013 年。

② 参见青觉、吴鹏《新时代边疆治理现代化研究：内涵、价值与路向》，《中国边疆史地研究》2020 年第 1 期。

③ 参见林丽梅、郑逸芳《我国国家安全视阈中的边疆生态治理研究》，《探索》2016 年第 4 期。

开发过程中产生了生态环境问题。

根据2011年国务院印发的《全国主体功能区规划》，五大生态安全战略区，涉及西部边疆六省区的就有5处，包括北方防沙带、青藏高原生态屏障、黄土高原—川滇生态屏障和南方丘陵山地带。规划中明确指出：构建以“两屏三带”为主体的国家生态安全战略格局中，青藏高原生态屏障、黄土高原—川滇生态屏障、北方防沙带、东北森林带等以及20个国家重点生态功能区均在陆疆9个省区中，在水源涵养、水土保持、生物多样性保育等方面发挥着重要功能，承担着维护区域、国家乃至全球生态安全的战略任务。同时，边疆地区也是典型生态脆弱区，存在水土流失、石漠化、沙漠化、生物多样性锐减、水资源污染、物种入侵、森林生态功能下降等一系列严峻生态问题，生态问题与经济水平相对落后、人民生活相对贫困等多重问题重叠，环境保护与经济发展之间的矛盾突出，各种风险交织，严重威胁着边疆乃至国家安全及发展。

党的十八大以来，习近平总书记多次前往边疆地区进行实地考察和调研，并主持召开中央新疆工作座谈会、中央西藏工作座谈会、全国边海防工作会议，对边疆生态安全治理做出重要指示，强调落实“治国必治边”的治理方略，边疆生态安全治理俨然已成为国家治理的重要内容。①

十九大报告提出：“加快边疆发展，确保边疆巩固、边境安全。”2019年10月28日至31日召开的党的十九届四中全会，首次对坚持和完善中国特色社会主义制度、推进国家治理体系和治理能力现代化做出了重大战略部署。习近平总书记在深刻把握国家治理与边疆治理的辩证关系、深刻反思古今中外边疆治理与国家治理互动关系的经验教训基础上，明确提出并多次强调“治国必治边”这一战略论断。在国家治理全局之中，“陆海统筹”“陆海联动”意味着陆地疆域治理和海洋疆域治理的统筹与协同，意味着陆地边疆治理与海洋边疆治理的协同推进与优势互补。② 对于边疆的

① 参见袁沙《习近平边疆生态治理重要论述的内在逻辑》，《治理现代化研究》2022年第1期。

② 参见丁忠毅《十八大以来习近平关于边疆治理的重要论述研究》，《社会主义研究》2019年第1期。

治理，是多民族统一国家治理活动的一项重要内容。①

在边疆生态安全治理过程中，国家对于边疆有不同于腹地的特殊要求，边疆生态安全屏障建设应在服从、服务于国家生态安全格局的顶层制度设计的同时考虑到区域的特殊性。边疆地方是相对于腹地地方而言，是不同于腹地的边疆地方，单纯依靠于顶层设计容易导致边疆生态安全治理的效率和应对的灵活性弱化，这就需要认清“边疆”与“腹地”生态安全地位及作用的差异，根据边疆的特殊性因地制宜，充分认识到边疆生态安全治理的理念、方式、手段、路径不同于腹地，更为复杂、灵活、多元。边疆生态安全治理对于新时代推进国家治理现代化具有重要意义。这就需要在治理的过程中，更加注重环境保护与生态治理，进一步健全生态环境治理体系，建设人与自然和谐共生现代化。

三　边疆生态安全治理贯穿生态文明建设全过程

建设生态文明是中华民族永续发展的千年大计、根本大计。生态安全治理直接关系生态文明建设的全局，是生态文明建设的管理过程与制度保障。当前，边疆生态安全治理已经成为我国生态文明建设的核心议题。

生态文明建设的战略性对边疆生态安全治理提出了更高的要求，较之于腹地生态文明建设而言，边疆地区受特殊背景因素的制约和影响，生态安全治理的艰巨性更为突出。首先，由于边疆地区生态环境资源具有交错性和脆弱性以及长期的社会经济发展不平衡，使得生态安全治理更为复杂；生态禀赋的双重特性致使生态系统复杂多样，极易受到外界干扰，治理成本、难度增大；不同地区经济社会发展所带来的生态问题也会有所差异，如政府财政收入低，公共卫生设施投资不足带来的“贫困性”环境问题，再如西部地区农村环境治理中，在卫生厕所普及率方面，内蒙古、云南处于全国较低水平，无害化卫生厕所普及率比内蒙古、云南、甘肃和新疆等西部平均水平还要低得多；其次，边疆地区还有经济增速放缓、产业

① 参见方盛举、张增勇《总体国家安全观视角下的边境安全及其治理》，《云南社会科学》2021 年第 2 期。

结构转型、高新技术、第三产业等带来的生态安全问题，如消费型、生活型、高新技术型等问题；此外，边疆、民族、宗教因素，增大了生态文明建设的政治敏锐性，在边疆地区推进生态安全治理不得不考虑民族宗教信仰问题，不得不考虑民族文化的承受力，不得不考虑社会稳定问题，呈现出多样性、复合型等特点，更加凸显了边疆生态安全治理现代化的艰巨性。[①] 边疆生态安全治理的艰巨性决定了边疆生态文明建设的创新性，与腹地相比，要推进边疆生态安全治理的理念创新、模式创新、实践创新才能更好地推动我国生态文明建设进程。

当前，边疆生态安全已成为影响边疆治理乃至国家总体安全的重大现实问题，在筑牢国家生态安全屏障与构建国家生态安全格局中具有重要战略地位。边疆生态环境丰富性与脆弱性并存，生态安全与其他安全问题交织，生态安全治理体系及治理能力不足，致使各种问题较之其他区域从局部到整体的负面反馈更为迅速。在边疆治理视域下，为突出边疆生态安全在维护整体国家安全中的战略地位，必须有效应对生态安全及其治理难题。边疆生态安全治理既要服从、服务于国家生态安全的顶层设计，也应充分考虑边疆生态安全治理的特殊性、复杂性，构建一套精准化、规范化、科学化的边疆生态安全治理现代化体系。这对筑牢西南生态安全屏障，加快中国生态文明建设，促进区域高质量发展，优化国家安全格局，推进国家治理体系和治理能力现代化，建设人与自然和谐共生现代化具有重要意义和价值。

---

① 参见冯琳、赵亚娟《西部边疆地区生态文明建设的特点及其应对措施》，《生态文明的法制保障——全国环境资源法学研讨会（年会）论文集》，新疆乌鲁木齐，新疆大学，2013 年。

第二章　边疆生态安全治理的云南实践

历史时期以来，随着人类社会经济活动的不合理开发，导致生态环境变化加剧。尤其是明清以来，边疆生态环境问题愈加突出，如自然灾害频发、水土流失严重、天然森林遭到破坏等，已经成为影响边疆生态安全的重要威胁。云南既是中国的边疆大省，更是生态大省，同时也是重要的生态功能区、生物多样性保护优先区、生态敏感脆弱区，生态区域分布广、面积大，生态区位极为重要，承担着建设我国重要的生物多样性宝库和构筑西南生态安全屏障的重要任务。近年来，随着工业化和城镇化快速发展，国土空间开发格局与资源环境承载力不相匹配，区域开发建设活动与生态用地保护的矛盾日益突出，导致生态服务与调节功能恶化，自然灾害频发，严重威胁边疆乃至国家生态安全。治理是针对于问题而言，生态安全问题的产生及发展是准确理解生态安全治理的前提。边疆生态安全治理是生态安全治理的重要内容。不同于边疆生态治理，边疆生态安全治理将边疆生态治理置于国家安全层面进行考量。边疆生态安全治理是某一主体解决边疆生态安全问题的过程及行为，这一主体包括国家、地方甚至民众。

第一节　明清时期云南传统生态安全治理实践

明清时期的边疆生态安全治理方式虽多以官方为主导，但民间力量也发挥着重要作用，呈现出一种“官民合立”进行生态治理的局面。明清以前，边疆地区尚未得到大规模开发，生态环境相对封闭。明清时期，边疆自然资源得到大规模开发，受人口移民、农业垦殖等因素影响，导致一系列生态问题显现，严重威胁到边疆生态安全。以西南边疆地区为例，随着大规模汉族移民进入云南地区，从平地、丘陵的耕作发展到对山地的大规模垦殖，在推动当地社会经济发展的同时，也致使边疆地区生态环境急剧变迁。因此，明清时期，官方及民间开始通过兴修水利、植树造林、封山育林等方式保护当地生态环境，这种传统的生态治理方式、手段等对当前边疆生态安全治理仍具有一定现实意义。

一　通过兴修水利防洪抗旱

水利是农业生产发展的重中之重，更是水旱灾害治理之重要举措。水利工程的兴修在防洪抗旱中发挥着重要作用，中国历代都极为重视兴修水利，并设有掌管水利的官职，以保证正常的农业生产活动。云南水利工程主要包括渠、闸、坝、堤、堰、塘等类型。① 历史时期，云南地区兴修水利的组织领导者多为一方行政或军中主宰。自明清时期，设有省的粮储水利道或水利道掌管全省水事，但治水要事还是由地军、政首长主持或主管，如省的总督、巡抚、布政使，地方的知府、知州、知县（县丞）等。②雍正八年（1730），鄂尔泰奏请在云南省各知府、知州、知县同知、通判、州同、州判、历、吏目、县丞、典史等官加以水利职衔，如云南府设水利同知，昆阳州设水利州同。清末则“以粮储道兼理全省水利，以南关同知专司省会水利”③。

西汉末年，云南最早建成灌溉水利工程。《华阳国志·南中志》记载，文齐任朱提（今昭通）都尉时，“穿龙池，溉稻田，为民兴利”④。地皇二年（21），文齐调任益州（今昆明地区）太守后，又“造起陂池，开通溉

① 参见吴连才《清代云南水利研究》，博士学位论文，云南大学，2015 年。

② 参见云南省地方志编纂委员会总纂，云南省水利水电厅编《云南省志》卷 38“水利志”，云南人民出版社 1998 年版，第 81 页。

③ 参见云南省地方志编纂委员会总纂，云南省水利水电厅编《云南省志》卷 38“水利志”，云南人民出版社 1998 年版，第 81 页。

④ （东晋）常璩：《华阳国志》卷 4“南中志”，商务印书馆 1938 年版，第 58 页。

灌，垦田千余顷”[①]。唐代，南诏大理兴建灌溉水利工程，《南诏野史》记载：“会昌元年（841），（劝丰）佑遣军将晟君筑横渠道，自磨用江至于鹤拓（今大理县），灌东及城阳田，与龙住江合流于河，谓之锦浪江。又涨点苍山玉局峰顶之南为池，谓之河，又名冯河，更导山泉共泄流为川，灌田数万顷，民得耕种之利。”[②] 咸通年间，云南水田建设有所发展，《蛮书》卷七记载“蛮治山田，殊为精好”，“浇田皆用源泉，水旱无损”[③]。北宋年间，大理国段素兴疏挖盘龙江和金汁河，修筑春登堤和云津堤，建堰坝。《滇云历年传》记载：“段素（大理国第十代王）广营宫室于东京（今昆明），筑春登、云津二堤。”[④] 此处，春登堤即金汁河堤，云津堤即盘龙江堤也，直至今日金汁河、盘龙江仍是昆明地区重要的灌溉、防洪工程及河道。元代至正年间，云南行中书省平章政事赛典赤·赡思丁在昆明兴修水利，筑松花坝，疏盘龙江、金汁河，修筑六河，深得民心，沿河堤种树百万株，本为固堤，实一石二鸟之举，民田数万亩同时获灌溉之利。[⑤] 明洪武二十九年（1396），宜良县汤池渠建成，系自阳宗海北端引水灌溉宜良县宜坝坝农田的引水工程，全长“三十余里”，是云南省最早建成的远距离引水工程之一。[⑥] 弘治年间，初定滇池海口河岁修制度，岁修每年一次，由晋宁、昆阳、安宁、呈贡、昆明等五州县共同承担。弘治十五年（1502），巡抚陈金主持疏挖整治滇池海口河，在海口河两岸兴建防止水土流失的“旱坝”，是规模较大的海口河治理。

清顺治十七年（1644），世祖言：“江南滨湖之区，每遇大汛，霖潦堪

① 云南省地方志编纂委员会总纂，云南省水利水电厅编：《云南省志》卷38“水利志”，云南人民出版社1998年版，第8页。

② （明）倪辂著，（明）杨慎编辑，（清）胡蔚订正：《南诏野史》，清光绪版本。

③ （唐）樊绰撰：《蛮书》卷7《云南管内特产第七》，中国书店1992年版。

④ （清）倪蜕辑，李埏校注：《李埏文集》第4卷“滇云历年传”，云南大学出版社2018年版，第104页。

⑤ 参见李荣高《长期沉睡的林业碑终于重见天日——云南明清和民国时期林业碑刻探述》，《林业建设》2001年第1期。

⑥ 参见云南省地方志编纂委员会总纂，云南省水利水电厅编《云南省志》卷38“水利志”，云南人民出版社1998年版，第10页。

虞，洪泽一湖，尤为关键。为泽国计安全，莫如广疏清口，为及今第一要义。”[①] 这是清朝统治者首次将生态治理纳入国家安全视域之下，兴修水利成为维护国家安全的重要手段。在雍正年间，云贵总督鄂尔泰大力兴修水利。云南府昆明池，是昆明、呈贡、晋宁、昆阳、安宁、富民六州县农田灌溉的重要水源，而“滇之水利莫急于滇池之海口……流通则均受其益，壅遏则受其害，故于滇最急”[②]。滇池于每年五六月雨水暴涨，海口是唯一宣泄口，但海口出水处狭窄，一旦沙石齐下，冲入海中，填塞雍淤，宣泄不及，则沿海田禾半遭淹没。为解决滇池水患，必先疏浚海口，鄂尔泰在《修浚海口奏疏》中提出：“另开子河，以分其势……先测量水势，沿海深八九尺，近两滩之水仅止九寸，其不得条达畅流，有势使之然……再查得水尾有石龙坝横亘，中流水必迂回，不能直下，而石龙坝又断难开凿……另买民田，照价给值，开筑成河，以便泄水。”[③] 大理洱海一带农田众多，涉及大理、邓川、凤仪、洱源、宾川五州县，一旦有桥梁堤坝年久失修，往往会使沙石壅积，水难流泄，沿海农田房屋常遭水患。雍正四年（1726），为治理洱海水患，鄂尔泰亲自踏勘，在《请疏海尾疏》中提到水患频发的原因及防御之策，“水患之久盖海尾壅塞所致，急应修浚疏洩，使之畅流……嗣后五年一修，自雍正六年为始，令沿海有田之大理、邓川、凤仪、洱源、宾川五州县，并大理府该守牧各自捐银卅两，不得派累于民”[④]。雍正七年（1729）议准：“疏浚大理府洱海淤沙，以除大理地区水患。”[⑤]

兴修水利防洪抗旱虽多以官方为主导，但民间力量也广泛参与其中，这一灾害防御举措实现了官民之间的有效联动。清雍正年间，建水县境内河高田低，常年遭水患所扰，鄂尔泰饬令地方官员浚河筑堤，并动员民间

① （民国）赵尔巽等：《清史稿》卷128《河渠志》，中华书局1977年版，第3800页。

② 民国《昆阳县志》卷20“艺文志之一·奏疏”，民国三十四年稿本。

③ 民国《昆阳县志》卷20“艺文志之一·奏疏”，民国三十四年稿本。

④ 云南省水利水电勘测设计研究院编：《云南省历史洪旱灾害史料实录（1911年〈清宣统三年〉以前）》，云南科技出版社2008年版，第471页。

⑤ 云南省水利水电勘测设计研究院编：《云南省历史洪旱灾害史料实录（1911年〈清宣统三年〉以前）》，云南科技出版社2008年版，第472页。

力量按时修筑，“岁发国帑三百两以为之倡，民间从而捐赀助工，以时修筑，河患赖以稍平降”①。乾隆四十七年（1782）奏准：“官民捐资修浚邓川弥苴河身堤坝，涸出粮四万亩。嗣后每岁冬春水涸时，该管府州督率民夫兴修一次，以资蓄泄，乃有利而无害，成熟民屯田若干。”②

二 通过保护森林治理环境

云南森林保护历史悠久。尤其是明清时期，大量汉族移民进入以及对边疆地区的经济开发，造成了森林植被的大规模破坏，山地垦殖在一定程度上缓解了当时生存的压力，但最终导致了森林覆盖率的急剧下降，致使森林涵养水源的功能降低，水土流失严重，水旱灾害频发，农业生态环境退化，严重威胁到农业生产。随着生态环境遭到一定破坏，官方及民众逐渐意识到破坏森林植被这一行为带来的威胁，开始重视自然资源保护，并以碑刻的形式来规范、约束人们毁坏森林的行为，这种现象在边疆民族地区尤为普遍。

自雍正改土归流之后，云南内地化进程进一步加快，促进了地方社会经济开发，也导致地方生态环境趋于恶化。根据楚雄地区相关碑刻可知，上迄乾隆四年（1739）下至道光三十年（1850），生态环境日渐退化。③ 此一时期，云南地方官员及民众逐渐意识到环境保护、治理及修复的重要性。云南在有清一代林业碑刻最多，有 73 块，主要有官立、民立和官民合立三种类型。官立主要是由云南地方政府颁立或“特示”，颁立或特示者上至中央派驻地方的大员或将军，下至府、州、县、土司头人以及村寨头目等。民立主要是民间个人或集体为保护私有林、乡村集体林、寺僧公有林而立，其中涉及跨村、跨县森林，会联村、联县立护林碑。官民合立主要是由官府特示，绅民合议；村寨百姓请示官府特示；山林纠纷案特立；跨县县官与百姓共立；县官以下（头目）与百姓

① 民国《续修建水县志稿》卷 10“祥异”，民国二十二年据民国九年铅字排印重刊。

② （清）刘慰三纂：《滇南志略》卷 2。载方国瑜《云南史料丛刊》（第 13 卷），云南大学出版社 2001 年版，第 89 页。

③ 参见周飞《清代民族地区的环境保护——以楚雄碑刻为中心》，《农业考古》2015 年第 1 期。

合立等。碑文的内容主要包括造林植树、封山育林、护林、防火、禁伐、山林权属等。[①] 主要是通过官员、僧侣、公推人、民众和家族等以立碑的形式发布警告、列举案例和制订法规，用以震慑和警示破坏者。[②] 这些碑文中明确了奖惩、赏罚的形式、方法，主要是以钱物为主的经济处罚和人身惩罚两大类，以此来约束、规范民众破坏森林的行为，有效地保护了当地生态环境。

首先，以地方官员为主导保护森林，主要是劝民种树。清前期，地方官员就意识到“劝民种树”对于协调当地生态环境保护与经济社会发展关系的重要作用。自雍正年间改土归流之后，人地矛盾日渐突出，山地开发加剧，生态环境遭到破坏，云南地方官员开始重视环境保护，“滇之大吏，不有以种树劝民者”[③]。一些地方官员在河堤两岸通过种树以固水土、减轻水患。如广东嘉应州宋湘，曾于嘉庆十八年（1813）至道光四年（1824）在云南任职，其在曲靖任知府之时，“救民先救困”，为根治水患，兴修水利，首先植树，在廖郭山种树，时人称之“太守林”[④]。此外，康熙二十九年（1690），鹤庆的猪圈、西庄、汉登三村农田靠近海滨，遇雨泛涨，濒海田地常被淹没，州牧张国卿“亲督村民治海筑堰，堤边植柳，而水患渐息。每村复徭役一人巡守，海防始固”[⑤]。雍正十二年（1734），江川县北五里甸头乡，地无活水，原本大村之左有一水塘，三面皆山，因无堤闸，不能积水，于是，“捐筑堤岸，自北而南，长一百一十二丈，两旁植柳，并建石闸，因时启闭，灌田数千亩”[⑥]。嘉庆十八年（1813），澄江郡东、西两大河常年遭沙石填淤，亟待疏浚修筑，但“恐费凿空，利害还依伏”，

① 参见李荣高《长期沉睡的林业碑终于重见天日——云南明清和民国时期林业碑刻探述》，《林业建设》2001 年第 1 期。

② 参见周飞《清代民族地区的环境保护——以楚雄碑刻为中心》，《农业考古》2015 年第 1 期。

③ 嘉庆《永善县志略》下卷“艺文·劝种树说”，嘉庆八年抄本影印。

④ 参见李荣高《长期沉睡的林业碑终于重见天日——云南明清和民国时期林业碑刻探述》，《林业建设》2001 年第 1 期。

⑤ 康熙《鹤庆府志》卷 5“建置”，康熙五十三年刊印。

⑥ 云南省水利水电勘测设计研究院编：《云南省历史洪旱灾害史料实录（1911 年〈清宣统三年〉以前）》，云南科技出版社 2008 年版，第 189 页。

无法解决淤积问题，为了长久之计，“不如树以木，盘根结土生，堤乃无倾覆”①。道光五年（1825），保山有南北二河，两河的源头来自老鼠等山，每当雨水之际，难以宣泄，这主要是由于山上原本茂密的植被已是童山濯濯，“先是山多林木，根盘土固，得以为谷为岍，藉资捍卫。今则斧斤之余，山之木濯濯然矣而石工渔利，穷五丁之技于山根，堤溃沙崩所由致也”②。因此，永昌知府陈廷焴倡导种树以固水土，《种树碑记》中提道：“然则为固本计，禁采山石而外，种树其可缓哉？余乃相其土，宜遍种松秧。南自石象沟至十八坎，北自老鼠山至磨房沟。斯役也，计费松种廿余石，募丁守之，置铺征租，以酬其值。日异，松之成林，以固斯堤。堤坚则河流清利，而无沙碛之患。岁省万夫，田庐获安。”③ 二是封山护林。乾隆四年（1739），镇南州知州为禁止采伐龙青森林所发布的响水河龙潭“禁山告示”，告示劝民曰：“凡近龙潭泽及蒸黎，周围树木神所栖依。安可任民砍伐。”规定：“凡近龙潭前后左右五千五丈之内，概不得悲采。如敢违禁私携斧斤入山者，即行扭寨。”④ 道光三十年（1850），两任楚雄府南安州碍嘉分州正堂为禁止在哀牢山老柴窝等砍伐烧炭开荒，封山育林，发布以“保护泉源，伸无乏水之患”的裁决告示：“令士民沿山一带撒种松秧，培植树木，至于炭窑概行拆毁。……为此示仰合邑汉夷，及附近居民人等知悉：嗣后倘有再赴老柴窝山等刊伐一草一木，以及开挖种地筑窑烧炭者，许该乡保等指名俱票，以凭锁擎到案，不特治以应得之罪，且必从重罚银，充合草木损毁。若隐不报，并及是案严惩。本分州言出法随，决不稍宽。自示之后，尔士民互相稽察加以维持，庶泉源远长，世无调口，利民饮水灌田矣。”⑤

---

① 云南省水利水电勘测设计研究院编：《云南省历史洪旱灾害史料实录（1911 年〈清宣统三年〉以前）》，云南科技出版社 2008 年版，第 199 页。

② 光绪《永昌府志》卷 65 “艺文志・种树碑记”，光绪十一年刻本。

③ 光绪《永昌府志》卷 65 “艺文志・种树碑记”，光绪十一年刻本。

④ 《响水河龙潭护林碑》，张方玉：《楚雄历代碑刻》，云南民族出版社 2005 年版，第 325—326 页。

⑤ 《封山护林永定章程》，张方玉：《楚雄历代碑刻》，云南民族出版社 2005 年版，第 370—372 页。

其次，民间在环境治理及修复中也发挥着重要作用。民间所立护林碑属于乡规民约性质，有效地约束及规范了民众乱砍滥伐森林的行为。清乾隆四十六年（1781），云南楚雄鹿城西紫溪山，“近因砍伐不时，挖掘罔恤，以至树木残伤，龙水细凋”[①]。因此，由僧俗同议立石，共同维护，自此之后，“如有违犯砍伐者，众处银五两，米一石，罚入公，以栽培风水”[②]。再无擅自砍伐山林之人，“栽培久之，则丛林自尔幽邃，龙泉亦必汪洋，养生取材，收不可胜食、不可胜用之效”[③]。嘉庆六年（1801），紫溪山丁家村、徐家村联合商议制定条规：“即钱粮重大，亦出办山场，设有动用自己种植树木，亦必先明众人，倘有私自砍伐，与盗砍同例。谨录条规于后：一盗砍树木株者，罚银五两、米五斗。一盗砍松枝及杂树一枝者，罚银三两、米五斗。以上条约，着巡山之人，时加稽察，不得询情纵放。”[④] 道光二十八年（1848），丽江绅士耆民等同立“象山封山护林植树碑”，为永禁采挖放牧，列具七款：“一、东至阿卢罗大阱，严禁采挖放牧。纵有卖石度日者，只许于瓦窑村护山外，捡寻碎石，不得大开大挖，以破山脉。违者禀官究治。二、设立看山二人，每人给麦子三石。议定：通学公项拨出二石，武庙出一石，大佛寺出一石，礼拜寺出一石，城内四甲出一石。成熟时，历年如数量，不致参差。三、山（冈）岗一带公种松柏成树之日，仍公行管理，勿得争竞。各家坟茔自行培植。凡近坟山坡、水阱，既经公处种植，不得认为己有，擅自砍伐。四、于公山四至内，无论公私起建，不得挖石取土，即有丧垄而无力买石者，听其于自己坟内拾石垒坟，亦不得借故开挖，图利兹弊。违者罚倍充公，烹官惩治。五、于禁界内纵放牲畜、践踏树木者，重罚禀官。六、于坟头偷石、伐木者应治罪。七、看山二人（条）务宜仔细严查，倘有怠玩、徇情、贿纵等弊，禀

① 《鹿城西紫溪山封山护持龙泉碑序》，张方玉：《楚雄历代碑刻》，云南民族出版社 2005 年版，第 301—302 页。

② 《鹿城西紫溪山封山护持龙泉碑序》，张方玉：《楚雄历代碑刻》，云南民族出版社 2005 年版，第 301—302 页。

③ 《鹿城西紫溪山封山护持龙泉碑序》，张方玉：《楚雄历代碑刻》，云南民族出版社 2005 年版，第 301—302 页。

④ 《紫溪山丁家徐家封山碑记》，张方玉：《楚雄历代碑刻》，云南民族出版社 2005 年版，第 318 页。

官惩治，即行赔（跳）退。”①

第二节　民国时期云南生态安全治理的近代化转型

清末民国时期，边疆地区森林资源得到较大规模开发，给当地带来了诸多生态环境问题，如水土流失严重、自然灾害频仍、本土物种锐减以及沙漠化、石漠化等。民国以前，尚无专门进行生态安全治理的机构，而是通过山林、水利等具体层面进行管理。民国时期，北洋政府和国民政府先后设立了管理林业、水利的专门机构，颁布了林业及水利法律法规，确立了发展林业及水利的相关政策，推动了全国生态安全治理进程。在中央政府的影响下，边疆地区也相继展开了各方面的生态安全治理工作，推进了边疆生态安全治理体系的法制化、规范化和科学化。

一　制度保障：林业及水利规章制度的建立及完善

（一）林业规章制度的建立及完善

民国时期，林业法律法规数量不断增加，并逐步完善。民国三年（1914），北洋政府制定了中国历史上第一部《森林法》；民国四年（1915），北洋政府颁布了《森林法施行细则》和《造林奖励条例》；民国五年（1916），北洋政府农商部制定了《林业公会规则》；民国二十一年（1932），国民政府重新修正了《森林法》；民国三十四年（1945），国民政府再次修正了《森林法》。② 以此为背景，西北、东北、西南边疆地区也相继颁发林业相关法律法规以及地方性森林管理办法，其中西北、东北边疆地区的地方性林业法律法规相较于西南边疆地区较为薄弱，西南边疆地区尤以云南林业法律法规相对完善，但由于战乱频仍，较难得到贯彻落实，其收效甚微。

---

① 《象山封山护林植树碑》，杨林军：《丽江历代碑刻辑录与研究》，云南民族出版社2011年版，第198—199页。

② 参见张文涛《民国时期西南地区林业发展研究》，博士学位论文，北京林业大学，2011年。

作为西南边疆地区的重镇，云南森林资源极为丰富，为进一步加强对森林资源的管理和保护，云南省政府依托北洋政府及国民政府相关林业法律法规制定了一系列地方性政策条例。从民国元年（1912）至民国三十八年（1949）先后制定和颁布的林业法规、条例、办法、规则等有近百件。民国元年（1912），北洋政府制定《林政纲要》。是年，云南行政公署制定颁布《云南森林章程》，规定全省以保护天然林、提倡人工造林为宗旨，并免费提供各县造林所需种苗，该章程是云南历史上第一部专门规定森林培育、管理和保护的《森林法》实施细则。① 民国二年（1913），又颁布《云南森林种植保护团章程》，加强森林保护。② 民国三年（1914），云南行政公署拟定《森林火灾预防消防及处理单行法》，严格规定了森林火灾预防、消防及灾后处理办法。③ 民国九年（1920），公布《云南省立林业试验场暂行章程》，订立了举办林业试验场的各项规则。民国十年（1921），颁布《修改云南种树章程》，规定植树分为提倡种植和强迫种植两种；民国十二年（1923），公布《云南森林诉讼章程》，首次将盗窃、烧毁森林等行为纳入司法之中，切实加强了地方官员及团体对森林的管理和保护。④ 民国十四年（1925），为保护滇越铁路周边森林，颁布《滇越铁道警察兼办森林警察章程》，其中第一章第二条规定“林警之编制以路警分局长兼充林警分局长路警兼充林警”，即由铁道警察暂时兼任森林警察的职责，其职责包括保护国有公有私有之林木、造林、劝告林主预防森林火灾及牲畜之害、救济火灾、定期及不定期巡查、处罚森林罪犯等。⑤ 民国十五年（1926），实业司颁布《云南分区造林章程》，各林区委派一名督种委员，并会同地方官绅，督率当地民众扩充造林，要求每年各林区至少造林5000

---

① 参见云南省地方志编纂委员会总纂，云南省林业厅编撰《云南省志》卷36“林业志”，云南人民出版社2003年版，第583页。

② 参见张文涛《民国时期西南地区林业发展研究》，博士学位论文，北京林业大学，2011年。

③ 《云南省公署关于防森林火灾给滇中视察使的指令》，1913年5月25日，云南省档案馆藏，档案号：1077-001-01267-001。

④ 《云南省公署关于发云南森林诉讼章程给交通司的训令》，1923年10月27日，云南省档案馆藏，档案号：1077-001-00728-038。

⑤ 《滇越铁路军警总局关于铁道警察兼森林警察章程》，1926年5月30日，云南省档案馆藏，档案号：1077-001-00323-042。

亩以上。[①] 民国十七年（1928），云南省政府颁布了《省会保安林管理章程》。民国十九年（1930），颁布《林警组织章程》与《林务处暂行章程》，规定林务处主管省内一切与森林有关的事宜；同年，还颁布了《云南造林运动章程》和《云南造林运动宣传大纲》，以促进全省统一造林。民国十九年（1930），云南省政府公布《云南森林保护暂行条例》，设立林警，明确林警保护森林安全及利益之事项。民国二十年（1931），为了推动造林运动的发展，云南农矿厅又先后颁布了《造林运动林场管理员待遇办法》和《造林运动林场管理规则》等法规。民国二十一年（1932），颁布《云南省农矿厅限制滥伐森林办法》和《云南暂行森林保护条例》；同年，制定《云南省各县区设置林务员办法大纲》，规定由地方官遴选林务员，负责当地造林护林工作；此外，还颁布了《云南省各县区地方行道树保植奖惩暂行规则》《云南全省公路行道树栽植规程》《云南省组织兵工造林》等法规。民国二十三年（1934），公布《云南省实业厅林务处分区林务局暂行章程》，在林务处下设立林务局，负责分区内的护林、造林、特种林木的推广工作。民国二十三年（1934），颁布《云南省会军事政治人犯植树换刑办法》，准许被判处三年以上有期徒刑的犯人通过担保以植树换刑期。民国二十四年（1935），云南省建设厅通令保护森林和古树，严禁挖刨树根、砍伐幼树、剥削树皮等。民国二十五年（1936），先后颁布了《云南省会近郊墓地造林办法》《云南全省县区近郊荒山墓地造林办法通则》《举办海口砂防造林及盐区造林》等，在盐井、墓地、荒山、砂防、盐区等地组织开展造林活动。

抗日战争爆发后，云南进一步加强保护森林立法。民国二十六年（1937），颁布了《云南省各县区团务常备队造林暂行规程》和《云南省各县区公立各学校学生造林暂行规程》，以促进造林运动的开展。民国二十七年（1938），公布《各县提拔造林经费暂行办法》，对造林经费的管理和使用做了规定。民国二十八年（1939），颁发《云南省驻军部队砍树规则》和《云南省防范森林火灾办法》，以加强对森林的保护。民国二十九年

① 参见张文涛《民国时期西南地区林业发展研究》，博士学位论文，北京林业大学，2011 年。

(1940)，云南省农矿厅颁布《云南省农矿厅造林运动林场管理规则》①，规定林场管理员保护森林及造林事项，又公布《云南省各属乡镇保甲垦荒造林实施办法》与《云南各县公有林营造办法》，促进各县乡镇荒山、荒地的造林运动。民国三十年（1941），公布《云南森林保护暂行规则》，加强对森林的保护。民国三十一年（1942），颁布《云南省各部队砍树规则》，规定部队用林须由长官函请建设厅查核批准，防止部队官兵乱砍滥伐。民国三十二年（1943），先后颁布《云南省乡镇造林实施细则》《云南省实施造林规则》《云南省各级学校造林办法》《云南省各市县机关团体造林办法》等章程，进一步推进造林运动的发展，并公布《云南省林场管理规则》《云南省建设厅林务处组织章程》，强化林业管理。民国三十三年(1944)，颁布《云南省各县局植树节造林办法》，规定各县局每年植树造林要选定适当山地作为林场，面积要在1000亩以上，数量应不少于3000株。民国三十四年（1945），公布《云南省会河堤树保植实施办法》和《云南省公路行道树保植办法》，加强对河堤树与公路行道树的管理、种植及保护。②

抗日战争胜利后，国民党发动内战，云南制定的林业法规逐渐减少。民国三十五年（1946），云南省建设厅颁布《三十五年度夏季造林实施办法》，要求全省各县局于当年种植成活1000万株林木。民国三十六年(1947)，颁布《云南省保护森林办法》《云南省各级学校造林保林办法》《各县以乡镇保甲组织防火队》等规定，加强森林保护。民国三十七年(1948)，公布《云南省乡镇造林实施细则》，规定以乡镇为单位设置林场，面积须在500亩以上，每年须造林30000株；随后，又公布《云南省各市县机关团体造林办法》，规定各市县政府及其所属机关团体，须各设置一个造林场，且每个林场的面积应在100亩以上。民国三十八年（1949），颁布《云南省林场管理规则》，规定“本省境内之公司森林无论属于天然

① 《云南省农矿厅造林运动林场管理规则》，1930年1月1日，云南省档案馆藏，档案号：1077-001-03873-009。

② 参见张文涛《民国时期西南地区林业发展研究》，博士学位论文，北京林业大学，2011年。

林或人造林”，均应申请登记并编制为林场，① 由省建设厅及各市县设治局主管。这些林业法律法规的颁布在一定程度上促进了云南林业的发展，保护了森林，更好地维护了当地生态环境平衡。

（二）水利规章制度的建立及完善

民国十一年（1922），云南首次颁布水利法规，包括《云南省水利诉讼章程》《云南省各县水道岁修章程》和《云南省各县兴修水利章程》。民国二十三年（1934）7月，云南省实业厅颁布《云南省会各河道防洪暂行规则》。此系鉴于上年防洪不力而定出的，在云南省内尚属首次。② 民国二十六年（1937）3月，云南省建设厅颁行《各县建设原则五项》，“各县市、防汛督办、各设治局应以县政建设方案所规定属于建设之共通特殊两种事项，酌各地方人力、财力，确切拟定本年份可以办到之建设中心工作（如农林、水利、交通、市政、修整旧道等）计划，呈报核夺，一面即着手办理”③。

民国二十八年（1939），成立云南农贷会，由该会拟定《云南省建设厅改进农田水利施行纲要》。随后，相继制定了《云南省各县修治水利征用民工规则》《云南省各县征工修治水利工作细则》《云南省农田水利贷款委员会县工程组织简章草案》《云南省会义务工役办理细则》《征工办理水利工作计划纲要》《云南省兴办各县农田水利规程草案》等。④ 是年7月，省建设厅公布《云南省各县水利协会组织规则》，要求“各县农田业主，凡欲联合兴办农田水利工程，应依照本规则组织协会，办理款、还款一切手续，及工程完成后，秉承上级主管机关负责管理。此项协会，应称××县××区水利协会”。“协会受县政府及农贷会之监督及指挥。”该“协会之

---

① 《云南省林场管理规则》，1949年8月30日，云南省档案馆藏，档案号：1077-001-03721-023。

② 云南省地方志编纂委员会总纂，云南省水利水电厅编撰：《云南省志》卷38“水利志”，云南人民出版社1998年版，第29页。

③ 云南省地方志编纂委员会总纂，云南省水利水电厅编撰：《云南省志》卷38“水利志”，云南人民出版社1998年版，第30页。

④ 刘春秀：《抗战时期云南农田水利建设研究》，硕士学位论文，云南师范大学，2019年。

经费及工程费，由受益亩业主按比例分担”[①]。民国二十九年（1940），颁布《水利委员会组织法》《修正云南省建设厅水利局章程》，并制定《非常时期强制修筑塘坝水井暂行办法》《云南省各县河道防洪队组织暂行规则》。[②] 民国三十年（1941），农贷会拟定“云南省农田水利贷款合同”。该合同以云南省政府为甲方，中央信托局、中国银行、交通银行、中国农民银行等为乙方共同签订，其中第二条规定：农田水利贷款之用包括筑坝开渠之灌溉工程、吸水灌溉工程、蓄水灌溉工程、排除农田积水工程以及其他有关农田水利工程。此外，还制定了《云南省农田水利贷款委会组织章程》。民国三十三年（1944）3月，农贷会裁撤，其所办之水利工程业务，由建设厅水利局接管。[③] 民国三十一年（1942），颁布《水利法》；民国三十二年（1943），行政院第605次会议通过《水利法施行细则》。中央政府特别重视江湖沿岸农田的水利状况，制定《整理江湖沿岸农田水利办法大纲》及《整理江湖沿岸农田水利办法》。对于小型农田水利，农林部制定《各省小型农田水利工程督导兴修办法》。除此之外，中央颁布的法令还包括：《管理水利事业暂行办法》《农田水利贷款工程水费收解支付办法》《合作事业委员会协助云南合作社办理地方水利简则》《协助各省办理水利工程办法》等。[④]

民国三十六年（1947）5月23日，云南省政府颁布《云南省各县（市、局）水道岁修法》，内称：“支干江河沟渠海湖塘圩及有关农田水利航运古迹风景等均属之，但有专管机关办理者不在此限。”《办法》还对岁修时间、计划、审批制度（大工程由建设厅核定）、施工质量、劳力以及堤树保护等问题做了规定。此外，云南省建设厅颁行《云南省政府水利事

① 云南省地方志编纂委员会总纂，云南省水利水电厅编撰：《云南省志》卷38“水利志”，云南人民出版社1998年版，第31页。

② 王瑞红、马维启：《民国时期云南高原水利开发与生态环境变迁》，《大理学院学报》2014年第7期。

③ 云南省地方志编纂委员会总纂，云南省水利水电厅编撰：《云南省志》卷38“水利志”，云南人民出版社1998年版，第32页。

④ 王瑞红、马维启：《民国时期云南高原水利开发与生态环境变迁》，《大理学院学报》2014年第7期。

业管理规则》《云南昆明市各县河道防洪实施办法》《云南省昆明市各县防洪总队组织规程》《云南省昆明市河道限制捞取河沙规则》等单行法规。同年7月，恢复省建设厅水利局；9月，省建设厅颁行《云南省政府兴办水利事业办法》《云南名县（市、局）组织水利协会注意事项》《云南省各县（市、局）请求派队测各项水利工程办法》等单项法规。①

民国时期制定及颁行的一系列林业、水利相关法律法规在具体执行过程中是有一定效果的。民国十六年（1927）6月，因一土豪盗砍盘龙江护堤柏树，被逮捕并处以有期徒刑一年零六个月。民国十五年（1926）冬，“龙头街土豪桂秀山串通松华坝人范以湘，盗砍壹佰贰拾棵”。事发之后，云南省实业厅水利总局将其逮捕，经局长张携审讯后，“依照森林法第二十一二十二各条之规定，从轻责令桂秀山缴树价银壹仟元外，并科有期徒刑壹年又陆个月”②，送第一模范监狱执行。但因战事频繁，制定的诸多法律法规、条例、管理办法及规则等并未得到有效贯彻落实，流于一纸空文。

二 规范管理：林政及水政机构的设立

（一）林政机构的设立

林政机构是国家和地方的森林主管部门，在制定和贯彻落实森林法规条例、履行森林保护、统筹植树造林、制定林木采伐规则、监督伐木过程、促进林业研究、开发林副产品等林业事务中起着至关重要的作用。③自晚清以来，随着人口增多，交通不便，煮饭烧煤极其困难，导致大面积的天然森林被大量砍伐用作薪柴，营造新林提到了清廷的议事日程，政府部门开始重视林业建设，设立了“自上而下”的林业管理机构，以统筹林业发展，推动了林业建设的近代化转型。

① 云南省地方志编纂委员会总纂，云南省水利水电厅编撰：《云南省志》卷38“水利志”，云南人民出版社1998年版，第36页。

② 云南省地方志编纂委员会总纂，云南省水利水电厅编撰：《云南省志》卷38“水利志”，云南人民出版社1998年版，第27页。

③ 参见张文涛《民国时期西南地区林业发展研究》，博士学位论文，北京林业大学，2011年。

清光绪二十三年（1897），清廷颁布立宪官制，工部并入商部，改为农工商部，计分农务、工务、商务3司，林业由农务司分管。光绪二十七年（1901），设立昆明五乡永远种植保护局，负责营造新林、督导森林防火工作，为云南省设林业专管机构之始。光绪三十年（1904），云贵总督设官木局（即官木采运局），负责种植、保护、采伐和木材运输。光绪三十三年（1907），各省设劝业道，掌管全省的农工商业，道下设总务、农务、工艺、商务、矿务、邮传6科，其中农务科管农田、屯垦、森林、渔业、树艺、蚕桑等事宜，并管农会、事试验场，省下的各厅、州、县设劝业所或劝业分所。光绪三十四年（1908），云贵总督按清廷的规定，立云南劝业道，称作劝业道署，将林业划入劝业道管理，下设农、林、蚕、桑、虫蜡委员。如林业委员张令和，分管林业，组织荒山造林，并编绘《种树图说》进行宣传；县一般设立实业所分管林业；是年，成立云南农业学堂，开设林科，培养林业专门人才。宣统元年（1909），云南劝业道设立种植局，下设劝业分所分管林业。据《云南二十年来林之概况》，清末至民国十一年（1922）是云南林务的萌芽时期，主要“以劝导种树并保护原有森林主旨。在清代光绪、宣统年间之林务，偏重昆明一县，以种植委员一人，督同昆明五永远种植保护局之绅管人等，每年雨水期间，点播松子，于昆明附近荒山，或于乡之隙地河埂等处”[①]。民国元年（1912）10月，云南光复之后，华封祝被任命为中华云南军都督府实业司副司长，各府、厅、州、县仍是清制，由实业司分管林业。[②]

民国时期，林业机构更迭频繁。民国元年（1912）1月1日，中华民国临时政府设实业部，下设4司，林业由农务司主管；同年5月，南北统一后，实业部下设农林与工商2部，农林部下设农务、山林、垦牧、水产等4司。同年，云南军都督府下设实业司，由农林科掌管全省林务，昆明设立农林局，主管省会昆明五乡造林保护等事宜。各县设立蚕林实业团和

① 云南省地方志编纂委员会总纂，云南省林业厅编撰：《云南省志》卷36“林业志”，云南人民出版社2003年版，第684页。

② 云南省地方志编纂委员会总纂，云南省林业厅编撰：《云南省志》卷36“林业志”，云南人民出版社2003年版，第685页。

实业局（所），而实业局负责造林保护之责，各县的林业由省实业司农科主办。民国二年（1913），农商部成立，下设山林司主管林业，云南实业司改组种植局，更换章程，设立实业司农林局，为全省管理林务的机关；是年，全省撤销厅、州，一律称县，在县设立实业局，管理本县林务，各县组织蚕林实业团和森林种植保护团，与县实业局共同开展林政、森林保护和造林工作。民国三年（1914），云南巡按使下设政务厅内设实业科负责林业事务。民国五年（1916），云南农林局被裁撤，成立林务处，负责全省林务。民国七年（1918），云南省林务处建立第一苗圃，设立云南省林木种子承发局。民国八年（1919），云南省林务处改为林务局，掌管全省林务，造林不再由官方完全主导，而是改为官督民种，造林籽种由局选购，以产价售给民间播种；同时，经省长公署核准，森林案件由林务局管理，在昆明境内，林务局为森林案件初审机关，省长公署为上诉机关，各县政府为初审机关。直到民国十五年（1926），森林案件才划归司法机关办理，林务局仅负责林务行政及技术工作。民国九年（1920），成立云南省实业厅，下设林务局，负责全省林务，各县下设实业局（所、分所）。民国十一年（1922），云南省实业厅改为实业司，下设林务局，主管全省林业。民国十六年（1927），云南实业司又恢复实业厅，仍下设林务局主管林业。①

民国十七年（1928）3月，国民政府在南京成立，设农矿部，下设农务司掌管全国林业；10月，改由林政司主管全国林业。是年1月，云南省政府成立，并成立建设厅，下设农林科和建设厅林务局，负责全省林政和造林事宜。民国十八年（1929）8月，林务局划归农矿厅管理，并扩大改组为林务处。民国十九年（1930）12月，农矿、工商合并为实业部，内设林垦署管理全国林业。云南省农矿厅准林务处负责受理森林诉讼案件，厘订章程，通行全省。为制止滥伐盗伐森林，又在滇越铁路一带以铁路警察兼任森林警察。是年9月，公布《农矿厅林务处暂行章程》，由林务处负

① 云南省地方志编纂委员会总纂，云南省林业厅编撰：《云南省志》卷36“林业志”，云南人民出版社2003年版，第685页。

责主管全省林务，将全省划为五个林区，每区设一林务局。民国二十一年（1932），省政府成立了农林病虫害研究所。民国二十二年（1933），云南省农矿厅改为实业厅，主管全省农林、水利、矿务、工商。民国二十三年（1934），在云南省开远和昭通，分别成立迤南、迤东分区 2 个林务局，负责督促、办理、管理两地的林木种植与树种推广等事宜。民国二十四年（1935），云南省实业厅被裁撤，林务处划归建设厅，仍旧管辖全省林业；林务处的职责包括：按计划办理墓地造林，成立海口河砂防造林场，设立黑白 2 井盐区造林场和海口、筹设个旧矿区造林场；林务处除原有业务外，并试种推广金鸡纳霜，种植核桃、油桐等工艺植物，还推行学生造林、乡村造林，扩充省、县育苗场。民国二十五年（1936），全省林业仍由建设厅林务处管理，并在各县设立实业局（科）管理地方林业。①

民国二十七年（1938），抗战爆发后，为了适应抗日战争需要，中央实业部改为经济部，林垦署被裁撤，林业由经济部农林司管理；同年 5 月，经云南省政府批准，成立云南省农林植物研究所。民国二十九年（1940），中央成立农林部，内设林政司，云南建设厅仍为全省林业行政主管机关。民国三十一年（1942）6 月，国民政府农林部在云南丽江成立了金沙江流域国有林管理处，负责管理丽江的国有林区，并配有警察队。民国三十二年（1943），云南省政府批准成立了云南林业改进所。② 民国三十四年（1945）十二月，林务处被裁撤，全省林业工作交由林业改进所负责。民国三十五年（1946），抗日战争胜利以后，云南省建设厅设立农林科，管理全省林业，并建立云南省农林改进所，设立农业专科学校，下设林业班，各县建立植树节造林场。民国三十七年（1948），云南省农林改进所改称云南省农业改进所。民国三十八年（1949），省政府实行合署办公制度以后，全省林业事务仍由农业改进所负责，并管理下属的国营林场和私人林场。③

---

① 参见李荣高《民国时期的云南林业机构》，《云南林业》2001 年第 2 期。

② 参见云南省地方志编纂委员会总纂，云南省林业厅编撰：《云南省志》卷 36“林业志”，云南人民出版社 2003 年版，第 686 页。

③ 参见云南省地方志编纂委员会总纂，云南省林业厅编撰：《云南省志》卷 36“林业志”，云南人民出版社 2003 年版，第 687 页。

（二）水政机构的设立

民国以前小型水利设施多由民间自建自管，有业主自管自用的，有村建村管的，也有联村或乡共建共管的。村、寨举办的由受益户（村寨）选派专人管理，各地的称谓有：沟头、沟长、坝长、丁、水夫、海首、管事、巡水员等，也有由保、甲长兼管的；管理人员的报酬，或从受益农户每年所交“培谷”“水租谷”中提取，或划出一定数量土地归管理人员耕种、收获。① 重要的防洪、灌溉工程有由县（衙门、政府）管理的，如姚安县的蜻岭河、大石朋，祥云县的城川坝三闸即县管，三闸的开闸关闸、排洪泄水均由县长批准执行。② 民国时期，群众共建共管的水利设施大多沿袭旧制。除规模极小的塘、坝、沟、渠、井泉等由独家独户自建自管自用外，大部分稍具规模、灌溉一村一寨或数村数寨农田的水利工程，多由民间以一定的组织形式，通过乡规民约进行管理，如民国期间各地水利协会等，但有些民间管理组织常为当地富豪绅霸所把持。③ 为规范管理水利事业，国民政府建立了专门的行政机构。政府主持举办的较大规模的工程，则由政府设立或民间组成管理机构或确定专人管理。④

首先是省级水政机构的建立。民国元年（1912），军政分治后，云南水利行政由民政厅内务司主管，后设水利局先后隶属于民政厅、实业厅、建设厅、农矿厅，水利行政皆以厅令行之。民国三年（1914）7月，改由巡按使署内务科接办；同年8月，云南省设立省水利总局为掌管全省水利行政的专门机构，设总办、名誉总办及会办各1人，分设一、二两科，其中第二科办理各县兴修、改良、保护水利请求事项、经费考核、调查勘测及工程设计、监督、指导等事项；同年11月，遵照中央全国水利规定，

---

① 参见云南省地方志编纂委员会总纂，云南省水利水电厅编撰：《云南省志》卷38“水利志”，云南人民出版社1998年版，第458页。

② 参见云南省地方志编纂委员会总纂，云南省水利水电厅编撰：《云南省志》卷38“水利志”，云南人民出版社1998年版，第454—455页。

③ 参见云南省地方志编纂委员会总纂，云南省水利水电厅编撰：《云南省志》卷38“水利志”，云南人民出版社1998年版，第457页。

④ 参见云南省地方志编纂委员会总纂，云南省水利水电厅编撰：《云南省志》卷38“水利志”，云南人民出版社1998年版，第458页。

省水利总局改名为省水利分局，掌理全省水利行政，附设省会水利支局，专办省会水利事项，将总办、名誉总办、会办改称局长、名誉局长、副局长。①

民国六年（1917），省水利分局复改组为全省水利总局。民国九年（1920），省水利总局归并实业厅，名为云南实业厅水利局，仅办理省会水利宜。民国十一年（1922），厅改为司，水利局成为实业司水利总局。民国十六年（1927）又改为实业厅水利总局。民国十七年（1928），省立建设厅，省会水利事项由第三科兼办，全省水利行政以厅的名义行之。民国十九年（1930）5月，水利项划归农矿厅接办，复组成云南全省水利局，全省水利事宜仍以厅令行之，另设省水利局专办省城水利事项。民国二十一年（1932）7月，农矿厅改为实业厅。民国二十四年（1935）3月，实业厅归并建设厅，建设厅水利局设“局长一人，综理全局事务。两课：第一课，掌理水利行政水利诉讼事项；第二课，掌理水利工程事项”。民国三十三年（1944）9月，行政院核准建设厅水利局设“局长一人综理局务并监督指挥所属职员及机关；副局长一人，襄理局务”。下设总务“掌理文书、人事、出纳、庶务及下属其他各课事项”，管课“掌理水权审查登记、水权争议、水道防护、已完成水利工程之管理、水利收益稽征、田贷款及其他有关管理事项”。民国三十四年（1945）年底，水利局直属单位有昆（明）、呈贡、祥（云）、弥（渡）、师（宗）、罗（平）等9个督导区，3个工程处，1个测量队，3个水文站和海口管理所。民国三十八年（1949）7月，水利局下设课室由原总务课、水课、水政课、秘书室、技术室、会计室，附设3个勘测队，缩减为两课一室，2个勘测队。②

其次是省政府专设机构。一是全省经济委员会主管的水利机构。云南全省经济委员会在民国二十三年（1934）至中华人民共和国成立前主持或支持兴办了一批水利工程。云南省政府于民国二十三年（1934）成立全省

① 参见云南省地方志编纂委员会总纂，云南省水利水电厅编撰：《云南省志》卷38“水利志”，云南人民出版社1998年版，第581页。

② 参见云南省地方志编纂委员会总纂，云南省水利水电厅编撰：《云南省志》卷38“水利志”，云南人民出版社1998年版，第581—582页。

经济委员会，经济委员会由不兼厅职的省政府委员一人及各厅厅长为委员，下设秘书、会计两室，设计、管理两处，并设专门委员会，聘请专家充任委员，经委员会开展的主要业务及所设主要部门有锡业、纺织、电力、垦殖、水利、机械工业、化学工业等13项，其中有关水利水电的有“第三条　电力：计有耀龙电力公司和腾冲水河水力发电厂两个单位；第四条　垦殖与水利：计有开蒙垦殖局、省垣附近农田水利工处、弥泸水利监督署、宾祥水利监督署、宾川水利工程处五个单位”①。二是省财政厅主管垦殖（水利）机构。民国二十七年（1938）6月，省政府令财政厅厅长陆崇仁清查县公私荒地计划实行垦殖事宜，“查得开远、文山两县连界有大架衣（现稼依）坝者水利可兴，荒地可垦”。由于当地地质、气候等条件皆为建蓄水池最理想之地，稻作最适宜之区，因此，省政府责成财政厅主办设局动工。是年10月成立开文垦殖局，以稼依坝为中心着重发展水利、农业、种殖业等。民国二十八年（1939）年初，对原有石洞坝和观音寺坝进行维修与扩建，历经3年，建堤坝3座，堤坝涵洞溢道15座，灌溉干渠30余千米，干渠桥涵300余座，二级支渠100余千米，支渠桥100余座，直主坝引水沟、两侧种植油桐、茶果树数万株，使得稼依坝4万余亩水田旱涝保收。② 三是云南省农田水利贷款委员会。云南省政府以长期抗战必须增加农业生产方足以供给为要，而改进农田水利实为先决问题，于民国二十七年（1938）秋，商请中央筹设农田水利贷款委员会，由省建设、财政两厅、经济委员会、富镇新银行、农本局中央农业实验所派员合组而成。民国二十八年（1939）5月，农贷会成立，省政府令新银行出资国币50万元，又与农本局借款国币250万元订立合同，仍以新银行承还保证人，贷款用途以下列八项为限：①筑坝引水，②开筑（渠）引水，③建立引水灌田工程，④田塘蓄水，⑤凿井灌田，⑥排除农田积水，⑦疏浚农田有关之流，⑧其他有关农田水利之灌溉工程。民国三十年（1941），改

① 云南省地方志编纂委员会总纂，云南省水利水电厅编撰：《云南省志》卷38“水利志”，云南人民出版社1998年版，第586页。

② 云南省地方志编纂委员会总纂，云南省水利水电厅编撰：《云南省志》卷38“水利志”，云南人民出版社1998年版，第587页。

组农贷会，由云南省政府与中央信托局、中国银行、交通银行、中国农民银行各为甲、乙方组成，订立《云南省田水利贷款合同》，农贷会共贷放开发了弥勒竹园坝、宜良文公渠等多处水利。直至民国三十三年（1944）3月，农贷会裁撤。①

三　科学管理：人居环境治理

首先，制定人居环境污水污物处理相关管理办法，保障公共卫生安全。民国三十四年（1945），云南省政府颁布《乡村污物水涨洩及污物处理办法》，该办法共十条，明确了污水污物处理办法，其中“污水”系指“人畜之排洩物，住宅与工厂之废水、雨水及地面之积水”。“污物”系指“食物残余及□②瓶罐废纸树叶杂草以及各种碎屑”，土地所有者、使用者对于土地内的污水污物都有处理的责任和义务，规定“凡建筑之基地内应开凿沟渠，作排泄污水之用”。“凡粪便污水之排泄准依全国公厕建设实施方案之规定办理。”“为集中污物起见，每甲应设木质垃圾箱至少一个以为倾垃圾箱之用，前项垃圾箱应由保办公处逐日清除一次，其清除时期应在每日午前六时或午后六时后行之。”“污水污物除灌溉田时供肥料之用外，应由保办公处集中掘埋焚化或作填补低地之用。”“为并将乡村饮水清洁及维持公共卫生防治疾病传染，凡污水污物不得倾入河流，影响饮水，违反规定者得由县政府处以五十元以下之罚款。”并由地方主管机关随时派员检查沟渠水道、公司厕所、污水排泄、污物处理情形。③

其次，制定水源管理相关办法，保障民众饮水安全。为保证水源安全，民国五年（1916），由玉章、黄斐章、唐君萍等在昆明市五华山西坡（今华山西路）组建“云南自来水股份有限公司”，共集官商股203430元。是年，公司的厂房及水机、水池及水管的安装铺设等项工程先后完成，开

① 参见云南省地方志编纂委员会总纂，云南省水利水电厅编撰：《云南省志》卷38“水利志”，云南人民出版社1998年版，第588页。

② “□”表示此字无法识别。

③ 《云南省政府关于抄发乡村污水排池及污物处理办法一案给云南省民政厅的训令》，1945年1月19日，云南省档案馆藏，档案号：1011-015-00005-053。

始售水。[①] 民国三十四年（1945），制定《饮水[②]管理规则》：明确规定："饮水水源附近一百公尺以内，不得设厕所，沟渠或倾倒垃圾处所。""地面水水源上流一百公尺以内不得泄入粪便秽水、下水道水（阴沟）或倾入垃圾废物弃置牲畜尸体。"此外，凿井取水也有严格要求："一、将凿井地点方法图样呈报主管机关核准后方准开凿。二、凿井地点应离开厕所沟渠一百公尺以外。三、凿井竣工后应报请主管机关派员检查，并化验之，如认为水质不洁者应由井主加以修改，其无法修改者，主管机关得严令改凿或封闭。四、井主不履行修改业务时，主管机关得代为执行所需费用，由井主负担修改公井费用，由用户负担。"为了防止井水受到污染，井之构造也有严格规定："一、井壁须以坚实不透水之物质建筑，以防污水水渗入井内。二、井之深度至少应达十公尺以上，深井应达六十公尺以上。三、井口须加盖以防秽物入井。四、井口须高出地面六公寸以上以防污水入井。"并由主管机关随时派员检查饮水水源水质之清洁，如有违反者则处以十日以下之拘留或五十元以下之罚款。[③]

此外，为了进一步维护环境卫生，保障民众健康安全，明确了保护城乡环境卫生的各项工作。一是制定严格的污物处理办法。民国三十七年（1948），规定凡垃圾、粪便、污水等，如不妥为处理，则滋生蚂蚁，污染水源，均为传染疾病，媒介遗害至大。因此，制定了严格的管理办法：1. 设置足敷支配之清洁伕役及清洁运输工具，俾得清洁街巷及厕所；2. 设置公用垃圾箱于适当地点，并制定清沟伕管理之；3. 每日清洁时间，应在不妨害公共卫生时间工作，并可采摇铃收集店户垃圾，运至适当地点处置之；4. 垃圾中灰烬瓦砖等废弃物品，应尽利用填充洼地及污水池塘，其余应择适当地点用焚化堆肥等法处理之；5. 依照污物扫除条例，至少每年五月十五日及十二月十五日举行清洁大扫除一次，如能每月举行尤佳；6. 建盖标

① 参见云南省地方志编纂委员会总纂，云南省水利水电厅编撰：《云南省志》卷38"水利志"，云南人民出版社1998年版，第26页。

② 此处所称饮水指无自来水设备之城市乡村供饮用之地面水、地下水，地面水指江河湖泊之水，地下水指井水及泉水。

③ 《云南省政府关于抄发乡村污水排池及污物处理办法一案给云南省民政厅的训令》，1945年1月19日，云南省档案馆藏，档案号：1011-015-00005-053。

准公厕或改筹原有公厕，其未合卫生规定之私有厕所，或妨害交通及观瞻者，应随时督促自行改善或取缔之；7. 各公厕应每三日用一比四石灰举行消毒一次，其在夏秋季节，尤应逐日严密消毒；8. 用作肥料之粪便，务须贮存两星期后方可使用；9. 分区改良下水沟渠，并经常疏浚下水道。[①]

二是科学制定水源清洁相关办法。由于云南省各地区肠胃病流行，大率由于饮水不洁所致，水质之良否，有关人民之健康，因此就饮水方面建议：一、建筑掘地水井，或改善原有水井，其未合卫生规定之公私水井，应即分别修缮或封闭之（附管理饮水井规则）。二、以河水或塘水为饮料者，应将河流分四段，于每段交界处，竖立木牌，写明用途，其上流一段，专供引用，第二段作为洗涤食物，第三段作为洗涤衣服，第四段作为洗涤污具，并应于吸水处，建筑取水码头，以免水夫赤足涉取河水。三、水源四周，应经常保持清洁，其在水井或取水码头之上游或周围一百尺以内之厕所下水沟等，应一律取缔之。四、夏秋季节，不论河水井水，应一律实施饮水消毒。五、对于改善水质（其方法为沉淀□□[②]杀菌）应切实施行，其对于民间习之明□沉淀法，砂滤法，饮水煮沸法，尤应尽量提倡。并通令各市县局，应认真注意城乡内外环境卫生及饮水清洁等，宜切实遵照施行。[③]

三是制定科学、严格的水源保护相关办法。民国二十七年（1938），由教育部转发云南省教育厅《饮水消毒简法》，由云南省卫生处在全省印发，包括河水、井水、战地饮水消毒法，一定程度上降低了因饮水导致的疾病蔓延。[④] 民国三十三年（1944），云南省建设厅水利局规定，为维护省会附近沿河居民所饮用河水，要求水涸之期，认真疏浚，并规定凡沿河居民不得倾倒渣物污水于河内，但“兹查有盘龙江，兰花，玉带，永畅，采

---

① 《云南省政府秘书处关于省卫生处在县政参议会提示事项目录（关于饮水改良等事项）》，1948 年 1 月 1 日，云南省档案馆藏，档案号：1106-003-01536-010。

② “□”表式此字无法识别。

③ 《云南省政府秘书处关于省卫生处在县政参议会提示事项目录（关于饮水改良等事项）》，1948 年 1 月 1 日，云南省档案馆藏，档案号：1106-003-01536-010。

④ 《教育部关于发饮水清毒简法给云南省教育厅的训令》，1938 年 6 月 2 日，云南省档案馆藏，档案号：1012-004-02065-005。

莲，西坝，顺城，盐店，明通，鱼翅，涌莲等河，沿岸人民不惟不知加意保护，且任意将粪渣污水等物，倾入河中，壅阻河流，防害卫生”，特命省会警察认真督饬查禁，如有故违，立即送局究办。① 再如螺狮湾，一黄姓酒房临近盘龙江，该酒房主人由煮酒灶炉处经由下水道，一切污水流入盘龙江内，因此，“勒限将污水道填差，并惩罚以资警惕，而儆效尤”②。

第三节　20 世纪 50 年代以来云南生态安全治理的现代化进程

20 世纪 50 年代以来，边疆地区迅速被纳入国家安全战略规划，直至改革开放初期部分边疆地区在全国经济发展中仍旧扮演着资源、能源供给者的角色，由于边疆资源开发过程中的不合理方式，导致出现诸多生态环境问题。③ 边疆生态安全治理逐渐成为边疆治理乃至国家治理的重要内容，在国家主导下，通过实施天然林保护、退耕还林、生态公益林保护、湿地保护、草地保护、生态保护与修复重大生态建设、生态保护地体系建设等一系列工程，将边疆生态安全治理上升到国家战略层面进行统一规划及考量，突出了生态安全治理在维护国家安全中的重要战略地位。

一　20 世纪 50 至 90 年代云南生态安全治理

在 20 世纪 50 至 70 年代这一特殊历史背景之下，国家工业建设及社会经济发展是主流，“生态”一词在国家层面乃至于学术界相对边缘，生态

① 《云南省水利局关于规定沿河居民不得倾倒渣物污水于河内一案给昆明市政府等的训令》，1944 年 1 月 1 日，档案号：1077-001-05932-002。

② 《课员杨荣轩关于报云南省螺蛳湾黄姓酒坊污水流入盘龙江给云南水利局长的呈》，1931 年 3 月 6 日，云南省档案馆藏，档案号：1077-001-07822-001。

③ 参见袁沙《习近平边疆生态治理重要论述的内在逻辑》，《治理现代化研究》2022 年第 1 期。

治理乃至于边疆生态安全治理并未引起足够重视。这一时期，边疆生态安全治理的方式、手段较为单一，主要体现在防沙治沙、植树造林、农业生态环境保护等具体方面。

（一）边疆生态安全治理之肇始

中华人民共和国成立后，虽然尚无生态安全治理的概念，但国家领导人及政府相当重视生态环境保护，在开展群众性爱国卫生运动和植树造林、绿化祖国活动、加强土壤改造、防止水土流失、积极搞好老城市改造、兴修水利等环境保护实践中做了大量工作，相继出台了《绿化规格（草案）》（1956）、《中华人民共和国水土保持暂行纲要》（1957）等法律法规。1955 年，毛泽东主席提出："在十二年内，基本上消灭荒地荒山，在一切宅旁、村旁、路旁、水旁，以及荒地上荒山上，即在一切可能的地方，均要按规格种起树来，实行绿化。"① 其中，"一切可能的地方"不仅包括内陆荒山沙地，也包括边疆荒漠沙丘。② 毛泽东主席提出的"绿化祖国"的号召充分体现了当时我国生态治理设定的宏伟目标。1958 年国务院召开西北内蒙古 6 省、自治区治沙会议，决定由中科院组成治沙队开展治沙及研究，在沙区开展了以植树造林种草为主的群众性治沙活动。③

1972 年 6 月 5 日至 10 日，联合国在斯德哥尔摩召开人类环境会议，此次会议不仅是世界环境保护的里程碑，更是中国环境保护事业的转折点。1973 年 8 月 5 日，第一次全国环境保护会议在北京召开，会议把环境保护问题提到国家政策层面，让环境保护走进公众视野，推动中国环境保护事业步入正轨。④ 中国自 20 世纪 70 年代末 80 年代初以来，政府逐渐重视生态治理，这一时期我国开展了一系列治理实践，包括自然灾害防治、水土流失治理、防护林工程、天然林保护、退耕还林等生态工程建设。

---

① 《毛泽东选集》（第五卷），人民出版社 1977 年版，第 262 页。

② 参见袁沙《习近平边疆生态治理重要论述的内在逻辑》，《治理现代化研究》2022 年第 1 期。

③ 《沙害不除 治沙不止"——我国防沙治沙成就综述》，http://www.gov.cn/govweb/jrzg/2007-03/28/content_563448.htm（2007 年 3 月 28 日）。

④ 参见翟亚柳《中国环境保护事业的初创——兼述第一次全国环境保护会议及其历史贡献》，《中共党史研究》2012 年第 8 期。

1973年10月，邓小平针对广西桂林漓江的污染表示："如果不把环境保护好，不把漓江治理好，即使工农业生产发展得再快，市政建设搞得再好，那也是功不抵过啊！"① 同年，党中央、国务院从中华民族生存与发展的战略高度，做出了建设西北、华北、东北防护林体系（以下称"三北工程"）的重大决策，开创了我国生态工程建设的先河。"三北工程"是20世纪50年代以来，中国首次从国家治理层面制定的具有战略性质的生态安全治理策略，对于西北、东北边疆生态安全治理，维护边疆生态安全屏障具有重要作用。至20世纪八九十年代以来，在全国大范围开展治沙工程、造林绿化、防护林工程。20世纪80年代，国家相继在"三北"地区、长江、珠江、淮河等重要江河流域实施了一系列防护林体系建设工程。

草原环境退化是边疆牧区生态环境恶化的重要原因之一，20世纪80年代以来，产草量下降幅度最大的边疆省区如内蒙古、新疆，分别为27.6%、24.4%。② 为保护草原生态环境，20世纪80年代以来，我国在草地管理和建设上建立了草地资源调查与动态监测、草地管护、草地立法、草地承包经营、牧草种子繁育与检验、飞播牧草、草地植保、草地类自然保护区、草地科研与教育、草业系统工程示范网等十大基础体系，为草地资源大规模开发打下了基础。③ 此外，海疆生态安全治理也是边疆生态安全治理的重要内容，沿海地区是我国经济最为发达的区域，也是遭遇台风、海啸、风暴潮等自然灾害最为频繁的区域，沿海防护林是我国重要的沿海绿色生态屏障。1988年，原国家计委批复了《全国沿海防护林体系建设总体规划》。

20世纪90年代，生态环境恶化趋势加剧。沙漠化是危害最直接、最迫切需要解决的问题之一。1991年，全国绿化委员会、林业部制定了《1991—2000年全国治沙工程规划要点》。1996年召开的第四次全国环境保护大会提出"污染防治与生态保护并重"的环境保护工作方针，彻底改变了长期以来重污染防治轻生态保护的局面。随后，在中央人口资源环境

① 童怀平、李成关：《邓小平八次南巡纪实》（卷六），解放军文艺出版社2003年版。

② 参见欧阳志云、郑华《生态安全战略》，学习出版社、海南出版社2014年版，第113页。

③ 参见欧阳志云、郑华《生态安全战略》，学习出版社、海南出版社2014年版，第112页。

座谈会议上，国家又相继确立了“保护优先、预防为主、防治结合”和“在保护中开发，在开发中保护”的生态保护方针。[①] 1997 年，党中央提出建设山川秀美祖国的战略，并要求与经济建设同步实现，这是我国经济建设的需要，是治理生态环境，治愈地球疾病，保障生态安全的需要。[②] 1998 年，天然林资源保护工程开始试点；1999 年，退耕还林工程进行试点。

（二）云南环境保护事业推动边疆生态安全治理进程

云南生态安全治理的现代化进程与云南环境保护事业的开展密切相关。20 世纪 50 至 80 年代，云南生态安全治理主要是通过开展环境保护工作，这一时期，云南环境保护事业如火如荼，在环境污染治理以及环境法治建设方面取得了一定成效。20 世纪 90 年代，环境监测、环境科研机构、环境宣传与教育等方面的环境保护工作逐步展开，极大地推动了云南生态安全治理进程。自此，云南省及各州市县政府部门及环境保护相关机构等通过制定环境保护政策，采取相关措施保护生态环境，出台了专门统计环境情况的环境公报，专门性的环境保护法律法规，不同地区针对环境问题而采取的环境宣传及教育、环境监测及管理、环境污染防治等，对于解决当时的环境问题起到了重要作用。

20 世纪 50 年代以来，随着现代化进程的加快，一些生态问题开始凸显，尤其一些重工业企业对于大气、水资源、土壤等造成了一定影响。虽然我国在 20 世纪 50 年代初期并未明确制定相应法规条例、政策等保护环境，但环境污染防治工作却在持续开展。20 世纪 50 年代初期，云南并没有专门的环境保护机构。从 1949 年至 1965 年是云南生态安全治理体系现代化的孕育时期，开展了一系列防治污染行动；1966 年至 1971 年，因过于强调“以粮为纲”、片面追求“大而全，小而全”的工业体系，致使云南环境污染问题急剧恶化，政府部门开始重视在污染严重地区开展实地调

① 《关于印发〈全国生态环境保护“十五”计划〉的通知》，http：//www.mee.gov.cn/gkml/zj/wj/200910/t20091022_172089.htm（2002 年 3 月 28 日）。

② 石山：《树立生态安全新思想》，《生态农业研究》1998 年第 4 期。

查工作。1972 年，云南省设置省级“三废”治理办公室，标志着云南生态安全治理正式起步，云南省真正迈入环境污染治理历程；1973 年 2 月 16 日，召开“云南省第一次治理‘三废’工作会议”，标志着云南生态安全治理进入发展时期。[①] 1994 年，云南省环境保护局成立，成为统筹生态环境治理的主要机构，全省各地州（市）和绝大部分县（市、区）相继成立了专门的环境保护机构。

从云南生态安全治理的现代化进程来看，可划分为四个阶段：第一阶段（1972—1979 年）：集中于污染源治理，重点对一些工业污染点源进行治理。如云南印染厂、昆湖针织厂的印染废水治理，昆明钢铁公司烧结厂的粉尘治理，鸡街冶炼厂含铅烟气的回收等，取得了良好效果。第二阶段（1979—1982 年）：加强生态法制建设，初步结束排污自由和环境保护无章可循、无法可依的局面，并开始使用经济手段，以征收排污费为突破口，开展环保工作。第三阶段（1982—1989 年）：针对自然生态环境遭到普遍严重破坏的状况，在继续抓紧工业污染治理的同时，开展自然环境保护，特别是农业生态安全治理工作。如 1982 年年初，开始建设生态农业试点工作，[②] 并相继建立了一批自然保护区，工业污染从单项治理发展到综合整治。第四阶段（1989 年 9 月至今）：环境保护主要围绕工业污染控制、城市环境综合治理、生态环境保护开展。特别是 1992 年，“联合国环境与发展”大会后，云南在提高城市污水处理能力、重点污染源控制、自然保护区建设和生物多样性保护、环境法制建设和争取利用外资方面取得实质性进展，局部地区环境质量和全民环境意识有所提高。

20 世纪 70 年代末 80 年代初，继云南省级层面的生态安全治理进程的全面开展，云南省各州市县的生态安全治理也陆续推进。20 世纪 70 年代，环境问题较为严重的地区集中于昆明、东川、曲靖、玉溪、开远等经济发达地区，因生态环境的急剧恶化，治理环境污染工作逐步开展。到 80 年代

① 云南省地方志编纂委员会总纂，云南省环境保护委员会编撰：《云南省志》卷 67“环境保护志”，云南人民出版社 1994 年版，第 1 页。

② 云南省地方志编纂委员会总纂，云南省环境保护委员会编撰：《云南省志》卷 67“环境保护志”，云南人民出版社 1994 年版，第 3 页。

初期，各州市的生态安全治理主要围绕“三废”（即废气、废水、废渣）治理；此外，农业化肥污染问题也日益凸显，环境污染事故比比皆是，严重影响了人们的正常生活和社会经济发展。20世纪80年代以来，各州市县的生态安全治理逐渐由单向治理转向专项综合整治，包括城乡环境综合整治，并制定了一系列环境管理条例、实施方案等加强环境管控工作，环保部门组织区域性环境质量评价，定期对环境质量情况进行监测，并对环保机构人员、中小学生等进行环保宣传与教育，使环境保护意识深入人心。此时，保山、楚雄、大理、德宏、红河、临沧、西双版纳、普洱、保山、迪庆等州市以及昌宁、大姚、德钦、峨山、洱源、富源、个旧、广南、建水、剑川、金平、景谷、景洪、开远、澜沧等县，通过调查环境污染源、监督环境污染事故、监测环境质量，开展了一系列的环境法制、环境宣传、环境教育、环境管理、环保科研、环保交流等工作，对于云南生态安全治理现代化的推进起到了重要作用。

20世纪80至90年代，云南省制定并颁行了一系列环境保护法规。一是综合性环境保护法规，如《云南省环境保护暂行条例》（1986）、《云南省环境保护条例奖惩实施办法》（1995年4月28日云南省人民政府令第21号）、《云南省环境保护条例》（1997年修正）、《云南省环境保护目标责任制实施办法》（云政发〔1994〕3号）等。二是专门性环境保护法规，如《云南省边境口岸地区环境保护规定》（云南省人民政府令第40号）、《云南省排放污染环境物质管理条例（试行）》（1980）、《云南省城乡集体个体企业环境保护管理办法》（云政发〔1991〕207号）、《〈云南省珍稀濒危植物保护大纲〉及〈云南省珍稀濒危植物保护管理暂行规定〉的通知》（云政发〔1995〕89号）、《云南省陆生野生动物保护条例》（1996）、《云南省自然保护区管理条例》（1997）等。三是流域生态保护及治理相关法规，如《滇池水系环境保护条例（试行）》（1980年4月1日昆革〔1980〕46号）、《滇池保护条例》（1988）、《云南省程海管理条例》（1993）、《云南省抚仙湖管理条例》（1993）、《云南省星云湖管理条例》（1995）等。四是地方性法规，如《昆明市松华坝水源保护区管理规定》（1989年12月29日昆政〔1989〕274号）、《西双版纳傣族自治州澜沧江保护条例》

(1991)、《西双版纳傣族自治州自然保护区管理条例》(1992)、《云南省西双版纳傣族自治州森林资源保护条例》(1992)、《云南省西双版纳傣族自治州野生动物保护条例》、《云南省景谷傣族彝族自治县环境污染防治条例》(1999) 等。这一系列法律法规的颁布及实施，有力地推动了云南生态安全治理的现代化进程。

二 21 世纪以来云南生态安全治理

进入 21 世纪，随着现代化、全球化进程的加快，边疆生态安全问题日渐突出，如自然灾害频发、水土流失严重、森林面积减少、生物入侵加剧、生态系统退化等，已经成为制约社会经济发展的主要阻碍因素之一。

(一) 国家治理视域下边疆生态安全治理进程的加快

21 世纪以来，国家逐渐重视边疆生态治理。2000 年 10 月，国务院正式批准了《长江上游黄河上中游地区天然林资源保护工程实施方案》和《东北内蒙古等重点国有林区天然林资源保护工程实施方案》，天然林保护工程实施范围包括内蒙古、新疆、海南、云南、西藏、吉林、黑龙江、辽宁、甘肃等边疆地区。① 2001 年，建立了森林生态效益补助基金，专项用于重点公益林的保护和管理。② 2002 年，国家投资 12 亿元，在内蒙古、新疆、青海、甘肃、四川、宁夏、云南等省区和新疆生产建设兵团的 96 个中甸县 (旗、团场) 启动了退牧还草工程。③ 为了实现我国湿地保护的战略目标，2003 年中国国务院批准了由国家林业局等 10 个部门共同编制的《全国湿地保护工程规划 (2004—2030 年)》，其中东北湿地、云贵高原湿地、西北干旱湿地、青藏高寒湿地等湿地保护类型区域大多处于边疆地区。④ 2005 年，我国政府以维护国家生态安全为目标，启动了西部生态建设标志性工程——三江源自然保护区生态保护和建设工程。2006 年，《中华人民共和国国民经济和社会发展第十一个五年规划纲要》明确提出要

① 参见欧阳志云、郑华《生态安全战略》，学习出版社、海南出版社 2014 年版，第 78 页。
② 参见欧阳志云、郑华《生态安全战略》，学习出版社、海南出版社 2014 年版，第 94 页。
③ 参见欧阳志云、郑华《生态安全战略》，学习出版社、海南出版社 2014 年版，第 118 页。
④ 参见欧阳志云、郑华《生态安全战略》，学习出版社、海南出版社 2014 年版，第 103 页。

“加强青藏高原生态安全屏障保护与建设”，同时要求“十一五”期间要开展主体功能区规划，主体功能区规划要求生态功能重要和生态脆弱的区域要禁止开发和限制开发。2009 年，《国家发展改革委办公厅关于印发西藏生态安全屏障保护与建设规划（2008—2030 年）的通知》（发改办农经〔2009〕446 号）明确指出：生态安全屏障保护与建设工程包括保护、建设和支撑保障 3 大类 10 项工程，其中生态保护工程 5 项、生态建设工程 4 项、支撑保障工程 1 项。

2011 年，《全国主体功能区划》明确指出：到 2020 年要推动形成“两屏三带”生态安全战略格局，构建以青藏高原生态屏障、黄土高原川滇生态屏障、东北森林带、北方防沙带和南方丘陵土地带以及大江大河重要水系为骨架，以其他国家重点生态功能区为重要支撑，以点状分布的国家禁止开发区域为重要组成部分的生态安全战略格局。① 2013 年，发展改革委印发《西部地区重点生态区综合治理规划纲要（2012—2020 年）》，指出西部地区是国家重要的生态安全屏障。② 2014 年，国务院有关部委、直属机构印发的《甘肃省加快转型发展建设国家生态安全屏障综合试验区总体方案》指出，甘肃是西北乃至全国的重要生态安全屏障，在全国发展稳定大局中具有重要地位。③ 2015 年，《内蒙古自治区构筑北方重要生态安全屏障规划纲要（2013—2020 年）》出台，指出要把内蒙古建设成为我国北方重要生态安全屏障。④ 2016 年，《全国生态保护“十三五”规划纲要》提出推动形成以“两屏三带”为主体的生态安全格局，建设生态安全屏障。2017 年，中共中央办公厅、国务院办公厅印发了《关于划定并严守生态保护红线的若干意见》。2018 年，进一步明确生态保护红线全国“一张图”。2020 年，国家发展改革委自然资源部关于印发《全国重要生态系统

---

① 《全国主体功能区划》，http：//www. gov. cn/zwgk/2011 - 06/08/content _ 1879180. htm（2011 年 6 月 8 日）。

② 《西部地区重点生态区综合治理规划纲要》，http：//www. gov. cn/gongbao/content/2013/content_2433562. htm（2013 年 2 月 20 日）。

③ 《甘肃省加快转型发展建设国家生态安全屏障综合试验区总体方案》，http：//www. gov. cn/gzdt/2014-02/05/content_2580390. htm（2014 年 2 月 5 日）。

④ 《内蒙古自治区构筑北方重要生态安全屏障规划纲要（2013—2020 年）》，http：//www. nmglyt. gov. cn/xxgk/ghjh/jcgh/201508/t20150803_95411. html（2015 年 8 月 3 日）。

保护和修复重大工程总体规划（2021—2035年）》，提出了以青藏高原生态屏障区、黄河重点生态区（含黄土高原生态屏障）、长江重点生态区（含川滇生态屏障）、东北森林带、北方防沙带、南方丘陵山地带、海岸带等“三区四带”为核心的全国重要生态系统保护和修复重大工程总体布局。①

国家意志是中国环境治理体系中的重要变量，多项生态治理项目同时实施体现了国家在应对生态危机方面的意志与决心，环境政治一度在国家治理层面上升到前所未有的高度。② 随着边疆生态安全治理相关政策、法规、方案及管理办法相继出台，从理念到制度再到贯彻落实，逐渐建立起一套较为完善的生态安全治理体系，有利于构建及优化边疆生态安全屏障，维护边疆生态安全。

（二）云南省生态文明建设排头兵推动生态安全治理现代化

党的十八大以来，云南通过加强生态环境保护，加大改革创新力度，使得经济发展与环境保护协同共进，生态环境质量不断提升，西南生态安全屏障更加巩固。然而，云南生态文明建设仍旧存在发展不平衡不充分、保护力度不够等诸多问题，面临着保护和发展的双重任务和压力，如何充分发挥自身特色和优势，促进生产生活方式的绿色转型，实现技术创新，协调好生态保护、经济发展及社会稳定之间的关系，持续推进云南生态文明建设是当前亟待解决的问题。经过多年的努力，云南在九大高原湖泊治理、水污染防治、生物多样性保护、自然保护区建设、大气污染防治、城乡环境治理等各个方面取得了显著成效，为边疆生态安全治理奠定了良好基础。

首先，生态文明建设体制改革为生态安全治理提供了有力的制度保障。2010年将“绿色GDP”纳入领导干部的政绩考核之中，这是重经济轻生态的政绩观念的一大转折，生态文明建设指标成为干部任免奖惩的主

---

① 《全国生态保护“十三五”规划纲要》，http://www.scio.gov.cn/xwfbh/xwbfbh/wqfbh/33978/20161212/xgzc35668/Document/1535185/1535185.htm（2016年12月12日）。

② 参见赵宝海《生态边疆的诞生——关于额济纳绿洲抢救工程的环境政治学分析》，《内蒙古师范大学学报》（哲学社会科学版）2014年第6期。

要依据。2014 年 2 月 13 日，云南省成立了第一个生态文明体制改革专项小组；2015 年，围绕健全自然资源资产产权制度和用途管制制度改革、划定生态保护红线工作、实行资源有偿使用制度和生态补偿制度、改革生态环境保护管理体制 4 个方面加强生态文明体制改革。在具体实践中，2015 年 9 月 8 日，玉溪“三湖”水污染防治加大了一产向二产、三产转移力度，调升了生态建设考核权重。一系列关于生态文明体制改革的探索，将生态环境保护以制度的形式进行贯彻落实，并在原有制度基础上寻求创新。如：制定并推行适合云南的“河长制”“林长制”，为生态文明建设提供了可靠的制度保障。① 云南自十八大以来秉承“绿色”发展，努力成为全国生态文明建设排头兵，在加快推进各项建设方面取得了一定进展。云南关于生态文明体制改革建设已出台一系列政策文件，如《云南省党政领导干部生态环境损害责任追究实施细则（试行）》《云南省领导干部自然资源资产离任审计试点方案》《云南省生态环境损害赔偿制度改革试点工作实施方案》《云南省环境损害司法鉴定机构管理办法》《云南省生态环境损害赔偿磋商办法（试行）》《关于办理生态环境损害赔偿案件若干问题的意见（试行）》《云南省生态环境损害赔偿金管理暂行办法》《云南省生态环境损害修复评估办法（试行）》《云南省生态环境损害赔偿公众参与与信息公开办法（试行）》等。2018 年，云南重点推进的生态文明体制改革有 17 项，将持续深化生态环境损害赔偿制度改革、全面贯彻落实湖长制、提高环境监测数据质量、建立资源环境承载能力监测预警长效机制、建立健全流域生态保护补偿机制、制定云南省生态保护红线勘界定标试点等。截至目前，云南各项生态文明体制改革逐渐建立健全和完善，推动了生态文明建设的制度化进程。

其次，云南省在生态监测、生态保护及修复、生态安全宣传与教育、生态安全交流与合作等方面的具体实践，推进了云南生态安全治理现代化进程。一是生态监测。云南省的生态监测范围包括自然保护区、县域生态

① 参见周琼、杜香玉《云南生态文明排头兵建设事件编年（第一辑）》，科学出版社 2017 年版，第 206 页。

环境状况、九大高原湖泊水质状况、污染物、污水处理、水土保持状况、水电站生态流量、湿地生态等监测、评价、预测、预报等监督管理工作。生态监测的雏形是环境监管。2017 年 2 月中旬，云南省政府办公厅印发《云南省生态环境监测网络建设工作方案》，全面推进全省生态环境监测网络建设，涵盖全省大气、水、土壤、噪声、辐射等环境要素，以卫星、无人机遥感监测和地面生态监测等为主要技术手段，建设完善自然保护区、森林生态区、石漠化区、生物多样性保护优先区等重点保护区域的生态环境状况监测网络。并建设覆盖了全部州市、重要江河湖泊水功能区、水土流失防治区的水土流失监测网络。生态监测的信息化，极大地推进了污染物、自然保护区、县域生态环境状况、滇池水污染、污水处理、水土保持状况、水电站生态流量、湿地生态等监测、评价、预测、预报等监督管理。①

二是生态治理及修复。生态治理及修复是生态文明建设的重要实践，其重点是保护山水林田湖草生态系统。云南有良好的生态优势，但由于一些不合理的生产生活实践活动，加剧了资源环境承载压力。近年来，云南坚持节约优先、保护优先、自然恢复为主的方针，以九大高原湖泊保护治理、以长江为重点的六大水系保护修复、水源地保护、城市黑臭水体治理、农业农村污染治理、生态保护修复、固体废物污染治理、柴油货车污染治理为重点治理与修复对象，保护水源、森林、湿地自然生态系统，取得了一定成效。② 生态治理及修复是确保生态环境得到切实保护的核心所在，对于进一步推动边疆生态安全治理进程具有现实意义。

三是生态安全宣传及教育。生态安全宣传及教育是生态文明建设的重要内容，主要是通过向全社会大力宣传生态文明建设和绿色发展理念，提升社会公众的生态文明素养，营造推进生态文明建设的良好氛围。近年来，云南省通过创建“绿色学校”“绿色社区”等活动，深入企业、社区、

① 参见周琼、杜香玉《云南生态文明排头兵建设事件编年（第一辑）》，科学出版社 2017 年版，第 233 页。

② 参见周琼、杜香玉《云南生态文明排头兵建设事件编年（第一辑）》，科学出版社 2017 年版，第 240 页。

学校、农村、机关等各部门，采取培训、电视、网络、宣传栏、微信平台、展板、知识竞赛等多种方式，开展形式多样的生态文明宣传与教育活动，并建设生态文明教育基地。2016 年 1 月 17 日，云南省林业厅向中科院昆明动物研究所动物博物馆、普者黑国家湿地公园、景东无量山哀牢山国家级自然保护区、弥渡密祉太极山风景名胜区等 4 家单位颁授“云南省生态文明教育基地”牌匾；2017 年 2 月 10 日，云南省林业厅、省教育厅、共青团云南省委共同授予西南林业大学、昆明市西山林场、东川区汤丹镇小龙潭公园、陆良县花木山林场、临翔区五老山森林公园、永德大雪山国家级自然保护区等 6 家单位“云南省生态文明教育基地”称号并授牌。云南在开展生态文明宣传及教育工作中由政府部门带头整合宣传与教育资源，形成宣传与教育联动机制，宣教方式更为多元化，取得了一定效果。

四是生态安全治理的交流与合作。生态安全治理的交流与合作有利于促进国内外生态安全治理理论与实践的共享、共建、共进。云南地处我国西南边疆，与越南、老挝、缅甸相邻，是面向南亚、东南亚的辐射中心，优越的地理位置决定了云南在生态安全治理的跨国交流与合作中发挥着重要作用。进入 21 世纪，国际之间在生态治理方面的合作与交流更为频繁。2004 年 5 月 14 日，湄公河流域问题提上日程，乱伐森林成为该地区的首要环境问题，湄公河流域的国家（中国、缅甸、越南、老挝、泰国、柬埔寨六国）正在经历着土壤流失、河道淤积、河水污染、生态环境被破坏、生物多样性丧失、有毒有害废物快速积累等严重生态问题，对人类健康造成威胁，使各国深切意识到生态文明合作与交流的重要性。2005 年 10 月 17 日，由国家环境保护总局和云南省人民政府主办的“七彩云南”生物多样性保护国际论坛在春城昆明隆重召开，国内外的专家学者在论坛上就全球的生物多样性保护进行了广泛深入的学术研究和探讨，生物多样性锐减逐渐成为国家关注的重点。2012 年以后，生态文明被作为“五位一体”的重要战略，国内领导、国内外专家学者陆续到云南各地进行考察，并在云南多地举办生态文明相关会议，互相汲取经验和教训。在云南开展的一系列国内外学术研讨会议、考察活动等推进了我国良好生态形象的建立，推动了全球生态安全治理的交流与合作。① 云南生态安全治理的交流与合作，为整合资源，提升科技自主创新能力，提高地方经济发展能力，推进跨区域联动提供了前提条件，也为维护国家和区域生态安全提供了有力的理论支持和技术支撑。

此外，生态安全治理的路径包括生态经济、生态文化、生态法治建设等。党的十八大报告要求，生态文明必须融入经济建设、政治建设、文化建设、社会建设的各方面和全过程。生态文明建设是环境问题、社会问题、政治问题、民生问题的综合体。云南在建设生态文明排头兵的过程中必须以国家政策为导向，结合云南特色建设生态文明，走符合云南省情和我国国情的生态文明可持续发展道路。

一是生态经济。云南生态经济建设主要集中于生态农业、生态旅游、生态茶园、环保产业、生态工业五个方面。云南在生态文明试点创建时，依托当地生态资源，发展适合当地环境、经济、文化的生态产业，实现人与自然之间的和谐相处。2018 年，云南省《政府工作报告》中提出：为培育新动能，云南将全力打造世界一流的“绿色能源”“绿色食品”“健康生活目的地”这“三张牌”，形成几个新的千亿元产业，让绿色成为云南经济高质量发展的基本底色。云南坚持生态与发展两条底线，努力构建以绿色发展为主题、绿色经济为主流、绿色产业为主体、绿色企业为主力的绿色发展新格局，将云南的“三张牌”打出特色、打出品牌、打向全国。②

二是生态文化。云南作为少数民族最多的省份，各民族的优秀传统生态文化为推进云南生态安全治理提供了思想支撑。云南地理环境复杂，民族文化多样，各民族在长期与自然相处的过程中形成了各具特色的优秀传统生态文化。傣族世代相传的保护森林的古训：“没有森林就没有水，没有水就没有田，没有田就没有粮食，没有粮食人就不能生活。”哈尼族民

---

① 参见周琼、杜香玉《云南生态文明排头兵建设事件编年（第一辑）》，科学出版社 2017 年版，第 296 页。

② 《2018 年云南省政府工作报告》，https：//www. yn. gov. cn/zwgk/zfxxgk/zfgzbg/201902/t20190226_ 147536. html（2018 年 2 月 2 日）。

间流传许多关于保护森林的俗语，如："有山就有水，有水就聚人；水来自于山，山靠森林养。""人的命根子是梯田，梯田的命根子是水，水的命根子是森林。""水发源于森林，人依赖于森林。"从生态环境及适应策略来看，生态人类学家尹绍亭认为云南生态文化包括坝区河谷灌溉稻作农耕生态文化、山地梯田灌溉稻作农耕生态文化、山地轮歇农业的生态文化、高原混农牧生态文化等多种类型。多元的生态文化是当地各民族尊重自然、保护自然的过程中凝结而成的中国智慧，云南各民族优秀传统生态文化是中华文化的重要组成部分，对于塑造形成生态安全治理的共识性理念具有现实意义。但随着经济社会的快速发展、外来文化的冲击以及市场利益驱动，传统的生态文化已经难以适应当前面临的种种挑战及问题，亟待转型及重构。

三是生态法治。法治建设为生态安全治理提供了制度保障。近年来，云南省相继制订出台《关于努力成为生态文明建设排头兵的实施意见》《关于努力将云南建设成为中国最美丽省份的指导意见》《云南省生物多样性保护条例》《云南省创建生态文明建设排头兵促进条例》，并先后修订《云南省泸沽湖保护条例》《云南省阳宗海保护条例》，实现了九大高原湖泊保护治理"一湖一条例"。截至 2022 年，云南省制定现行有效的涉及空气、水、土壤、森林、湿地、湖泊、生物多样性保护等生态环境保护的地方性法规 61 件，批准州市生态环境保护地方性法规 49 件，批准民族自治地方环境保护单行条例 119 件。2021 年以来，云南省共查处环境违法案件 4040 起，罚款 4. 92 亿元。此外，云南省还率先成立全国首个"环境公益诉讼救济专项资金账户"，建成全国首个"环境公益诉讼林"示范基地，建立了具有云南特色的"恢复性司法实践+社会化综合治理"机制和"跨部门跨区域协同保护"机制。① 云南通过科学立法、严正执法、公正司法、严格守法的生态法治建设，加快了生态安全治理的法治化进程。

（三）推进云南生态安全治理筑牢西南生态安全屏障

近年来，国家高度重视云南省生态建设与保护，先后在云南组织实施

① 肖世中：《筑牢云南生态文明建设的法治之基》，https：//www. ynrd. gov. cn/html/2022/rendajujiao_ 0411/17265. html（2022 年 4 月 11 日）。

了天然林资源保护、退耕还林、岩溶地区石漠化综合治理、长江防护林体系建设、珠江防护林体系建设等重点林业生态工程，支持云南生态安全屏障建设。① 2016 年 6 月 28 日，《国务院关于同意新增部分县（市、区、旗）纳入国家重点生态功能区的批复》（国函〔2016〕161 号）指出，云南有 21 个县（市、区）被新增纳入国家重点生态功能区。可见，云南在西南生态安全格局中占据着重要地位，其生态屏障的构建、生态保护红线的划定关系着西南乃至国家生态安全，也影响到边境地区的生态安全。近年来，各种生态问题的突发严重危及人们的生产生活、自然生态系统的平衡以及社会经济发展。云南在国家政策指导下，围绕区域环境安全、国家生态安全以及跨境生态安全开展了一系列工作，极大地推动了生态安全治理的进程，有力筑牢了西南生态安全保障。

2011 年 6 月 8 日，《全国主体功能区规划》发布；2014 年 2 月下旬，国家发展改革委、中国气象局等 12 家部委联合印发了《全国生态保护与建设规划（2013—2020 年)》，云南被纳入长江中上游地区和南方山地丘陵区，丰富的自然资源、生物多样聚集以及生态环境脆弱敏感并存的特征决定了云南在边疆生态安全治理中的重要地位及作用。对于云南而言，《全国主体功能区划》《全国生态保护与建设规划（2013—2020)》等的出台，决定了其在维护边疆生态安全中的独特地位，更凸显了云南的区域特色。

云南生态安全治理是构筑西南生态安全屏障的重要路径。2014 年 5 月 14 日，云南省人民政府印发《云南省主体功能区规划》，该规划对未来全省土地空间开发做出总体部署，并根据全省不同区域的资源环境承载能力、现有开发密度和未来发展潜力，划分重点开发区域（即关系全省乃至全国更大范围生态安全，更不适宜进行大规模、高强度工业化和城镇化开发，需要因地制宜地发展不影响主体功能定位的产业，引导超载人口逐步有序转移)、限制开发区域（即保障农产品供给和生态安全的重点区域）和禁止开发区域（即保护自然文化遗产的重要区域，总面积为 7.68 万平

① 《关于支持云南构建西南生态安全屏障的建议”复文（2017 年第 7785 号)》，https：//www.forestry.gov.cn/main/4861/20170908/1025197.html（2017 年 9 月 8 日）。

方千米，占云南省总面积的19.5%，呈斑块状或点状镶嵌在重点开发和限制开发区域中）三类主体功能区，并明确了三类主体功能区的涵盖区域，逐步形成人口、经济、资源环境相协调的空间开发格局，着力构建“三屏两带”① 为主体的生态安全战略格局。②

云南生态安全治理实践主要包括水生态安全、森林生态安全、边境生态安全、划定生态保护红线等方面。在水生态安全治理实践中，高原湖泊作为水生态安全的重点治理对象，在云南生态安全治理的现代化过程中发挥着重要作用，2012年4月1日，国务院下发的《国务院关于印发国家环境保护“十二五”规划的通知》中，抚仙湖成为国家保障和提升水生态安全的重点地区，并将采取相应的治理保护措施，这意味着抚仙湖的治理保护已正式上升至国家生态安全层面。③ 2015年，中国环境科学研究院完成的《抚仙湖生态安全调查与评估研究》报告显示，2010年以来，抚仙湖生态安全指数逐年上升，数值均在85以上，处于安全级别且生态安全有逐渐变好的趋势。④ 2015年年初，经国家林业局专家考察论证和初步审查，晋宁东大河湿地被命名为“云南晋宁南滇池国家湿地公园试点”，成为保护滇池生物多样性、维护水生态安全屏障的重要组成部分。⑤ 在森林生态安全治理实践中，2012年，发布《关于加快森林云南建设构建西南生态安全屏障的意见》。2013年9月27日，保山市委、市政府出台了《保山市人民政府关于进一步加强“两江四路”沿岸沿边生态恢复治理的意见》《保山市人民政府关于加快森林保山建设构建桥头堡生态安全屏障的实施意见》等一系列指导性文件，保障了森林生态安全，推动了边境地区森林生态安

① “三屏”是青藏高原南缘生态屏障、哀牢山—无量山生态屏障、南部边境生态屏障；“两带”是金沙江干热河谷地带、珠江上游喀斯特地带。

② 《〈云南省主体功能区规划〉出台》，http：//dgj.km.gov.cn/c/2014-05-15/1514907.shtml（2014年5月5日）。

③ 杨建华：《抚仙湖治理保护列入国家环保规划》，http：//society.yunnan.cn/html/2012-04/02/content_ 2127647.htm（2012年4月2日）。

④ 李晓兰：《保护治理“三湖”推进生态玉溪建设》，http：//www.yunnan.cn/html/2017-04/21/content_ 4799381.htm（2017年4月21日）。

⑤ 陆敏：《中国避暑休闲百佳县　昆明晋宁县居第二》，http：//m.yunnan.cn/html/2015-08/06/content_ 3852708.htm（2015年8月6日）。

全治理现代化步伐。① 在边境生态安全治理实践中，为加大跨境联合保护及治理力度，最终实现人与自然和谐发展。2009 年，西双版纳林业部门加快了构建中老边境绿色生态安全屏障建设步伐，达成了在中老边境相邻自然保护区间（中国西双版纳尚勇保护区—老挝南塔南木哈保护区）建立面积为 5.4 万公顷的“中老联合保护区域”协定，成功建立首个跨境保护区；2011 年 10 月 21 日，在景洪召开的中老联合保护区域第六次交流年会上，协议的正式签订，标志着中老边境第二个生物多样性联合保护区域建立，进入了实质性的建设阶段，对中老边境生物多样性绿色长廊建设，以及国家生态安全具有十分重要的意义。

生态保护红线是指在自然生态服务功能、环境质量安全、自然资源利用等方面，需要实行严格保护的空间边界与管理限值，维护国家和区域生态安全及经济社会可持续发展，保障人民群众健康的生态环境安全底线。近年来，云南提出建设“森林云南”和构筑中国重要的生物多样性宝库及西南生态安全屏障的战略部署，并启动了包括生态红线保护行动、生态公益林保护行动和森林灾害防控行动、生态补偿等措施。② 2014 年 1 月 15 日，云南划出生态红线，到 2020 年云南森林覆盖率要力争达到并保持在 60%左右。2014 年 4 月，新修订的《环境保护法》首次将生态保护红线写入法律，明确“国家在重点生态功能区、生态环境敏感区和脆弱区等区域划定生态保护红线”③。云南地处长江、澜沧江等六大水系源头或中上游，是东南亚国家和中国南方大部分省区的“水塔”，更是中国乃至世界生物多样性集聚区和物种遗传基因库，具有维护西南生态安全、区域生态安全、跨境生态安全乃至全球生态安全的重要战略地位。云南通过逐渐建立生态保护红线管控办法，初步形成具有云南特色的生态保护空间格局。2016 年 4 月 15 日，云南省环境保护厅颁布了《云南省生态保护红线划定

① 《以生态建设为抓手　森林保山建设成效显著》，http：//www.baoshan.cn/561/2013/09/27/402@60658.htm（2013 年 9 月 27 日）。

② 《云南划生态红线：到 2020 年六成区域都是森林》，http：//www.yn.chinanews.com.cn/pub/html/special/sthx/？pc_hash=uITtcU（2014 年 1 月 16 日）。

③ 董宇虹：《昆明生态红线划定工作 2020 年前完成勘界和落地》，http：//society.yunnan.cn/html/2016-05/08/content_4325902.htm（2016 年 5 月 8 日）。

工作方案》。

此外，由于多样的自然环境和人文环境，云南各地州市结合地域环境特点进一步筑牢西南生态安全屏障。2017 年 5 月 9 日，昭通市召开 2017 年环境保护暨中央环保督察整改工作推进会议，对于维护长江上游生态安全具有重要作用。[①] 2016 年 5 月 13 日，西双版纳州景洪市紧紧围绕国家、省、州关于生态文明建设的决策部署，抓实生物多样性保护工作，加快构建生态保护屏障体系，景洪市坚持把林业工程作为景洪生态屏障的重要依托，全面实施林业工程，抓好天然林保护和退耕还林工程，修复热带雨林生态系统。

近几年，从国家到地方不断加强生态安全治理，构筑生态安全屏障。党的十九届五中全会强调，要推动绿色发展，促进人与自然和谐共生。要坚持绿水青山就是金山银山理念，坚持尊重自然、顺应自然、保护自然，坚持节约优先、保护优先、自然恢复为主，守住自然生态安全边界。2021 年 2 月，云南省"十四五"规划中明确指出，筑牢西南生态安全屏障，包括构建"三屏两带"生态保护红线格局，大力推进金沙江、珠江（南盘江）、元江（红河）、澜沧江（湄公河）、怒江（萨尔温江）、大盈江（伊洛瓦底江）六大水系上下游、干支流、左右岸协同保护治理，持续推进九大高原湖泊保护治理，深入推进重要生态系统保护修复，加强生物多样性保护，健全生态文明体制。[②] 2022 年 5 月，中共云南省委、云南省人民政府印发《云南省生态文明建设排头兵规划（2021—2025 年）》，其中提出：围绕全面构建以生态系统良性循环和环境风险有效防控为重点的生态安全体系，广泛推行基于自然的解决方案，加强生态系统保护修复，强化生物多样性保护和生物安全保障，增强重点区域生态功能，增值生态资产，筑牢国家西南生态安全屏障，保障国土生态安全。

综上，云南生态安全治理在筑牢西南生态安全屏障、维护边疆生态安

① 参见聂孝美、王娟《昭通市召开环境保护暨中央环保督察整改工作推进会》，http：//www. yunnan. cn/html/2017-05/11/content_4821416. htm（2017 年 5 月 11 日）。

② 《云南省人民政府关于印发云南省国民经济和社会发展第十四个五年规划和二〇三五年远景目标纲要的通知》，http：//www. yn. gov. cn/zwgk/zcwj/zxwj/202102/t20210209 _ 217052. html（2021 年 2 月 9 日）。

全、推进边疆生态安全治理体系和治理能力现代化进程中发挥着重要作用。通过全面梳理历史时期云南生态安全治理进程可知，云南生态安全治理的政策、制度、理念等与其他边疆地区乃至腹地并无太大差异。王朝国家时期，边疆地区社会经济开发晚于腹地，直至明清时期云南生态环境变迁，为有效应对生态问题，地方官员逐渐意识到生态环境保护的重要性，开始通过兴修水利、劝民种树等方式治理环境。近代以来，中央与地方开始重视森林保护的重要性，社会各界共同呼吁保护森林，制定了许多关于保护森林的法律法规、管理办法、实施方案等，此一时期更多是以官方为主导对生态环境进行治理。20 世纪 50 年代以来，随着边疆地区资源的大规模开发，在推动地方社会经济发展的同时，也造成了剧烈的生态环境变迁，以政府为主导开展了一系列生态工程；20 世纪 80 年代以来，云南生态安全治理进入快速发展阶段，环境保护事业极大地推动了云南生态安全治理的进程；21 世纪以来，随着国家对生态安全问题的高度重视，明确了云南争当全国生态文明排头兵的定位。这一阶段云南生态安全治理在观念及行动上与中央政府保持高度的协调一致，这种“系统性治理”在边疆生态安全治理中占据着主导地位。

第三章　危机与困局：西双版纳生态安全的演变态势

西双版纳州地处北回归线以南的热带北部边缘，位于中国云南省西南部，与老挝、缅甸接壤，边境线长达966.3千米，[①] 约占云南省边境线总长的四分之一。西双版纳具有独特的地理环境、立体的气候条件、优越的自然资源禀赋，造就了丰富的生物多样性以及多元的民族文化。优越的生态环境使其成为地球北回归线沙漠带上唯一的绿洲，亦是中国热带雨林生态系统保存最完整、最典型、面积最大的地区，也是我国最为重要的生态功能保护区之一，更是全球25个生物多样性保护热点地区之一。独特的区位优势使其成为“一带一路”和“澜沧江—湄公河”合作机制的重要节点和云南面向东南亚辐射中心的前沿地带。近年来，随着工业化、现代化、全球化进程的加快，在推动边疆地区社会经济迅速发展的同时，生态安全问题日渐突出，严重威胁着边疆、区域、跨境乃至国家生态安全。

第一节　20世纪50年代以前西双版纳生态环境

民国以前，西双版纳境内大部分地区处于较为封闭的状态，交通不便，开发较少，森林资源丰富。至民国时期，国民政府制定了一系列边疆

① 《西双版纳州持续推进边疆党建长廊先行示范区建设——强基层党建　固千里边疆》，https://www.yn.gov.cn/ztgg/jdbyyzzsjzydfxfyqj/gcls/yw/202312/t20231201_290935.html（2023年12月10日）。

开发计划及方案，但由于战事频繁，并未得到贯彻落实。西双版纳多数地区仍是封闭状态，未得到大规模开发，生态环境变迁速度缓慢。

一　明清时期西双版纳的生态环境

秦汉至明清以前，西双版纳生态环境尚处在较为原始的状态，生态系统相对稳定、平衡。民国以前的文献记载中较少对西双版纳生态环境进行描述，在众多文献之中，较多的描述是将西双版纳视为“瘴疠之地”。如北魏郦道元在《水经注》中描述“所谓木邦、车里之间，山多瘴疠”[①]。“瘴气”是由于特殊的地理环境导致，地理环境封闭，生态环境较为原始，则是瘴气浓烈的地区。

对于内地人而言，往往是“闻瘴色变”。“历朝元、明、清迭置戍守，裁设无定，论者谓烟瘴剧烈，汉族不能久居。”[②] 元朝时，瘴气成为元军征服滇南的重要阻碍之一，《元史·陈天祥传》记载：“颇知西南远夷之地，重山复岭，陡涧深林……又毒雾烟瘴之气，皆能伤人。”[③] 而且也给清朝统治者加强边疆地区的管控带来障碍。雍正年间，清廷委派流官攸乐同知负责管辖澜沧江以东改土归流后原西双版纳车里宣慰司的大部分地方，然而，因“烟瘴甚盛，水土恶劣，兵丁多致伤损，其存活者亦皆疾病缠绵，筋力疲弱，难以弹压地方”[④]。清乾隆五十七年（1792），“总兵朱射斗查明九龙江[⑤]戍卒瘴故甚多”[⑥]。正是因为受瘴气影响，清朝统治者多次在西双版纳进行驻军、设治和改土归流，但仍旧没有彻底完成改土归流，瘴气影响了清廷对西双版纳的经营，不利的自然环境是历史时期西南边疆经营的巨大障碍。[⑦] 橄榄坝[⑧]曾是重瘴区，严重影响了当地的开发，《滇云历年传》记载：“橄榄

① 邓启华主编：《清代普洱府志选注》，云南大学出版社2007年版，第6页。

② 柯树勋编撰：《普思沿边志略》，普思边行总局1916年版，序。

③ （明）宋濂：《元史》卷168，龙麟、李昳华编，龙麟校注：《光绪普洱府志校注》，德宏民族出版社2022年版，第191页。

④ 苍铭：《清初清廷对西双版纳的经营及烟瘴影响》，《清史研究》2022年第1期。

⑤ 九龙江即澜沧江。

⑥ （清）孙士毅：《绥缅纪事》，引自林超民主编《西南古籍研究（2011）》，云南大学出版社2012年版，第506页。

⑦ 苍铭：《清初清廷对西双版纳的经营及烟瘴影响》，《清史研究》2022年第1期。

⑧ 今属景洪市。

坝地虽肥饶，烟瘴甲于茶山，土人至春夏交，亦必多病，当事委员率工匠至彼经理；城址方定，官役死殆尽，乃废去，而移于攸乐山头……三年不成，官役之死又千余人。”① 当地也流传着“要走橄榄坝，先把婆娘嫁”②的俗谚。因此，“瘴气”的存在成为内地所惧怕的一种自然现象，在一定程度上阻碍了边疆民族地区与内地之间的经济文化交流，但同时也成为保护当地生态环境的一道自然屏障，从而使得当地生态环境得以保持。③

“瘴域”范围的变化往往可以反映生态环境的变迁。清初以来，由于地方政府开发及外来商人增加，西双版纳地区的“瘴气”逐渐减弱。清雍正六年（1728），鄂尔泰的奏章中提道：“查车里地方虽称烟瘴，然闻烟瘴所聚，大率皆密林深管、低洼蒸湿之区。其高敞平阔处，烟瘴即有，亦甚轻，如思茅、猛旺、六茶山以及橄榄坝、九龙江各处，原有微瘴，犹未一若元江府之甚，现在汉民商客往来贸易，并不以为害。”④ 反映了清代以来人为开发程度加深，初步改变了西双版纳地区生态环境面貌。但这种改变并不大，至晚清，瘴气仍旧弥漫在西双版纳境内。如光绪《普洱府志稿》记载：“东自等角、南自思茅以外为猛地及车里、江坝所在，隔里不同，炎热尤甚，瘴疠时侵。”⑤ 良好的生态环境是瘴气一直存在和频繁活动的生态基础，由此反映了此一时期天然森林及生物多样性丰富，原生生态环境完好。

二 民国时期西双版纳的生态安全问题

至民国初期，西双版纳境内生态环境仍旧处于较为原始的状态。民国四年（1915），普思沿边行政总局长柯树勋提道：“普思沿边之十二版纳……烟瘴之毒烈。”⑥ 前面已经提到“瘴气”的存在在一定程度上反映了

① （清）王崧编纂，李春龙校点：《云南备徵志（下）》，云南人民出版社2010年版，第1008—1009页。

② 周琼：《清代云南瘴气与生态变迁研究》，中国社会科学出版社2007年版，第187页。

③ 参见杜香玉《物种引进与生态变迁：20世纪西双版纳橡胶环境史研究》，中国社会科学出版社2022年版，第108页。

④ （清）赵翼：《檐曝杂记》卷3，引自周琼《清代云南瘴气与生态变迁研究》，中国社会科学出版社2007年版，第217页。

⑤ （清）陆宗海修，陈度等纂：《普洱府志稿》，云南省图书馆藏清光绪二十六年（1900）刻本，第3页。

⑥ 柯树勋：《普思沿边志略》，普思边行总局1916年版，自叙。

当地天然植被及生物资源丰富，说明了此一时期的生态环境完好。李拂一在《十二版纳志》中明确提到十二版纳的生态环境状况，“气候温暖，原野肥沃，有广大无垦之森林，无穷尽之矿产，于粮食牲畜，满仓盈野，取之不尽”①。然而，随着国民政府对边疆地区资源的开发，如大力推广种植经济林木，兴建林场、农事试验场等，导致部分原始森林遭到破坏，此时的生态环境问题初步显现。

（一）森林资源安全状况

民国时期，西双版纳森林覆盖率较高。自西双版纳“改土归流”后，云南省建设厅多次指令各县区调查该区域的森林状况，诸县区皆因“面积广阔，大都崇山峻岭，森林密布，居民散处，欲从事调查勘察，非有相当人力，必须之测量器械以及宽裕之时间，难获确切可靠之结果”②。因此，各县区调查上报的森林状况仅是大致范围，并无精确记录。如：民国二十五年（1936），云南省建设厅通令镇越、佛海、南峤各边远县区督民造林以固国防。镇越县长呈报“职县边界各地，森林茂密，竹类亦多。县属地广人稀，面积约1.8万余方里，山地面积约占60%，林木异常茂盛”③。民国二十六年（1937），省建设厅勒令各县区调查森林用地及天然林面积。民国三十四年（1945），车里县呈报云南省建设厅，县境内森林遍布，约占总土地面积70%左右，根据车里县县长江应梁的调查，车里县森林面积“全县除少数平原外多系崇山，山上森林遍布，购占全县面积之百分之七十左右”“秋冬夷民放火烧山，以驱野兽，野火时发，但为害不重”④。

民国三十五年（1946），佛海、南峤两县向云南省建设厅报告森林面积状况，佛海420.02万亩，南峤373.14万亩。⑤ 民国三十五年（1946），

① 李拂一：《车里》，商务印书馆1933年版，第46页。

② 西双版纳傣族自治州林业局编：《西双版纳傣族自治州林业志》，云南民族出版社1998年版，第49页。

③ 西双版纳傣族自治州林业局编：《西双版纳傣族自治州林业志》，云南民族出版社1998年版，第49页。

④ 《云南省建设厅关于核森林状况调查表给车里县长得指令》，1945年11月24日，云南省档案馆藏，档案号：1077-001-08049-029。

⑤ 参见西双版纳傣族自治州林业局编《西双版纳傣族自治州林业志（1978—2005）》，云南民族出版社2011年版，第8页。

车里县长呈报省建设厅："职县地居边区，山高林深，天然森林苍茂遍境，而人口稀少，交通不便，木材任其成长，且少用途。全县除少数平原外，多系崇山，森林遍布，约占全境70%左右，非县内因砍伐过多及侵林为田而致木材不敷，且境内盛产柴树以供炊事，不必赴深山采檜，故树木亦无被推毁之虞。"① 如表1所示，从民国二十六年（1937）至民国三十五年（1946），根据车里县、六顺县、佛海县、南峤县、镇越县的森林用地面积可知西双版纳境内森林非但未遭到大规模破坏，竟有小幅度森林面积增加趋势，这与当时在荒山荒地开展造林、建立林场等密切相关。至民国三十六年（1947），据云南省建设厅内农业改进所统计天然林面积，其中：车里县有16800亩，镇越县21900亩，佛海县57900亩，南峤县101000亩，六顺县29000亩。② 民国三十七年（1948），云南省政府续计年编制的"土地面积核定表"统计：车里县总面积633.15万亩，其中：耕地54.36万亩，森林427.77万亩，牧地18.33万亩，草地42.77万亩，其他89.92万亩；佛海县总面积234.0万亩，森林面积110.0万亩，其他124万亩。③

李拂一在《车里》中详细记载了西双版纳森林面积之状况，"约不下四万平方里，几占十二版纳全境之半。只以地旷人稀，交通梗塞，参天古木，在内地之不易获见者，此则任其枯朽满山，无人取用"④。反映了该地森林覆盖面积广泛，生态环境优越。此外，在一些外来文人墨客眼中，车里"气候温和，山深林密，野兽很多……天然的森林占地很广，虽然没有人测量，但估计森林面积总在全境面积一半以上"⑤。由此，说明了民国时期西双版纳森林覆盖率应该占境内土地的60%以上。

---

① 西双版纳傣族自治州林业局编：《西双版纳傣族自治州林业志（1978—2005）》，云南民族出版社2011年版，第49页。

② 《云南省建设厅农业改进所关于民国三十六年度云南省森林面积报告表》，1948年9月27日，云南省档案馆藏，档案号：1077-001-05412-058。

③ 参见西双版纳傣族自治州林业局编《西双版纳傣族自治州林业志（1978—2005）》，云南民族出版社2011年版，第49页。

④ 李拂一：《车里》，商务印书馆1933年版，第34页。

⑤ 姚和生：《车里水摆夷的自然环境》，《旅行杂志》1943年第17卷第6期。

表1　民国二十六（1937）至三十五年（1946）西双版纳地区森林面积统计表

年份	县	森林地	宜林地
民国二十六年（1937）	车里县	124500.000	200000.000
	六顺县	24124.000	90000.000
	佛海县	63590.980	240000.000
	南峤县	55946.760	250000.000
	镇越县	69401.880	300000.000
民国二十七年（1938）	车里县	124520.000	199980.000
	六顺县	24131.000	89993.000
	佛海县	63599.000	239991.980
	南峤县	55953.760	249993.000
	镇越县	69413.880	299988.000
民国二十八年（1939）	车里县	124537.000	199963.000
	六顺县	24137.000	89987.000
	佛海县	63606.980	239984.000
	南峤县	55960.760	249986.000
	镇越县	69424.880	299977.000
民国二十九年（1940）	车里县	124548.000	199952.000
	六顺县	24140.000	89984.000
	佛海县	63610.980	239980.000
	南峤县	55966.760	249980.000
	镇越县	69433.880	299968.000
民国三十年（1941）	车里县	124557.000	199943.000
	六顺县	24141.500	89982.500
	佛海县	63611.980	239979.900
	南峤县	55971.760	209975.000
	镇越县	69438.880	299963.000

续表

年份	县	森林地	宜林地
民国三十一年（1942）	车里县	124560.000	199940.000
	六顺县	24140.500	89983.500
	佛海县	63670.500	239980.480
	南峤县	55973.760	249973.000
	镇越县	69441.380	299960.500
民国三十二年（1943）	车里县	124562.000	199938.000
	六顺县	24139.000	89985.000
	佛海县	63607.980	239983.000
	南峤县	55975.260	249971.500
	镇越县	69442.380	299959.500
民国三十三年（1944）	车里县	124555.000	199945.000
	六顺县	24137.000	
	佛海县	63602.500	
	南峤县	55934.260	
	镇越县	69443.380	
民国三十四年（1945）	车里县	124559.000	
	六顺县	24139.000	
	佛海县	63603.000	
	南峤县	55971.260	
	镇越县	69444.380	
民国三十五年（1946）	车里县	124568.000	199932.000
	六顺县	24145.000	
	佛海县	63608.000	239982.980
	南峤县	55974.000	210977.000
	镇越县	69449.380	249972.000

资料来源：《云南省建设厅关于云南省各县局森林面积与林木数量调查表》，1944 年 1 月 1 日，云南省档案馆藏，档案号：1058-001-00053-011；《云南省政府统计处关于云南省民国三十五年森林面积估计表》，1947 年 1 月 1 日，云南省档案馆藏，档案号：1058-001-00050-018。

（二）生态环境遭到破坏

西双版纳境内民族众多，傣族多居住于平坝，主要以种植水稻为生；

布朗族、哈尼族、拉祜族等山地民族多居住于山间、山腰以及山顶等处，主要种植旱稻，并辅之狩猎。山地民族为开垦种田，往往会砍伐、焚烧森林，种植几年之后，由于地力减退，便会另寻他处开垦。据《车里》记载："瑶人阿卡（哈尼族）所居皆崇山峻岭，森林尤富，伐木焚山，以植五谷，肥沃无比。三五年后地力减退，则又去而之它也。"① "夷民中有扑蛮（布朗族）、猓黑（拉祜族）、阿卡（哈尼族）三种民族，俱有几分部落性质，其所种之山场每每将整个山林砍倒焚尽开为山谷地，经三年五年后又另开其他森林耕种，将原开地荒废。"② 这种"刀耕火种"的轮歇制生产方式，在一定程度上是有利于生态环境的自我调节和修复的。但这种生产方式在受到人为过度开发、过度干扰时便会超出生态环境承载力，如随着人口增加、土地垦殖范围扩大以及外来经济作物规模化种植，会对生态环境造成破坏。

当地民众因焚烧山林，往往会使森林中的动物受难，如"边民每于秋收之后，纵火焚山，逼兽出走，然后猎取，每每为一麂一鹿之微，而牺牲若干方里之森林，则在所不计"③。此外，当地居民建筑、生产生活所有器具等原料多为木材。如"全供建筑用者，如棒、松、槐、杉、梅等，及竹类、果松，仅磨歇、尚勇一带成林，至竹则到处皆是。为建筑之主要材料，供制馆用者，如柏木和杉。……供制器用者，如棕树"④。民国时期，旅居车里的文人墨客描述当时的生态环境，"大面积的原始森林却很少见。因为山居民族，常常放火烧掉森林，种植五谷。一二年后地的肥力渐减，又去别处烧山，另辟新地，若干年后原来的地上又长成一片森林，地力恢复，他们又来烧掉，此种办法极不经济，不但毁灭树木非常可惜，就是对于土壤的形成和肥力也有不良的影响"⑤。

此外，国民政府在西双版纳境内大规模移民垦荒，并引进推广种植许

① 李拂一：《车里》，商务印书馆 1933 年版，第 35 页。

② 西双版纳傣族自治州林业局编：《西双版纳傣族自治州林业志（1978—2005）》，云南民族出版社 2011 年版，第 87 页。

③ 李拂一：《十二版纳志》，云南人民出版社 2020 年版，第 112 页。

④ 赵思治：《镇越县志》，1938 年手抄油印本。

⑤ 姚和生：《车里水摆夷的自然环境》，《旅行杂志》1943 年第 17 卷第 6 期。

多外来经济作物。民国三十八年（1949），移民农业人口5000户到车里县勐宽坝，并分配给耕地、林地、牧地，其中林地选择一部分山林进行砍伐，改为种植经济林木，[①] 主要是种植桑树、樟树、油桐、木棉等经济林木，逐渐改变了传统农业种植结构，使土地利用方式发生转变，在促进当地社会经济发展的同时，也一定程度上改造了当地自然景观，致使部分原始森林被人工经济林替代，复杂多样的自然生态系统开始向单一的人工生态系统转变。[②]

（三）生态灾害频发

民国时期，经济作物的大规模种植在一定程度上增加了当地民众的经济收入，促进了当地经济发展，但加剧了对原生生态环境的破坏，致使当地生态灾害频发。

烟叶作为一种获利较高的经济作物，其规模种植加剧了病虫害暴发。民国二十二年（1933）十二月，车里因虫害，所种烟苗多遭虫害，根株食尽。[③] 如表2所示，民国二十八年（1939），云南建设厅饬令各县局调查农作物病虫害情况，从车里县虫害调查结果来看，主要是蝗、螟、象鼻虫害。民国三十六年（1947）七月，易武地区出现大量蝗虫（俗称绿蚱蜢），起飞时遮天蔽日，声音骇人，所到之处，农作物、竹叶、树叶瞬息即被吃光，粮食颗粒无收。[④] 清末民国时期，边疆民族地区引进了许多外来物种，本土物种较之新物种更易抗虫害。如稻类属于本土物种，未发生严重水旱灾害，在单一抵抗虫害方面有较高的抵御能力。再如木棉是民国时期引种到车里一带的新物种，相较于木棉，本土物种草棉抵御象鼻虫害的能力显然高于木棉，本土物种相较外来物种更能适应虫害发生，而外来物种一旦遭遇虫害，则无从防御，大量外来物种的引种也加剧了病虫害的暴发。

---

① 参见云南省档案馆编《民国时期西南边疆档案资料汇编·云南卷》第四卷，《车里县政府遍拟〈车里县移民计划书〉（1949.06.01）》，社会科学文献出版社2013年版，第501页。

② 参见杜香玉《物种引进与生态变迁：20世纪西双版纳橡胶环境史研究》，中国社会科学出版社2022年版，第171页。

③ 参见西双版纳州气象局编纂《西双版纳州气象志》，内部资料，2013年，第43页。

④ 参见云南省勐腊县编纂委员会编纂《勐腊县志》，云南人民出版社1994年版，第2页。

表2　　民国二十八年（1939）云南省车里县虫害损失情形调查表

虫害种类	被害作物	被害状态	损失总额（担）
蝗	稻	轻微	无
螟	稻	无	无
象鼻虫	草棉、木棉	专蚀花蕾使棉桃不能成熟	此虫对于草棉危害不大，春木棉遭之几有全数被害之可能
浮尘虫	稻	无	无
蚜虫	豆类、菜类	轻微	无

资料来源：云南省建设厅：《各县局农作物产量及病虫害调查》，档案号：1-1-8，西双版纳傣族自治州档案馆。

民国时期，生态灾害的频发表明原生生态系统失衡危机显现，一定程度上威胁到区域生态安全。清及清以前西双版纳地区有关重大自然灾害的描述甚少，民国以来，自然灾害的记载逐渐增加，这与历史资料的保留多少固然有很大关系，但元明清以来，中央对西双版纳政治、经济、文化的影响逐渐深入，已然表明中央的重视程度；可以明确，民国时期西双版纳自然灾害较之清以前更为频发。根据文献记载，清一代268年间西双版纳洪涝灾害记录共有8次，民国时期到1950年之前的39年中有文献记载的共有9次水灾。① 民国时期自然灾害频发的原因与气候、地形等有密切关系，但更为重要的是这一时期战乱频繁、外来作物引种、汉族移民等人类活动种种影响之下，使得热带雨林面积减少，引发一系列自然灾害。以动物灾害为例，民国十年（1921），“勐混、勐海两地虎豹为患，白昼伤噬行人，在勐海地之黑龙潭、曼袄、曼丹、苏湖吞噬4人；在勐混吞噬69人，牲畜不计其数，普思沿边行政总局第三区行政分局委员李梦弼组织民众、猎虎捕杀，并许愿谁杀死一虎赏银（半开）300元，经合力捕杀4虎3豹后，祸患方止”②。这一则资料说明了虎豹到周边村寨觅食现象频繁，反映了森林中的资源已难以满足虎豹的食物需求，人类更多挤占了生存空间。

① 根据《西双版纳州气象志》《西双版纳州志（上册）》《勐腊县志》《勐海县志》《景洪县志》《勐腊县气象志》《勐海县水利志》《西双版纳傣族自治州水利志》等资料统计所得。

② 云南省勐海县地方志编纂委员会编纂：《勐海县志》，云南人民出版社1997年版，大事记。

如20世纪50年代以来西双版纳频发的象灾，因森林生存空间缩小、食物减少、栖息地不断被挤占、环境承载力有限，导致亚洲象取食习性改变，出现踩踏农田、攻击民众等行为，对当地人的生命财产造成威胁。

此外，民国时期，西双版纳首次出现了一种外来入侵杂草，因为这种杂草从民国成立以后才出现，时人称为“民国草”，这一杂草对于当地生态环境带来危害。其为“一种菊科，本身虽不是经济植物，但能威胁经济植物的生存，他的繁殖力极强，砍不完烧不尽，漫天遍野都给他占住了，别的植物，渐渐受排斥，而不能生存”①。

第二节　20世纪50至90年代西双版纳生态环境

20世纪50至90年代，由于国家战略需要，边疆地区得到大规模开发。尤其是伴随着橡胶的大规模种植、政策性移民，导致人地矛盾愈加突出，极大地增加了当地生态环境承载力度，带来诸多生态环境问题，如原始森林面积减少、区域小气候变化、水资源减少、水土流失等，严重影响西双版纳生态安全，威胁着边疆、区域以及跨境生态安全。

一　森林资源安全状况

自20世纪50至90年代，西双版纳进行过四次较为系统、全面的森林资源调查。

从1959—1963年森林资源情况来看，1959年，全州土地面积2883亩（192.2万公顷），其中有林地1074.6万亩（71.64万公顷），占总面积的37.3%；置林地952.6万亩（63.51万公顷），占33%；无林地537.9万亩（35.86万公顷），占18.7%；非林业用地318万亩（21.2万公顷），占总面积11%。全州森林覆盖率为37.3%，将灌木林统计在内的覆盖率为70.3%。1960年11月，云南省林业厅综合设计院资源调查验证资料记载：全州有林地面积1288.2万亩（85.88万公顷），无林地（灌木林、疏林地、

① 姚和生：《车里水摆夷的自然环境》，《旅行杂志》1943年第17卷第6期。

林中空地等）1216.2 万亩（81.08 万公顷），森林面积 2504.4 万亩（166.96 万公顷），占全州总面积 3750 万亩（250 万公顷）的 66.8%，森林蓄积量 1100 万立方米。1962 年，全省森林资源整理统计，全州有林地面积约 1460 万亩（97.33 万公顷），木蓄积量约 7000 万立方米；同年，省林业厅工作组在勐腊、景洪两县进一步调查核实，两县有竹林约 47 万亩（3.1 万公顷），木材蓄积量约 470 万立方米，竹材 1.52 万株，集中分布在澜沧江和勐养河、南腊河等河流沿岸。1963 年，全省各地、州、市森林面积及林木蓄积分县统计，西双版纳总面积 2248374 公顷，有林地面积 813875 公顷，森林覆盖率为 36.2%，无林地面积 446302 公顷，占总面积的 19.8%；林木总蓄积量 7625.3 万立方来，其中森林蓄积量 7099.0 万立方米，疏林散生木蓄积量 526.3 万立方米。同年以西双版人口 357021 人计算，全州每人平均有森林面积 2.28 公顷，人均占有蓄积量 213.58 立方米，如表 3 所示。[①]

表 3　　1963 年西双版纳州森林面积蓄积量分县统计表

县名	总面积（公顷）	有林地（公顷）	森林覆盖率（%）	总蓄积量（万立方米）	无林地（公顷）
西双版纳	2248374	813875	36.2	7625.3	459302
景洪	743881	252680	34.0	2441.3	142963
勐腊	954497	379870	39.8	3987.5	226706
勐海	549996	181325	33.0	1196.5	89633

资料来源：西双版纳傣族自治州林业局编：《西双版纳傣族自治州林业志（1978—2005）》，云南民族出版社 2011 年版，第 50 页。

从 1973—1975 年的森林资源情况来看，根据农林部关于为落实毛泽东主席“绿化祖国”，实现“大地园林化”的指示，更为制定第五个五年计划提供可靠依据，加强森林资源管理，省林业勘察设计总队第四大队于

① 西双版纳傣族自治州林业局编：《西双版纳傣族自治州林业志（1978—2005）》，云南民族出版社 2011 年版，第 50 页。

1975 年 3—6 月，对西双版纳进行森林资源清查。① 西双版纳土地总面积为 192.2 万公顷，林业用地面积为 171.1 万公顷，占全州土地总面积的 89%，非林业用地 21.1 万公顷，占 11%。在林业用地中：有林地面积 65.2 万公顷，占全州土地总面积的 33.9%，占林业用地面积的 38.1%；疏林地：面积 3.1 万公顷，占全州土地总面积的 1.6%，占林业用地的 1.8%；灌木林地：面积 48.7 万公顷，占土地总面积的 25.3%，占林业用地的 28.5%；新造林地：面积 0.3 万公顷，占土地总面积的 0.2%，占林业用地的 0.2%；无林地：面积 53.8 万公顷，占土地总面积的 28.0%，占林业用地的 31.4%。由此，西双版纳森林覆盖率为 33.9%，居全省第 2 位。若将灌木林计算在内，则森林覆盖率为 59.2%。②

从 1978—1980 年的森林资源情况来看，西双版纳州土地总面积 192.2 万公顷，林业用地面积 171 万公顷，占全州土地总面积的 89%，非林业用地面积 21.2 万公顷，占全州土地总面积的 11%。在林业用地中，有林地面积 56.9 万公顷，占林业用地的 33.3%，占全州土地总面积的 29.6%；灌木林地：面积 50 万公顷，占林业用地的 29.2%，占全州土地总面积的 26%；疏林地：面积 5.4 万公顷，占林业用地的 3.2%，占全州土地总面积的 2.8%；新造林地：面积 1.2 万公顷，占林业用地的 0.7%，占全州土地总面积的 0.6%。全州森林覆盖率下降到 29.6%，如将灌木林地面积计算在内，则全州森林覆盖率为 55.6%。③

从 1993—1995 年的森林资源情况来看，1993 年 8 月，西双版纳州政府和州林业局为制订林业发展规划提供可靠的森林资源统计数据，组织领导开展了全州森林资源二类调查。全州土地总面积为 192 万公顷，其中林业用地面积 160.1 万公顷，占总面积的 83.4%，非林业用地 31.9 万公顷，占总面积的 16.6%。在林业用地中，有林地面积 113.78 万公顷，占林业用

① 参见西双版纳傣族自治州林业局编《西双版纳傣族自治州林业志（1978—2005）》，云南民族出版社 2011 年版，第 50 页。

② 参见西双版纳傣族自治州林业局编《西双版纳傣族自治州林业志（1978—2005）》，云南民族出版社 2011 年版，第 51 页。

③ 参见西双版纳傣族自治州林业局编《西双版纳傣族自治州林业志（1978—2005）》，云南民族出版社 2011 年版，第 52—53 页。

地的71.08%；疏林地面积2.5万公顷，占林业用地的1.59%；灌木林地面积8.48万公顷，占林业用地的5.29%；未成林造林地面积0.096万公顷，占林业用地的0.06%；无林地面积35.18万公顷，占林业用地的21.97%（其中宜林荒山荒地35.1万公顷，占无林地的99.79%；采伐迹地0.06万公顷，占无林地的0.17%；火烧迹地面积0.02万公顷，占无林地的0.04%）；苗圃地面积0.008万公顷，占林业用地的0.01%。在有林地中，用材林面积36.92万公顷，占有林地的32.5%；防护林面积25.74万公顷，占有林地的22.6%；特用林面积24.93万公顷，占有林地的21.9%；薪炭林面积2.39万公顷，占有林地的2.1%；竹林面积9.15万公顷，占有林地的8%；经济林面积14.65万公顷，占有林地的12.9%。全州有林地覆盖率为59.26%。勐海县为46.33%，景洪市为63.76%，勐腊县为64.91%，全州灌木林覆盖率为4.42%。[①]

二　原始森林面积减少

20世纪50至90年代，西双版纳开始大规模建立农场，内地移民大规模迁入，导致当地人口急速增加，生产生活用材增多，不断加大对森林的采伐，且由于山林权属不清，争林地的纠纷日益加剧，乱砍滥伐，盲目开垦，毁林开荒，放火烧山等破坏森林的现象日益严重。如表4所示，1955年原始森林占到70%—80%，1980年森林覆盖率就减少到30%左右，[②] 可见，西双版纳地区的原始森林遭到了破坏，进一步导致当地水资源减少、水土流失加剧，严重威胁到边疆生态安全。

表4　　西双版纳州森林覆盖面积情况统计

年份	原始森林覆盖率	备注
1955	约70—80%	勐腊县在80%以上
1960	66.7%	

① 参见西双版纳傣族自治州林业局编《西双版纳傣族自治州林业志（1978—2005）》，云南民族出版社2011年版，第53页。

② 参见西双版纳林权工作组《西双版纳热带原始森林遭受毁灭性破坏的原因及今后如何恢复发展的调查报告》，1980年7月16日，西双版纳州档案馆藏，档案号：57-1-33。

续表

年份	原始森林覆盖率	备注
1974	57.8%	
1980	30%左右	

资料来源：西双版纳林权工作组：《西双版纳热带原始森林遭受毁灭性破坏的原因及今后如何恢复发展的调查报告》，1980 年 7 月 16 日，西双版纳州档案馆，档案号：57-1-33。

至 20 世纪 80 年代初，西双版纳原始森林遭到进一步破坏，覆被率由 55%降低到 33%，森林覆被减少约 600 万亩。[①] 据云南省森林调查队的调查，1959 年，全州共有森林面积 1074 万多亩，蓄积量为 12800 万立方米；1973 年复查时，森林面积为 789 万亩，蓄积量为 7649 万立方米；森林面积减少了 285 万亩，蓄积量减少 2631 万立方米。西双版纳地区从 1970—1978 年，因毁林开荒、森林火灾、乱砍滥伐等，共消耗森林资源 200 多万亩，平均每年达 22 万亩，许多地方原始森林被毁掉，呈现出一片片的光山秃岭。[②] 1979 年，国家林业局有个报告中提道："小勐养自然保护区 49 万亩，有 15 万亩被付之一炬。"森林火灾有 80%以上是由毁林开荒、开自留地、烧牧场引起的，森林减少主要原因在于毁林开荒、薪炭采伐致使坝区边缘丘陵、低山森林植被被破坏殆尽，破坏了生态平衡系统，影响了环境保护。[③]

据西双版纳州的不完全统计，当地遭受破坏的森林有 220 多万亩，其中自 1970 年以来毁林开荒、垦殖橡胶的达 70 多万亩，而橡胶种植成活的只有 40 多万亩。为了种植橡胶，从外地调进 5 万人，人口迅速猛增，带来了生活问题和燃料问题，在这 5 万人中有 1 万人在开荒种地、砍木烤胶。尤其是低海拔的沟谷热带雨林和丘陵地区的热带季雨林更受到毁灭性的破坏，森林生态环境受到严重干扰和破坏，竹丛侵入，杂草乱生，甚至 1960

① 参见李一鲲《关于云南南部热带亚热带地区开发与保护的几点认识》，1980 年 10 月。转引自农垦部科教局编《农垦系统专家座谈会资料汇编》，第 148 页。

② 参见西双版纳州林业局《西双版纳林业发展规划》，1979 年，西双版纳州档案馆藏，档案号：57-1-23。

③ 参见李一鲲《关于云南南部热带亚热带地区开发与保护的几点认识》，1980 年，西双版纳州档案馆藏，档案号：57-1-34。

年划定的自然保护区也遭到蚕食和破坏，原有的林下植物、珍贵树种日益减少，稀有植物处于灭绝的濒危之中。例如，稀有的热带树木望天树，过去曾有二三百株之多，现在仅残存二十余株。①

从具体的一些案例来看，如勐腊县的勐捧公社至勐仑公社 80 多千米长的公路两侧，原来均是森林，现在除种了少部分的橡胶外，其余均成了荒山；从勐海至打洛 80 多千米长的公路两侧亦是如此。经云南省人民委员会于 1958 年批准建立的勐养、勐仑、勐腊、大腊龙四个自然保护区亦遭到破坏。这四个保护区原有森林面积 858500 亩，因农场毁林种胶，农村毁林种粮，乱砍滥伐，造成自然保护区的面积日益缩小。由于没有建立专门管理机构，农场、社队大规模毁林植胶，毁林开荒，一些单位和个人也擅自进入自然保护区内盗伐树木，乱捕滥猎，致使大勐龙保护区全部被毁，其他三个自然保护区也受到严重破坏。1972 年，云南省科技局对西双版纳州"自然保护区"进行调整，经省革委发〔72〕36 号文件批准，把面积调整为 687000 亩，比原来减少 171500 亩，其中大勐龙保护区 48000 亩森林面积，破坏了 47900 多亩，仅剩下 70 余亩。② 被毁坏的森林主要是用于开荒，如勐仑保护区曼宽河两岸被附近社队毁林开荒，破坏了 38000 多亩；在 1974 年前，勐养农场四分场在勐养保护区边缘安了三个队毁林种胶 300 多亩，在保护区边缘毁林种油茶 2000 多亩，实际仅有 800 亩保存下来；勐养公社老范寨大队 8 个生产队就有 7 个在保护区内毁林开荒，每年毁林面积均在千亩以上。③

从 1961—1978 年，全州森林覆盖率下降 13%，每年破坏森林 20 万亩左右。④ 由于原始森林遭到大规模破坏，致使生态系统失去平衡，在一些

---

① 参见中国科学院第二次植物园工作会议全体代表《中国科学院第二次植物园工作会议代表对在西双版纳毁林种橡胶问题的意见》，1979 年 1 月 7 日，西双版纳州档案馆藏，档案号：57-1-24。

② 参见西双版纳州林业局《西双版纳林业发展规划》，1979 年，西双版纳州档案馆藏，档案号：57-1-23。

③ 参见西双版纳州林业局《西双版纳林业发展规划》，1979 年，西双版纳州档案馆藏，档案号：57-1-23。

④ 中共西双版纳傣族自治州委员会、西双版纳傣族自治州革命委员会：《关于划定山林权的意见（试行草案）》，1979 年 11 月 9 日，西双版纳州档案馆藏，档案号：57-1-23。

地区给当地民众生产生活带来的负面生态效应愈加凸显。如勐海县勐遮公社勐奋大队原有5000多亩保水田，但由于山区的巴达公社毁林开荒破坏了水源，使这个大队水田减少到2000多亩；勐满公社星灿大队大星寨生产队也由于连年毁林开荒造成水源枯绝，使原来400亩保水田下降为80亩；该县芒满水库由于附近毁林开荒造成水土流失，使水库泥沙淤积高达3公尺，蓄水深度由原来的7公尺减少为3.5公尺。①

自1979年《森林法（试行）》得到贯彻执行，根据省、州下达的木材生产年度计划，制定各县年采伐限额，伐木前必须申请采伐许可证，严格控制森林年采伐量，但仍旧存在一系列问题。据1985年的“勐腊县农业区划”记载，20世纪50年代，勐腊县耕地面积只有13万亩，至1985年已增加到29万亩，扩大了一倍以上；50年代初期有森林600万亩，森林覆盖率达60%以上，至1985年减少到380万亩，森林覆盖率随之降到37%。② 1988年，勐龙、基诺、曼洪毁林开荒现象极为突出，景洪县一年中毁林开荒共发生282起，毁林面积4548亩；一些地方乱砍滥伐、盗伐偷运木材现象也较为严重，如普文镇城子村由三个包工头组织采伐集体林出售，办理采伐指标1500立方米，实伐2056立方米，超伐556立方米，大小树木都砍，集体林几乎被砍伐殆尽，三个包工头获利六万多元；又如勐旺个体运输户偷拉、倒卖木材严重，已经查处的就有17车85立方米，甚至嘎洒乡有的农户以盖房为由借口办理采伐证，所砍木料又倒卖给他人，从中牟利，有的以修路为名，趁机砍伐林木出售。③

1995年以来，西双版纳州林区毁林开垦情况有所回升，为有效制止毁林开垦，加强对森林资源的保护，合理开发利用森林资源，促进全州经济发展，州政府发出了西办发〔96〕15号文件《关于在全州开展对轮歇“四荒”转让地状况调查的通知》，并专门成立了领导小组，各市县政府按照通知要求，相继成立了工作组，对全州各乡镇林区毁林开垦情况进行了

① 参见西双版纳州林业局《西双版纳林业发展规划》，1979年，西双版纳州档案馆藏，档案号：57-1-23。

② 勐腊县气象站编纂：《勐腊县气象志》，内部资料，1996年，第34页。

③ 参见西双版纳州林业局《一九八八年上半年工作总结》，1988年7月25日，西双版纳州档案馆藏，档案号：57-4-14。

调查。从调查的情况看，全州共有37个乡镇存在毁林开垦，面积33373亩，其中国有林毁林开垦面积为7652亩，集体林毁林开垦面积为25721亩。①

以全州发生毁林开垦的情况看，1995年至1996年两年内全州毁林开垦情况比较严重。原因有三：一是毁林种植，这是造成毁林开垦上升的主要原因；20世纪90年代以来，由于利益驱使，橡胶、甘蔗等经济林木的经济价值上升，使原来发展种植业的乡镇村寨和个人经济收入提高。二是盲目砍伐；由于基层村干部关于保护森林资源的法律政策意识淡薄，特别是对集体林的保护及开发利用缺乏认识，只顾眼前利益，认为集体林通过集体决定，用于集体利益就可以砍伐，不需要办理审批手续。三是外来盲流人员毁林开垦情况仍较严重；如景洪市勐旺乡大龙山有96户外来盲流人员，仅在1996年1—3月内在国有林区内毁林开垦468亩，严重破坏了森林资源，而且打击了当地民众保护森林资源的积极性，造成毁林开垦的恶性循环。此外，由于西双版纳州部分地区遭受自然灾害，致使粮食减产等原因而导致的毁林开垦，也存在多数民众对林地和荒山的概念理解不清，将低价值林当作荒山开发。②

20世纪90年代，随着原始森林面积减少，西双版纳地区的生态安全问题突出。如勐海县布朗山乡由于受多种原因的影响，全乡部分森林资源遭破坏和被蚕食，野生动物屡遭捕杀等情况较为突出，生态环境进一步恶化。1997年，全乡森林覆盖率已降至58.9%，比五年前下降了6个百分点，部分村寨连水源林、风景林也已砍光、烧光，生产生活条件严重恶化。③

三　区域小气候显著变化

森林植被和气候条件有着极为密切的关系。随着原始森林覆盖面积大幅度下降，不仅破坏了大量的、无法估价的热带珍贵林木，而且影响到气

① 西双版纳州林业公安局：《关于景洪市基诺乡发生两期毁林开垦的紧急报告》，1997年1月2日，西双版纳州档案馆藏，档案号：57-7-9。

② 西双版纳州林业公安局：《关于对全州毁林开垦情况的调查报告》，1996年10月17日，西双版纳州档案馆藏，档案号：57-6-29。

③ 西双版纳州林业局：《布朗山布朗族乡人民政府关于加强生态环境保护，促进经济社会协调发展的请示》，1997年10月8日，西双版纳州档案馆藏，档案号：57-7-16。

候发生显著变化，一定程度上影响了农作物、经济作物的生长。

（一）降雨量显著减少

如表5所示，西双版纳地区不仅降雨量减少，而且雨季缩短，导致旱灾频繁发生。1959—1990年间出现冬旱和严重冬旱共17次，在18次中60年代有7次，70年代有4次，80年代有6次，1978年11月至次年4月，总降水量仅82.8毫米，导致双季早稻干死两万多亩，中稻无水播种，播种后的旱地作物出不了苗。[①] 如1980年，从4月就进入雨季，11—12月不断降雨，从11月进入干季，到次年5月份仍不降雨。因此，导致景洪县冬、春、夏三季连旱，全县持续7个月少雨，降雨量比正常年份减少一半以上，全县作物受灾9.42万亩，绝收2.34万亩。[②]

表5　　西双版纳州年降雨量统计表　　单位：毫米

台站名称	历年平均	最高年	1979年
景洪	1209.3	1514.9	931.0
大勐笼	1455.6	1803.4	1061.5
勐海	1390.2	1547.1	1100.2
勐腊	1535.9	1943.9	1440.4

资料来源：西双版纳州气象局编纂：《西双版纳州气象志》，2013年，内部资料，第100页。

（二）年有雾日逐渐减少

西双版纳地区自古以来便是一个多雾之地，尤其是冬半年（从12月至次年3月），河谷地带、山间坝区经常大雾弥漫，其雾日之多、雾时之长、浓度之大十分罕见。如表6所示，根据西双版纳各气象站监测资料显示，全州多年平均雾日勐腊最多，为130天，景洪最少，为86.9天，勐海、大勐龙居中，分别为120天和124天；全州的雾多是辐射雾，且有80%以上集中在冬半年，尤其是12月和1月两个月多雾，大部分年月平均雾日18—23天，有雾日雾的持续时间为5—7小时。[③] 但从20世纪70年代

---

① 参见云南省勐海县地方志编纂委员会编纂《勐海县志》，云南人民出版社1997年版，第55页。

② 《景洪县志》编纂委员会编纂：《景洪县志》，云南人民出版社2000年版，第64页。

③ 参见西双版纳州气象局编纂《西双版纳州气象志》，内部资料，2013年，第100页。

以来，景洪、勐腊、勐海雾日减少趋势明显，且冬半年各月总雾日和总降雾量也在逐年减少，城镇较农村雾日减少更为明显。“每天有雾的时间也缩短，雾也小了，五十年代的冬春季节，一般是从后半夜起雾，拂晓前雾雨蒙蒙，十二点前见不到太阳，现在很少有雾雨，九十点钟就红日高照。”①

表 6　　西双版纳州年有雾日数统计表　　单位：天

站名	历年平均	最高年	1979 年
景洪	134.4	184	100
大勐笼	122.9	168	114
勐海	126.2	157	110
勐腊	146.4	208	160

资料来源：西双版纳州气象局编纂：《西双版纳州气象志》，内部资料，2013 年，第 100 页。

（三）年平均气温升高

如表 7 所示，根据西双版纳各气象站气象监测资料统计可知，西双版纳地区平均气温逐年升高，气候变暖趋势十分明显。由于气候变得干燥炎热，湿度不够，对农、林、牧、副、渔、橡胶各业生产的生态环境造成严重影响，致使粮食减少，如 1979 年全州粮食减产 5286 万斤。1980 年仍然持续干旱，干热风肆虐，全州旱稻面积较历史最高年减少一半左右，勐海县旱稻历史最高年种植 8 万多亩，1980 年不足 4 万亩，干死 3000 亩；勐腊县勐腊公社旱稻种植历史最高年为 8000 多亩，1980 年栽种了 3000 多亩，干死 700 多亩，其他冬苞谷、冬黄豆、冬花生等冬播作物基本失收，春播作物则是生长不良，有的苞谷点过 4 次，不出苗，或出苗后被干死。②以勐腊县为例，自 20 世纪 60 年代以来，勐腊县城周边植被被大规模破坏，方圆十千米以上的大多数原始森林被砍伐殆尽，地面裸露或更植橡胶树；也是自 20 世纪 60 年代以来，勐腊升温 0.6，勐海为 0.4，普遍性升温为 0.4，局地植被破坏后的升温量为 0.2，如表 8 所示。

① 西双版纳林权工作组：《西双版纳热带原始森林遭受毁灭性破坏的原因及今后如何恢复发展的调查报告》，1980 年 7 月 16 日，西双版纳州档案馆藏，档案号：57-1-33。

② 西双版纳林权工作组：《西双版纳热带原始森林遭受毁灭性破坏的原因及今后如何恢复发展的调查报告》，1980 年 7 月 16 日，西双版纳州档案馆藏，档案号：57-1-33。

表 7　　西双版纳州年夏季平均气温统计表　　单位：℃

台站名	历年平均气温	1979 年平均气温	历年 5 月平均	1979 年 5 月平均	升
景洪	21.7	22.3	25.2	27.7	2.5
大勐笼	21.2	21.3	24.8	26.0	1.2
勐海	18.1	18.4	22.3	22.5	0.2
勐腊	20.9	21.3	24.2	25.3	1.6

资料来源：西双版纳林权工作组：《西双版纳热带原始森林遭受毁灭性破坏的原因及今后如何恢复发展的调查报告》，1980 年 7 月 16 日，西双版纳州档案馆，档案号：57-1-33。

表 8　　勐腊、勐仑年平均气温统计表　　单位：℃

地名＼年份	1961—1965	1966—1970	1971—1975	1976—1980	1981—1985
勐腊	20.9	21.0	21.0	21.3	21.5
勐仑	21.3	21.6	21.5	21.7	21.7

资料来源：勐腊县气象站编纂：《勐腊县气象志》，1996 年，内部资料，第 37 页。

（四）冬季变冷寒害增多

如表 9 所示，尤其是 20 世纪 70 年代，西双版纳地区连续出现 5℃以下低温，这是历史上极其少见的。从 1973 年 12 月 28 日到 1976 年 1 月持续将近三年方止，对于西双版纳州农作物、经济作物、牲畜等造成重大影响。如“勐海县冻死耕牛 107 头，旱稻秧受损严重，金鸡纳 4873 亩全部冻死、茶叶、热带水果冻死一半以上；景洪受灾双季节稻 2590 亩，籽种 10765 斤，甘蔗 300 亩，香蕉 66 亩，冻死牛 251 头，马 1 匹，鹅 3 只，鸡 101 只，鱼 6200 斤；勐腊河中部分小鱼冻死，个别大鱼也被冻死，勐捧 70 余斤的大鱼也被冻死；山谷地带、黑心树、木瓜、香蕉受严重冻害，大勐龙鱼塘的鱼有死亡，大牲畜死 40 多头，猪也有死亡现象”①。

表 9　　1971—1976 年西双版纳州最低温统计表　　单位：℃

台站名	1971 年最低温	1974 年最低温	1976 年最低温
景洪	4.9	2.7	4.3

① 西双版纳州气象局编纂：《西双版纳州气象志》，内部资料，2013 年，第 123 页。

续表

台站名	1971 年最低温	1974 年最低温	1976 年最低温
大勐笼	2.3	-0.5	2.7
勐腊	3	0.5	3.1

资料来源：西双版纳林权工作组：《西双版纳热带原始森林遭受毁灭性破坏的原因及今后如何恢复发展的调查报告》，1980 年 7 月 16 日，西双版纳州档案馆，档案号：57-1-33。

四 水资源减少

20 世纪 70 年代末，西双版纳水资源减少现象频繁，当地开始出现人畜饮水困难，所属河水断流、井水枯涸等现象。西双版纳境内河流流沙河水位，于 1979 年下降到历史最低水平，1980 年则形成断流。西双版纳州委所在地允景洪靠流沙河水发电，被迫断电、断水，许多山区社队跑几千米挑水吃，牲畜吃水要跑得更远，坝区有的社队也要跑一两千米去挑水吃，种植的蔬菜干死。[①] 再如勐海县的大干河、灰塘、新渡口、双水井等村寨，只能勉强维持人畜饮水。此一时期，水资源安全受到严重威胁，其主要因素与森林植被破坏密切相关。

流沙河是澜沧江一级支流，经勐遮、勐混、勐海坝子流入景洪汇入澜沧江，全长 128.7 千米，其中勐海段 90 千米。20 世纪 60 年代前，从发源地到下游两岸绿树成荫，鸟兽成群，河两岸可见猴子跳跃。1996 年以后，乱砍滥伐森林、毁林开荒、刀耕火种比较严重，两岸茂密的森林变成轮歇地和荒草地，水土流失严重，河水流量逐年减少。从流量来看，20 世纪 60 年代年均流量为每秒 22 立方米左右，70 年代降为每秒 16.62 立方米。枯水流量也从 60 年代每秒 0.15 立方米，降至 80 年代的每秒 0.116 立方米，1990 年为每秒 0.071 立方米。从含沙量来看，1964 年每立方米河水含沙 113 克，1970 年为 137 克，1980 年为 160 克，1989 年上升到 230 克。流沙河上游的勐海县曼满水库在 1980—1985 年的 5 年使用期间，沙的淤积量达

① 参见西双版纳林权工作组《西双版纳热带原始森林遭受毁灭性破坏的原因及今后如何恢复发展的调查报告》，1980 年 7 月 16 日，西双版纳州档案馆藏，档案号：57-1-33。

42 万立方米，造成 300 多米长的有压式涵管报废。① 20 世纪 80 年代末，各级政府和林业部门采取措施，加强对流沙河两岸植被的保护。如：勐海县政府在流沙河两岸严禁刀耕火种和种植短期作物，积极开垦植树造林，种植长期经济作物。景洪县地段大部分已种植香蕉和其他经济林木，使两岸植被有所恢复，流量稍有增加，1993 年枯水期流量上升到每秒 0.22 立方米。②

补远江（勐仑段又称南班河），在西双版纳州境内主要支流有勐旺河、普文河、南线河、龙谷河、磨者河和勐醒河。州境内全长 157 千米，集水面积 5258 平方千米，大部分处于多雨地区，流域年均雨量为 1739 毫米，地表多年平均年径流深 764 毫米，多年平均年径流量 57.89 亿立方米。补远江两岸有两段属勐养河、勐仑两个自然保护区。两岸动植物资源丰富，特别是补远寨至象明乡象肃底寨这段极为丰富，具有我国热带山地雨林和沟谷雨林/季雨林/南亚热带常绿栎林和原生纯竹林，石灰岩山热带北缘雨林的植被自然景观和较原始的常绿阔叶林的自然面貌。20 世纪 60 年代后，两岸各族人民大量开垦土地和乱砍滥伐竹木，使森林植被遭到不同程度的破坏，造成水土流失，流量减少。如"补远寨居住在山上，有 1000 多人口，全是山地，没有一亩水田，到处毁林开荒，刀耕火种。虽然村寨附近还保留一片较好的沟谷林，但 1000 多人的生活用水不能满足，只能在半山腰的箐沟中才能背一点水。洗衣服只能等到下地时到较远的江边或箐底。之后因水源枯竭，被迫搬迁"③。

西双版纳州境处于澜沧江下游，州境流程 183.6 千米，贯穿勐海、景洪、勐腊 3 县 10 个乡镇，61 个村寨，2000 多户，10000 余人口。两岸生长着竹林混交林和阔叶林，动植物资源十分丰富。20 世纪 60 年代初，两岸仍是森林茂密，鸟兽成群。1963 年，国务院副总理陈毅元帅到西双版纳州视察

① 西双版纳傣族自治州地方志办公室编纂：《西双版纳傣族自治州志》，新华出版社 2001 年版，第 257 页。

② 西双版纳傣族自治州地方志办公室编纂：《西双版纳傣族自治州志》，新华出版社 2001 年版，第 257 页。

③ 西双版纳傣族自治州地方志办公室编纂：《西双版纳傣族自治州志》，新华出版社 2001 年版，第 258 页。

工作时，乘汽艇游览澜沧江，看到两岸丛山峻岭，树木参天，野猴成群，感慨地说："祖国江山美丽可爱，一定要保护好，不要使它受到破坏。"20世纪60年代末70年代初，两岸森林资源遭到不同程度的破坏。如景洪造纸厂每年要在两岸砍伐竹片达2000吨。据1990年调查，在两岸防护林内开垦种植粮食及短期作物约4.2万亩，使江两岸形成一片片荒山秃岭，植被遭到严重破坏，地表裸露，水土流失，有的地方出现高山无水现象。①

此外，由于工业发展过程中的不合理排放，导致水资源污染现象突出。20世纪80年代，重发展轻生态，在工业发展中不注意治理污染，糖厂、造纸厂、水泥厂、橡胶加工厂排放的污水直接注入澜沧江，使江水水质受到严重损害。同时，乱捕乱猎（包括鱼类）现象也较严重，江河鱼类剧减，严重影响到生物多样性。

五　水土流失严重

20世纪50至90年代，随着橡胶种植区域的大规模扩张，使得西双版纳土地利用方式发生明显转变，原始森林覆盖率降低，致使雨季雨水对于土壤的冲刷更为严重，导致水土流失加剧。自20世纪八九十年代，民营橡胶规模发展以来，受经济利益驱动，部分胶农开始在山高陡坡地种植橡胶。由于橡胶林地较少覆盖其他植被，地面裸露，且橡胶树的保水性较差，西双版纳的雨季降雨强度较大，每当雨季，橡胶林地及其周边极易引起水土流失。如景洪农场"橡胶林地绝大部分是25°以上的丘陵坡地，植胶后几经间作，又随荫蔽度的增大，植被覆盖越来越差，原植胶带面外倾、塌方、水土冲刷流失严重"②。

由于大规模种植经济作物，导致一些地区水源林大量被毁，造成水土流失。如澜沧江周边植被破坏严重，其输沙量逐年增大，20世纪60年代平均输沙量6037万吨，70年代年均输沙量7285万吨，80年代年均上升到

① 参见西双版纳傣族自治州地方志办公室编纂《西双版纳傣族自治州志》，新华出版社2001年版，第257页。

② 《加强割胶技术管理　努力提高经济效益》，1983年，西双版纳州档案馆藏，档案号：98-3-27。

8392万吨。① 再如澜沧江支流流沙河含沙量每年增加了2万吨，曼满水库建成不到6年，泥沙淤满，填死库容；大面积森林生态系统的退化和水土保持能力的减弱导致旱季山泉流量减小，甚至断流，流沙河枯水期平均水位比50年代降低1/3，最小流量减少了1/2。② 西双版纳大于25°的坡地达980万亩，占土地总面积的34.2%，加之降雨强度大，山区森林植被遭破坏后，水土极易流失。通过热带雨林与橡胶林的对比调查表明：热带雨林年流失土量每亩仅4.2公斤，年流失水量99毫米；纯橡胶林年流失土量每亩为179.6公斤，水流失量293毫米；而森林毁坏裸地年流失土量每亩达325公斤，是热带雨林的77.3倍。西双版纳已存在严重水土流失的面积近30万亩，导致河水含沙量增大，水库淤积速度加快。③

根据1998年《应用遥感技术调查西双版纳土壤侵蚀报告》，全州水土流失面积为5028.29平方千米，其中强度、中度水土流失面积1298.47平方千米、轻度水土流失面积3729.82平方千米。全州坡耕地特别是轮歇地占总耕地的比重较大，烧垦现象普遍，不合理的土地利用和耕作方式是植被破坏和水土流失的主要原因。④

六　环境污染问题显现

根据20世纪八九十年代的环境监测显示，西双版纳地区的大气、地面水、噪声等监测结果良好，但饮水、河流水质明显变差。西双版纳州境内污染源主要来自金属采选、建材、制糖、造纸、酿酒、橡胶加工等行业。从年水质评价变化情况看，糖厂和橡胶加工厂附近的河流水质较差，如南腊河，在勐腊水文站有机污染为2级，在下流的勐捧岔河有机污染为4级。1986年西双版纳州环境监测站对全州18个国有重点工矿企业和27个国有

① 参见西双版纳傣族自治州地方志办公室编纂《西双版纳傣族自治州志》，新华出版社2001年版，第257页。

② 参见徐勇《西双版纳生态环境保护与澜沧江下游水能资源开发》，《科技导报》1999年第10期。

③ 参见徐勇《西双版纳生态环境保护与澜沧江下游水能资源开发》，《科技导报》1999年第10期。

④ 参见邓睿《浅议西双版纳的生态环境保护和建设》，《云南环境科学》2004年第S2期。

橡胶加工厂（点）进行污染源调查。1990年，由州建设局乡镇企业局和统计局联合组织调查组，对全州8个酿酒厂、28个砖瓦厂、陶瓷厂、56个橡胶加工厂、1个印染厂、1个化工厂、1个水泥厂和16个茶叶初加工厂，总计7个行业、111个企业进行调查实测，掌握了全乡镇企业主要污染源和"三废"排放情况。[①] 20世纪七八十年代随着工业快速发展导致的环境污染问题逐步显现，主要体现在"三废"排放，严重威胁着区域生态安全。

第一，废水排放导致的环境污染。随着社会经济快速发展，州境内废水排放量逐年增加。1990年，废水排放量为1563万吨，其中工业废水1078万吨，分别比1986年增长287.84%和366.70%；1993年，废水排放量上升到2087万吨，其中工业废水1607万吨，分别比1990年增33.52%和49.07%。[②] 按行业排放情况，制糖业排放量最大。1993年为1318万吨，占全年工业废水排放量总数的82%。根据国家《污水综合排放标准》（GB 8978—88），第一、二类污染物最高允许排放浓度二级标准评价结果，制糖为第一，橡胶加工第二；按区域评价结果，景洪第一，勐海第二，勐腊第三。废水中综合污染指数较高，以有机污染最为严重。[③]

第二，废气排放导致的环境污染。根据州境内工业废气排放情况及历年监测统计，污染物主要是二氧化硫和烟尘，工业废气污染物主要是工业粉尘和氟化物，来自水泥、糖、砖瓦、食品饮料、造纸等行业。废气排放量随着工业的迅速发展而逐步增加。1990年，排放量为4812万标立方米，比1986年的25905万标立方米增加98.8%，1993年上升到111500万标立方米，比1990年增加1倍多。按行业废气排放情况，制糖第一，砖瓦第二。根据国家《大气环境质量标准）（GB 3095—82），食品饮料第三，砖瓦第四。州境内前4名污染行业等标污染负荷为95.39%，工业废气中主要污染物为工业粉尘和二氧化硫，工业粉尘等标污染负荷为61.61%，二

① 参见西双版纳傣族自治州地方志办公室编纂《西双版纳傣族自治州志》，新华出版社2001年版，第271—272页。

② 参见西双版纳傣族自治州地方志办公室编纂《西双版纳傣族自治州志》，新华出版社2001年版，第273—274页。

③ 参见西双版纳傣族自治州地方志办公室编纂《西双版纳傣族自治州志》，新华出版社2001年版，第273页。

氧化硫等标污染负荷为24.62%。[①] 1995年8月，西双版纳州环境监测站对受病害影响的胶园一带的大气环境及胶园内7家机砖窑厂排放的废气进行监测后，认为胶园内机砖窑厂生产产生废气中的氟化物是造成橡胶发生病害的直接原因，这是一起严重的污染事故，该事故发生后，引起各级政府及新闻媒体的关注。[②]

第三，固体废弃物污染。州境内农业生产占主导地位，农业固体废弃物成为广大农村的主要污染物之一，但由于这些废弃物长期以来得到了综合利用，如秸秆焚烧或堆积发酵做料，对环境产生的影响较小。随着工业化、城镇化进程加快，工业固体废弃物和城市垃圾成为主要固体废弃物。工业固体废弃物主要源于糖厂滤泥、选矿业矿渣和水泥渣等。由于工业和乡镇企业的迅速发展，工业固体废弃物的产生量呈增长趋势。1987年产生量为1.58万吨；1990年达到2.19万吨，比1987年增长38.6%；1993年为3.66万吨，比1990年增长67.12%。制糖和选矿业是工业固体废弃物产生的主要源头。糖厂产生的固体废弃物主要是滤泥和炉渣，占总产生量的40%。产生量虽然大，但各糖厂对废弃物进行了综合利用，滤泥作为较好的有机肥料被当地农民用于肥田，炉渣被用于修路和建房，使糖厂的固体废弃物外排量和堆存量降低，既保护了环境又变废为宝。景洪铜矿选矿厂的尾矿在当时一直是主要固体废弃物，其尾矿和选矿废水未经处理直接排入澜沧江，部分排于厂外，对水体和厂区周围环境造成一定污染。随着铜矿源临近枯竭，开采量受到限制，尾矿的产生量也在不断减少，由1987年的0.89万吨降至1990年的0.658万吨。因西双版纳州内工业企业少，且分布较为分散，工业固体废弃物给环境造成的影响较小，但全州工业固体废弃物处理率较低，占35%左右，大部分未经处理直接排放，而且工业企业在不断发展，产生的固体废弃物面广而难治，将会给环境造成较大污染。[③]

---

① 参见西双版纳傣族自治州地方志办公室编纂《西双版纳傣族自治州志》，新华出版社2001年版，第273—274页。

② 《西双版纳年鉴》编辑委员会编：《西双版纳年鉴》（1997），云南科技出版社1997年版，第297页。

③ 参见西双版纳州地方志办公室编纂《西双版纳州志》，新华出版社2001年版，第277—278页。

第三节 21世纪以来西双版纳生态环境

随着经济长期高速发展，人类对生态环境带来的影响，其广度和深度史无前例地扩大。各种累积的环境污染和生态风险进入集中高发阶段，表现为突发性、复合性、累加性生态风险事件高发、频发，如水土流失、土壤退化、生物入侵等，以及粗放式发展带来的工业三废和生活三废、大气污染、水污染、生物多样性锐减等问题依旧严重。① 进入21世纪，西双版纳地区受人口增加、社会经济开发加剧、利益驱动等因素影响，导致人地关系、环境保护与经济发展之间的矛盾愈加突出，多重压力叠加严重威胁着边疆生态安全。

一 热带雨林生态系统破坏

西双版纳地处热带北部边缘，为热带雨林提供了良好的生境，是一个森林植被分布最广、组成最复杂、结构最完整、生物生产量最高的生态系统，又是一个多种生态类型及民族文化类型的区域。② 西双版纳作为我国热带雨林的主要分布地区之一，该区域的热带雨林是维护西南生态安全、跨境生态安全乃至国家生态安全的重要屏障。

21世纪以来，随着橡胶、茶叶等经济作物的单一化、无序化种植，复杂多样的热带雨林生态系统逐渐被单一的经济林生态系统所取代，导致热带雨林面积减少，生态系统严重失衡。2000—2010年间，植被覆盖度总体较高，植被总体趋于改善，但土地利用方式变化极为明显，常绿阔叶林、常绿针叶林转变为乔木园地、灌木园地、人工园地或居住用地。③ 土地利用、土地覆被的变化会通过生境丧失、退化和破碎化对自然生境产生影响。

① 参见车放《生态安全：重在预防 要在管理》，《光明日报》2023年3月29日第16版。

② 参见张佩芳、赫维人、何祥、张军、李益敏《云南西双版纳森林空间变化研究》，《地理学报》1999年第S1期。

③ 参见周岩、刘世梁、谢苗苗等《人类活动干扰下区域植被动态变化——以西双版纳为例》，《生态学报》2021年第2期。

根据《西双版纳傣族自治州森林资源规划设计调查汇总报告》（2016年，第四轮），西双版纳州共有森林面积1544473.6公顷（其中：天然林面积982143.7公顷，人工林面积562329.9公顷），森林覆盖率80.78%（其中：景洪市森林覆盖率为84.99%，勐海县森林覆盖率为66.20%，勐腊县森林覆盖率为88.00%），森林覆盖率提高了2.45个百分点，森林资源十分丰富。[①] 截至2019年，西双版纳自然保护的面积622.8万亩，占全州面积的22.2%，全州森林面积2316.71万亩，森林覆盖率为80.79%。[②] 但此处所统计的森林面积是将橡胶、茶树等经济林包含在内，这些经济作物的大规模种植很大程度上占据了热带雨林的生存空间，降低了本地生态系统应对自然灾害的能力。如2000年橡胶种植面积是209.64万亩，到2016年橡胶种植面积增加到475.35万亩；2000年茶树种植面积是29.25万亩，到2015年增加到100.5万亩。[③]

从景观生态安全变化总体特征来看，高安全区域逐年减少，较高和中等安全区域比例逐年增大，较低安全和低安全区域增加迅速。[④] 反映了西双版纳地区的生态安全问题，随着景观的变化而愈加突出，尤其是原始林被单一经济林替代后的隐性生态安全问题不容忽视。

二 生物物种危机加剧

首先是生物多样性受到严重威胁。西双版纳生态类型丰富多样，是对边疆生态安全、区域生态安全乃至国家生态安全具有重要作用的生物多样性保护生态功能区，但受人口增加、人为过度开发等多种因素影响，环境被破坏，生物多样性受到严重威胁。西双版纳地理环境条件复杂多样，某些物种仅分布于某一狭小区域，过分依赖于特殊的生境，抵抗外界干扰能

① 参见《西双版纳创建国家生态文明建设示范州指标完成情况说明》，西双版纳州生态环境局，2017年。

② 参见《2019年西双版纳州环境状况公报》，西双版纳州生态环境局，2019年。

③ 参见《西双版纳创建国家生态文明建设示范州指标完成情况说明》，西双版纳州生态环境局，2017年。

④ 张卓亚：《西双版纳生态系统格局演变与生态价值响应》，博士学位论文，昆明理工大学，2020年。

力较差，在遇到自然灾害和人为破坏后，极易陷入濒危状态甚至灭绝，尤其是处于边缘地带的生物类群物种分布的边缘地带具有明显的脆弱性。如西双版纳国家级自然保护区被分隔成5片，热带雨林被周边的经济林、农田等所阻隔，导致森林破碎化，妨碍了物种之间的流动，影响到生物多样性保护；还有一些地方传统和部分珍贵、特有的农作物、林木、花卉、畜、禽、鱼等种质资源流失严重，诸多村寨周边的小片热带林（竜林）经过30多年的演化，虽然木本植物的种数变化不大，但物种多样性指数却下降了24%。①

其次是生物入侵严重。随着人类社会经济活动的加剧，外来物种被大量盲目引进，因时代、技术条件所限，并未对其进行风险评估、管理防控，生物入侵日趋严重，威胁着边疆生态安全。从区域分布格局来看，滇西南地区与缅甸、老挝接壤，邻近泰国、越南，生物入侵数量最多、规模最大、种类最为庞杂，西双版纳地区首当其冲。随着经济全球化，外来植物入侵、动物疫情传播风险增加。根据西双版纳州组织开展的外来入侵物种调查资料，全州共发现的外来入侵物种主要有福寿螺、微甘菊、飞机草、紫茎泽兰、椰心叶甲、锈色棕榈象、红火蚁、双钩异翅长蠹等。这些外来入侵物种给当地社会经济发展带来严重损失。如双钩异翅长蠹，2014年5月在勐腊县勐仑安纳塔拉度假酒店室内装饰材料上发现，造成经济损失150万元。②

此外，环境破碎化和岛屿化。随着热带雨林面积的持续缩小，生态环境退化趋势极为明显，生态系统极为脆弱，使得地方性气候与土壤出现变化，多种外来生物入侵西双版纳林区，如紫茎泽兰、飞机草等，导致热带雨林的演替受到阻碍，并出现片段化，一个个残存的热带雨林形成多个孤岛，并产生岛屿效应，致使热带雨林退化速度进一步加快。③2000年以来，由于大面积种植橡胶树、茶树、甘蔗、香蕉等经济作物，逐

① 参见《西双版纳傣族自治州资源环境承载力评价》，西双版纳州生态环境局，2017年。

② 参见《西双版纳创建国家生态文明建设示范州指标完成情况说明》，西双版纳州生态环境局，2017年。

③ 参见吴学灿、段禾祥、杨靖《西双版纳热带雨林保护与修复探讨》，《环境与可持续发展》2020年第5期。

渐扩充蚕食天然林，加剧了对原始森林、热带雨林的砍伐，尤其是橡胶树面积的急速扩张，导致植被覆盖度和物种多样性降低，景观斑块与多样性减少，景观更趋于破碎化和不规则化，最终导致景观生态安全等级的下降。从景观类型面积的动态变化和破碎度来看，天然林面积呈下降趋势，天然林减少 430. 28 公顷，由于受到人为因素的干扰和影响，天然林景观破碎化程度增加较为明显，原本较为完整成片的天然林地被分割得更加分散；水域景观类型面积减少了 460. 57 公顷，破碎化程度总体呈现下降；耕地、建设用地景观类型面积呈现总体增加，耕地增加 3120. 76 公顷，建设用地增加 3089. 84 公顷；2010—2016 年，随着城镇化进程的加快以及经济社会发展对建设用地需求增加，导致部分耕地被分割，耕地景观破碎化程度增加。①

从自然栖息地来看，一方面，由于历史原因，全州各类保护区内分布一定数量的村寨及大量人工林地、原住民的过耕地和道路、水库、引水渠等生产和生活设施，外来物种入侵，导致野生植物栖息地适宜性下降；另一方面，野生动物生存的栖息地大面积消失，生态环境日趋破碎化，适宜的面积逐渐减少，残留的斑块面积缩小且斑块之间距离增大，严重影响了物种之间的繁衍及交流。如历史上西双版纳州印度野牛分布较为广泛，从印度野牛适宜的生态环境分布看，现今很多区域被开发成经济作物地或农耕地，近几十年来，由于区域内橡胶和茶叶价格均有起色，很多适宜栽培的区域被大量地开发，印度野牛的栖息地大面积丧失。②

三　环境污染形势严峻

近年来，从西双版纳环境污染情况来看，主要体现在大气污染、水污染、土壤污染、畜禽粪便污染、农业面源污染、工业污染等方面。在分布区域上，人口集中、产业集聚、城市开发建设强度较高的地区往往是环境

① 参见张卓亚《西双版纳生态系统格局演变与生态价值响应》，博士学位论文，昆明理工大学，2020 年。

② 参见张忠员、杨鸿培、罗爱东《西双版纳印度野牛种群数量、分布和保护现状》，《林业调查规划》2016 年第 2 期。

污染相对严重的区域，如景洪市允景洪街道、嘎洒镇、勐罕镇、景哈乡、勐龙镇等。

在农业污染方面，主要表现为农药、化肥、农膜导致的水质污染。西双版纳州“林权三定”“两山一地”划定时，在水源保护区内划定了耕地、林业等农业用生产用地，保护区内不同程度地种植了橡胶树、茶树、甘蔗、香蕉等经济作物，经济作物中化肥及农药的施用导致饮用水水源地环境和水质面临农业面源污染的威胁。①

畜禽废弃物是西双版纳州农业面源污染的主要来源之一。根据相关调查，近年来，畜禽养殖带来的化学需氧排放量和氨氮排放量呈略微减小的趋势，总磷排放量呈小幅增长的趋势，总氮排放量的变化趋势不稳定。②全州农村散养户畜禽废弃物基本上没有综合利用和污水治理设施，畜禽废弃物污水任意排放现象极为普遍。如大量畜禽废弃物未经处理直接排放到外部环境，渗入地下或进入地表水，使水环境中硝氮、硬度和细菌总数超标，严重影响饮用水源和农业生态安全。③

在大气污染方面，近年来，西双版纳空气质量明显下降，大气污染状况日益严重。④ 根据西双版纳州生态环境局勐腊分局 2017 年 8 月—2020 年 8 月逐日空气质量数据的分析表明，勐腊县大气污染一方面是受到当地建筑施工、交通运输、生物质燃烧和餐饮行业细颗粒物的排放等影响，导致勐腊县空气质量明显下降；另一方面是与老挝西北部及泰国与其相邻区域的物质燃烧有关。⑤ 此外，中国科学院西双版纳热带植物园研究员李庆军首次证实了橡胶的 VOC 排放能力相当强烈，并预测了它将会影响区域乃至

① 参见孙超钰、杨馗、曾品丰《西双版纳州农村水环境保护工作的思考》，《云南环境研究——生态文明建设与环境管理》，云南科技出版社 2019 年版。

② 参见孙超钰、杨馗、曾品丰《西双版纳州农村水环境保护工作的思考》，《云南环境研究——生态文明建设与环境管理》，云南科技出版社 2019 年版。

③ 参见孙超钰、杨馗、曾品丰《西双版纳州农村水环境保护工作的思考》，《云南环境研究——生态文明建设与环境管理》，云南科技出版社 2019 年版。

④ 参见高婷婷、杨秀平《西双版纳州大气污染与气象因子分析》，《皮革制作与环保科技》2020 年第 9 期。

⑤ 参见忽建永、钱雪莹、殷文涛、黄奕《近 3 年西双版纳州勐腊县大气污染基本特征及污染原因分析》，《环境科学学报》2021 年第 11 期。

全球气候变化。土地由热带雨林到橡胶林的转变会给西双版纳地区的生态环境带来不可逆转的改变，造成该地区的大气复合污染。[①] 2020 年，西双版纳州城市空气质量整体下降，景洪市、勐海县、勐腊县城市空气质量优良率分别从 2016 年的 97%、100%、100% 下降至 2020 年的 91.9%、94.2%、90.8%，其中景洪市出现了重污染天气。[②]

在工业污染方面，西双版纳州传统工业污染排放量大。制糖行业是西双版纳州的传统工业之一，也是污染物排放量最大的行业，糖厂是全州主要污染源，制糖行业污水排放量占全州的 80%以上，工业固体废物产生量占全州的 60%以上。[③] 近年来，工矿企业向农村转移现象突出，这些企业多以低技术含量的粗放经营为主，相当一部分企业或明或暗排放污水、废气等，造成农村环境质量下降；还有部分工矿企业开采矿产资源，破坏地表生物的栖息地，而且废弃尾矿在降水作用下，随径流流入水体，造成河流和土壤污染，重金属污染问题除直接影响到农业环境外，还威胁到饮用水安全。[④]

此外，城市人口增加导致新的污染不断加重。城市面临的城市生活污水、生活垃圾、空气质量、噪声等问题突出。2001 年，全州生活污水排放量为 992 万吨，是全州废水排放总量的一半，但处理率却为零。生活垃圾排放量也在逐年增大，垃圾随处倒，构成了城市"脏、乱、差"的主要因素。总体来看，西双版纳州生态安全问题不断凸显，污染源比重逐年上升，环境污染由城市逐步蔓延到农村，传统制胶、制糖等老污染源未得到根治，农村机动车尾气、废气、烟尘、农药、化肥的污染日益突出，澜沧江水环境污染严重等。[⑤]

---

① 参见《橡胶种植影响气候变化研究获新进展》，《世界热带农业信息》2007 年第 12 期。

② 参见《西双版纳傣族自治州"十四五"生态建设与环境保护规划》，https://www.xsbn.gov.cn/hbj/325183.news.detail.dhtml?news_id=2898953（2022 年 6 月 13 日）。

③《西双版纳傣族自治州资源环境承载力评价》，西双版纳州生态环境局提供资料，2017 年。

④ 参见孙超钰、杨馗、曾品丰《西双版纳州农村水环境保护工作的思考》，钟敏主编：《云南环境研究——生态文明建设与环境管理》，云南科技出版社 2019 年版。

⑤ 参见西双版纳政协《澜沧江流域环境污染不容忽视》，《人民政协报》2003 年 3 月 25 日第 B03 版。

四 水资源安全受到威胁

西双版纳州水资源总量丰富，现有的水资源开发利用水平基本可以保障正常的生产、生活、生态用水需求。但由于受投资条件限制，局部地区水利建设缓慢，存在工程性缺水状况。加之全州橡胶种植面积较广，存在不同程度破坏雨林生态系统情况，遇到干旱年，可能会增加人畜饮水难度。此外，根据环保部门关于饮用水源地现状调查报告结果，部分乡镇受经济作物种植影响，已无水源涵养林，或是水源地受农业面源污染影响严重，或有生态退化迹象，水量和水质安全存在较大隐患。加之城乡生活垃圾、污水处理基础设施建设滞后，工业企业污水治理不彻底，农村面源污染加剧等诸多问题仍旧存在，对全州饮用水安全构成了潜在威胁。

首先，由于受经济作物大规模种植的影响，部分乡镇已无水源涵养林，多为单一经济作物，生态环境质量较差，水源涵养功能较弱，水土流失现象突出，水量减少，常出现季节性缺水。近年来，由于单一化、无序化、规模化种植橡胶、茶等群落结构简单、水源涵养功能差的经济林，致使水源林中的天然植被被不断蚕食，遭受严重破坏。据有关研究表明，橡胶林涵养水源的功能仅为天然林的三分之一，胶乳70%以上的成分是水，橡胶树还需要从地下大量吸收水分。① 因此，在西双版纳境内的部分村寨，旱季缺水现象越来越频繁。其次，如橡胶等经济作物往往是采用大水大肥的经营方式，大量使用化肥、农药等，化学药剂残留量增加，随着降雨进入地表水、河流中，加大了水源地的污染，导致水生生物受到影响、水质下降。

此外，流域生态安全问题突出。如，生活污水随意排放威胁到流域生态安全；当前，在西双版纳州大多数村寨已有固定的垃圾投放点，也有专人负责收集垃圾，但受传统生活习惯的影响，仍有很多村民将生活垃圾在村寨周围随意丢弃，有的甚至将垃圾丢入河水或堆放在河流周边。一方面影响了村容村貌，另一方面造成了严重的环境污染，影响了河水水质。

---

① 勐海县政府：《勐海县饮用水水源林建设规划（2019—2025年）》，勐海县人民政府，2018年11月。

五 生态安全总体状况

从生态系统的整体性出发，主要从生态敏感性与生态功能分区对21世纪以来西双版纳生态安全状况进行分析。

首先是生态敏感性。生态敏感性是指一定区域发生生态问题的可能性和程度，用来反映人类活动可能造成的生态后果。[①] 从生态类型来看，西双版纳地区生态环境良好、生物资源丰富的区域生态敏感度越高，生态系统愈加脆弱。从整个区域来看，西双版纳中部地区，特别是勐海中部由于地势平坦，土地开发、利用程度较高，生态敏感度较低；东部地区森林植被资源丰富，除去集镇周边外，其余区域生态敏感度高，西南部的布朗山、勐龙等乡镇及中北部次之。以乡（镇、街道）级行政区为单位，该行政区内生态敏感度级别所占比重最大的值作为该区域生态敏感度评价结论，敏感度越高，其承载力越弱。其中勐旺、易武、勐伴、瑶区、勐腊、尚勇属于极度敏感区，西定、打洛、布朗、勐龙、基诺、象明、关累属于高度敏感区，勐混、勐满、勐往、勐捧、勐仑、勐罕、景讷、景哈、普文、勐养、大渡岗则属于中度敏感区，勐遮、勐阿、勐海、勐宋、格朗和、嘎洒、允景洪街道则属于轻度敏感区。[②]

其次是生态功能分区。生态功能区是根据区域生态系统格局、生态环境敏感性与生态系统服务功能空间分异规律，将区域划分成不同生态功能的地区。[③] 根据《全国生态功能区划》和《云南省生态功能区划》，西双版纳州被划分为1个一级区（生态区）、2个二级区（生态亚区），5个三级区（生态功能区）。其中，一级区（生态区）即季风热带北缘热带雨林生态区，既是热带季节雨林和半常绿季雨林、山地雨林集中分布的区域，也是生物多样性保护的重要地区和典型的生态交错区，同时也是发展橡胶的主要基地之一。二级区（生态亚区）即西双版纳南部低山盆地季雨

① 参见《全国生态功能区划（修编版）》，https：//www.mee.gov.cn/gkml/hbb/bgg/201511/t20151126_317777.htm（2015年11月23日）。

② 参见《西双版纳傣族自治州资源环境承载力评价》，西双版纳州生态环境局，2017年。

③ 《全国生态功能区划（修编版）》，https：//www.mee.gov.cn/gkml/hbb/bgg/201511/t20151126_317777.htm（2015年11月23日）。

林生态亚区和北部中山盆地季雨林生态亚区；南部生态亚区现在只有村寨附近的“竜山”上保存完整，其他大部分地区已开辟为热带作物种植园和农田，该区是云南省发展橡胶的主要基地之一，普遍种植热带经济作物、药用植物和香料植物；北部生态亚区是云南省茶叶的主产区，海拔较低处可种植橡胶等热带作物。三级区（生态功能区）主要是澜沧江下游低山宽谷农业生态功能区、南腊河低山河谷生物多样性保护生态功能区、南拉河和南朗河低山河谷农业生态功能区、澜沧江下游低山宽谷生物多样性保护生态功能区、勐腊江城低山丘陵水土保持生态功能区。[①] 以上三级分区皆根据其生态环境特点进行了功能划分，有利于对当地生态环境进行针对性保护。

从总体上来看，当前西双版纳境内不同生态功能区面临着不同的生态安全问题。首先，勐海县和景洪市南部[②]是全州乃至全省的粮食作物和经济作物主产区。随着社会经济的快速发展，该区域内面临着农田侵占、土壤肥力下降、农业面源污染、抵御自然灾害能力降低等多重挑战。其次，景洪市北部是生物多样性保护生态功能区，生物多样性极为丰富，同时该区域的生态环境也极为敏感，是自然保护区集中分布区域。随着人口急剧增长、人为开发加剧，该区域面临着生物入侵、人为过度干扰等导致的生态环境破碎化和岛屿化、生物多样性减少等多重威胁。此外，勐腊县北部[③]地形复杂，土壤极易冲刷，土壤敏感性较高，存在土壤侵蚀、森林破坏、地表植被退化等生态安全问题。

第四节　西双版纳生态安全问题产生的根源及影响

生态安全问题的产生归根结底是人与自然关系的异化。从生态政治哲学的视角看，人与自然的关系一经形成就必然和人与人的关系以及人与社会的关系相关联，形成“人—自然—社会—人”紧密关联并发生相互影

① 参见《西双版纳傣族自治州资源环境承载力评价》，西双版纳州生态环境局，2017 年。

② 包括勐龙、景哈、勐罕、嘎洒镇。

③ 主要包括象明乡、易武乡。

响、相互作用的关系系统复合体。[①] 西双版纳生态安全问题并非短时间内产生，它是一个动态发展的历史过程，不同历史阶段人类社会活动与生态安全问题的演变之间的耦合关系是一直存在的。

一　生态安全问题产生的根源剖析

当前全球性生态危机的产生，是与人类不合理的生产生活方式以及过度的社会经济开发活动紧密相关的。从表象来看，生态安全问题产生的直接原因是人类不合理的经济开发打破了生态系统的平衡，威胁到人类生存及发展，与政策并无太多的直接联系。但从本质来看，人类的一系列经济开发活动都是在国家政策制度框架之下开展的，是受到政治态度、政府行为、政治决策等因素影响的。环境是 1/10 的科学和 9/10 的政治。[②] 生态政治理论认为生态安全问题是政治的题中应有之意。[③] 国家政府体制和发展模式的选择、大政方针的制定、决策的科学化与民主化、法规政策的实施、社会道德价值的倡导等，都将对生态环境产生直接或间接、或大或小的作用。[④]

20 世纪 80 年代以来橡胶在西双版纳的大规模种植，这是特殊历史背景下的必然选择，但在国家政策从上到下落地时往往会因为利益分配不均而导致人为“过度”开发。尤其是西双版纳林权改革之后，橡胶种植面积迅速扩张。2008 年，《关于全面推进林权制度改革的意见》发布，全国林业资源的治理进入新阶段，其目的是“山有其主，主有其权，权有其责，责有其利”，建立起“产权归属清晰、经营主体到位、责权划分明确、利益保障严格、流转顺畅规范、监督服务有效”的现代林业制度，这一制度的建立旨在顺应市场经济要求，最终实现经济效益、生态效益和社会效益

① 参见方世南《人与自然关系的生态政治哲学意蕴》，《江苏第二师范学院学报》2020 年第 2 期。

② Miller，Noman，*Environmental Politics：Interest Groups，the Media，and the Making of Policy*. Lewis Publishers，2002，p. 65.

③ 参见黄晓云《生态政治理论体系研究》，博士学位论文，华中师范大学，2007 年。

④ 参见王建明《生态环境问题何以成为政治问题——西方生态政治视野》，《江西社会科学》2005 年第 11 期。

“三赢”的局面。但在西双版纳林权改革的实行过程中，该政策执行涉及的利益关系主体包括中央政府、地方政府（当地林业局、林业站等相关部门）、大型林业企业、农户等，其中中央政府的利益目标是实现生态与经济效益统一，地方政府偏向实现地方经济利益最大化、官员政绩最大化，而农民是为了实现家庭利益最大化。因此，中央政府与地方政府之间、地方政府与农户之间的利益是存在博弈的。虽然中央政府有实现生态效益的诉求，但地方政府可能将经济效益放在第一位，新公共管理理论认为，政府实际上是由自私和理性的个体所组成的，在此意义上也可以称为“经济人”。[①] 中央政府与地方政府之间的关系极为复杂，“中国政府行为的一个突出现象是，在执行来自上级部门特别是中央政府的各种指令政策时，基层上下级政府常常共谋策划、暗度陈仓，采取‘上有政策、下有对策’的各种手段，来应付这些政策要求以及随之而来的各种检查，导致了实际执行过程偏离政策初衷的结果”[②]。

虽然农户在改革中能够使自身利益实现最大化，这样会促使农户在改革中持积极、主动的态度。[③] 但是农户在追求自身最大化利益的同时也会与地方政府追求的利益存在一定的矛盾和冲突，会时常出现为了追求自身利益而损害公共利益，又或是违背政策规定。如在“三超”（超海拔 950 米以上、超坡度大于 25 度、超规划区域范围）地区盲目砍伐掉原本的天然植被种植橡胶，这些区域的橡胶生长慢且产胶量低，不仅不会给农户带来丰厚收入，还会造成严重损失。在这一过程中，地方政府为政绩及经济利益考虑，忽视生态，将“三区林”（天保工程区、生态公益林区、自然保护区）也纳入改革范畴，还有一些非三区林，这些林地属于原始森林范畴，并不在天保工程范围内，也并非生态公益林和原始森林保护区，但由于没有三区林那样严格的保护体系，其中的操作空间太大，如果取得采伐

---

① 贺庆鸿：《利益博弈视角下公共政策执行偏差问题研究》，硕士学位论文，西北大学，2008 年。

② 周雪光：《基层政府间的“共谋现象”——一个政府行为的制度逻辑》，《社会学研究》2008 年第 6 期。

③ 刘凯辉：《集体林权制度改革的利益相关者博弈研究——以玛纳斯县为例》，硕士学位论文，新疆农业大学，2012 年。

指标，这些林地是可以买卖和砍伐的。而且改革允许外来非农业资本参与林权竞争，并向外来大投资商给予采伐指标上的倾斜，这些投资商往往会选择种植经济利益大的作物，完全不考虑生态。此外，林木所有权和林地使用权的变化，使橡胶种植地高度集中，农户在荒山、自留山上都种植上了橡胶，这些区域原本是农户种植本土树种铁刀木的，但为了追求经济利益，全都种植了橡胶树。①

由于市场利益驱动，在一定程度上导致了橡胶树的急速扩张，农户在能种植橡胶树的地方都种植上了橡胶树。此外，还有茶树、香蕉、甘蔗等经济作物的种植也存在类似橡胶树的情况。这种无序行为导致热带雨林生态系统遭到严重破坏，进而造成区域小气候显著变化、水资源减少、水土流失严重、生物多样性减少、环境污染等生态安全问题。

这其中所折射出的政治现象既是人与自然之间的关系又是人与人、人与社会之间的复杂关系体现。人与自然之间的矛盾其实质是人类活动与外部环境之间的矛盾。人类经济活动的演进很难规避所带来的生态安全问题，要破解这一难题必须依赖于政府、社会组织以及广大公众，寻找导致生态安全问题的政治根源所在。不仅要针对性制定相应的政策机制，更要动员全社会力量，引导建立新的人与自然、人与人、人与社会之间的关系，构建人与自然生命共同体。人与自然的关系是一种有着深刻价值意蕴、价值诉求、价值目标的价值关系，构建人与自然关系和谐共生、共存、共荣关系，对于切实保障人民生命安全和身体健康，以生态安全促进国家总体安全和人类共同安全，推动人们在探索和遵循自然规律以及社会规律中促进经济社会文化协调持续健康发展等方面，都充分体现了人与自然关系的重大价值诉求。②

二　生态安全问题带来的多重影响

生态安全问题并非单一存在的，而是一个因果链条，具有连锁反应。

① 参见张娜《西双版纳林权改革前后橡胶种植变化及政策影响原因——基于利益博弈视角》，硕士学位论文，云南大学，2015 年。

② 参见方世南《人与自然关系的生态政治哲学意蕴》，《江苏第二师范学院学报》2020 年第 2 期。

生态安全问题如果不能及时解决，会相继引发政治问题、经济问题、文化问题等多种问题，其影响是无法估量的。

首先，西双版纳生态安全问题影响着边疆、跨境、区域乃至国家生态安全。从生态安全理论来看，其与全球生态环境恶化密切相关。人类早期文明进程中，尚无能力对生态环境造成多大影响，此时也就不存在生态环境问题；人类进入农牧文明之后，由于农业经济开发活动的加剧，逐渐出现水土流失、土壤沙化、自然灾害频发等生态问题，部分问题的出现也有自然作用，即使是农业垦殖导致的森林面积减少也并不会严重威胁到生态系统自身的安全。人类对生态环境的影响甚至改变主要是从工业革命开始的。随着科学技术的发展，人类改造自然的能力提高，工业化发展迅速，生态环境问题愈加突出。至20世纪五六十年代以来，全球性的生物物种危机、气候变化、公害事件、自然资源的过度开采等生态安全危机跨越了部门、行业、地区和国家，完全暴露出来。

西双版纳作为我国的边疆地区，与老挝、缅甸接壤，面向南亚、东南亚。西双版纳生态安全的演变进程与云南其他大多数地区乃至腹地并无太大的区别，仅是速度、进程的快慢而已。但西双版纳的生态地位与云南其他大多数地区乃至腹地有很大区别，西双版纳地区地理位置优越、气候类型多样、地形地貌复杂、生物物种丰富，既是中国乃至世界热带雨林分布区域之一，更是中国乃至世界生物多样性热点地区之一。西双版纳生态安全问题的凸显不仅影响着我国边疆生态安全，而且威胁着跨境生态安全，更对区域乃至国家生态安全都有一定影响。

西双版纳生态环境急剧变迁之后，所带来的热带雨林面积减少、生物多样性减少、水源减少、水土污染、区域小气候变化等生态安全问题突出。首先是对西双版纳地区甚至周边区域生态安全造成直接性影响，对全球生态系统的影响则是极小的、轻微的且并未显现。由于西双版纳生态环境变迁造成负面生态效应时，整体生态的变化并不明显，而当整体生态系统遭到破坏时，对于西双版纳生态环境会造成严重影响。因此，西双版纳生态安全问题是造成全球生态危机的原因之一，也是全球生态危机在西双版纳地区的表现，两者之间是一个因果链条，可以相互转化。西双版纳生态安全问题既是造成全球生态恶化的一个因素，也是全球生态恶化的一个结果。区域生态变化造成整体生态变化，整体生态变化也造成了区域生态变化。

其次，西双版纳生态安全问题严重威胁到当地人民的生存及发展。其一，西双版纳州“林权三定”“两山一地”划定时，在水源保护区内划定了耕地、林业等农业用生产用地，保护区内不同程度种植了橡胶树、茶树、甘蔗、香蕉等经济作物，经济作物中的化肥及农药的施用导致饮用水水源地环境和水质面临农业面源污染的威胁。其二，由于西双版纳州的畜禽养殖仍是以散养为主，规模化程度较低，致使畜禽废弃物基本上没有综合利用和污水治理设施，畜禽废弃物污水任意排放现象极为普遍，大量畜禽废弃物未经处理直接排放到外部环境，逐渐渗入地下或进入地表水，使水环境中硝态氮、硬度和细菌总数超标，影响饮用水源和农业生态安全；其三，虽然许多农村都已经建立了垃圾回收点、定期回收垃圾等多种垃圾收集方式，但是随意倾倒在周边树林、河边或就地焚烧的现象仍旧存在，一定程度上造成了土壤、水源、河流污染，不利于社会经济的可持续发展。[①] 此外，近年来，由于橡胶树、茶树、香蕉、甘蔗、砂仁等经济作物的大面积种植导致了本土生态系统退化。如景洪市普文、勐罕、勐龙、景讷乡，勐海县勐满镇、西定乡、勐腊县勐仑、勐捧镇等地区原生态退化、水源涵养和固土功能的降低对水源供给造成不利影响，存在较为严重的饮水安全隐患。再如某些乡村因过度种植橡胶树等经济林木或擅自用经济林业替代水源涵养林，导致水源减少或面临枯竭，出现饮用水危机，不同程度影响到村民整体的安定团结，极易引发社会问题。

此外，西双版纳生态安全问题导致传统优秀生态文化的断裂甚至消失。由于经济利益驱动，西双版纳部分村寨的“竜林”被砍掉种植橡胶树、茶树等经济作物。如勐罕镇曼塘村后曾有一片茂密的“竜林”，村民也一直视之为神圣的禁地，这片神林没能抵挡住人们对经济利益的追逐而

① 孙超钰、杨尬、曾品丰：《西双版纳州农村水环境保护工作的思考》，钟敏主编：《云南环境研究——生态文明建设与环境管理》，云南科技出版社 2019 年版。

被砍伐，原先近 50 亩的“竜林”，现在只剩下 3 亩左右，传统仪式也随之消失。[①] 再如布朗山乡老曼峨村寨因大规模种植茶树导致村寨周边的原始森林面积减少，村寨周边的竜林、风景林遭到严重破坏。[②]

综上，西双版纳地处世界季风热带最北缘，海拔亦处于季风热带上限，因而热量稍显不足，指标值均在临界线上，典型的热带生物珍稀种群不易繁殖，生态一旦遭受破坏，小气候将迅速改变，环境极不易恢复。随着社会经济的快速发展，人类活动对生态与环境的干扰强度越来越大，远远超出了生态环境的承载能力，致使该区域的生态安全受到严重威胁。从西双版纳生态安全的演变进程来看，人类活动与生态安全演变之间的关系高度耦合。基于生态政治理论，国家政策在地方贯彻落实过程中往往会形成中央政府与地方政府、地方政府与民众之间利益关系的博弈。这种博弈带来的不仅仅是威胁区域生态安全，更会影响到当地民众的生存及发展，引发一系列经济、社会、文化等问题，各种问题复杂交织，不利于边疆社会的稳定及发展。目前，西双版纳生态环境变迁进程已经进入一个重要拐点，亟待针对生态安全问题进行有效治理。

---

① 参见杨筑慧《橡胶种植与西双版纳傣族社会文化的变迁——以景洪市勐罕镇为例》，《民族研究》2010 年第 5 期。

② 参见能利娟《老曼峨布朗族的茶与社会文化研究》，硕士学位论文，云南民族大学，2016 年。

第四章　从单一到多元：西双版纳生态安全治理实践

生态安全治理是一项综合、复杂、持续的实践过程。边疆生态安全治理需要服从、服务于国家安全建设格局、方略的顶层制度设计，但边疆地方不同于腹地，单纯依靠于顶层设计容易导致边疆地方生态安全治理的效率和应对的灵活性弱化。这就需要认清“边疆”与“腹地”生态安全治理的差异，根据边疆的特殊性进行因地“治”宜，充分认识到边疆地区应对生态安全问题的治理手段要不同于腹地，腹地生态安全治理相对来说比较单一，边疆则更为复杂、灵活、多元。西双版纳作为边疆地区，其治理实践既具有复杂性、跨域性、外部性等特点，也具有与边疆“腹地”及内地的一般性特征。西双版纳生态安全治理实践按照不同时期的特点可以将其划分为三个阶段：20 世纪 50 年代以前，20 世纪 50 至 90 年代，21 世纪以来。在不同阶段的治理实践进程中，生态安全治理的主体、方式、手段从单一走向多元，推进了边疆治理体系和治理能力的现代化进程。

第一节　20 世纪 50 年代以前西双版纳生态安全治理实践

西双版纳地区民族众多，在长期与自然相处的过程中积累了丰富的保护森林、保护水源的生态治理智慧，这些智慧是生态安全治理的重要实践经验。即使是今天，许多优秀民族传统文化中的生态智慧依旧在西双版纳生态安全治理实践中发挥着重要作用。

一　以民间为主导的传统生态安全治理实践

西双版纳众多民族世代栖居于热带雨林周边，生产生活、宗教信仰、祭祀礼仪、风俗习惯之中蕴含了丰富的生态安全治理观念。在传统社会，西双版纳生态安全治理实践主要是通过当地民族的民间信仰、风俗习惯、乡规民约等得到贯彻落实，民间力量发挥着主导作用。

（一）基于“竜林”文化的传统生态安全治理实践

20 世纪 50 年代以前，西双版纳原始森林覆盖率极高，“竜林”密布，雨量充沛，水源丰富，这主要得益于当地民族优秀传统文化中的生态治理智慧。

西双版纳傣族“竜林”文化大概形成于桑木底时代至 1180 年傣族“景龙金殿国”（即勐泐国）建立之前的勐泐王时代，即公元 3 世纪至公元 11 世纪。① 西双版纳有三十余个大大小小的自然勐，六百多个傣族村寨，每个寨子都有“竜社曼”，即寨神林，“竜林”即寨神（氏族祖先）、勐神（部落祖先）居住的地方，里面的一切动植物、土地、水源是神圣不可侵犯的，即使是风吹落的枯枝落叶或者枝头掉落的果子也不能捡。②“竜林”中的一草一木皆是神物，傣族经典《土司警言》中提道：“不能砍伐竜山的树木，不能在竜山建房。”③ 傣族在建村寨时，往往会选择一片热带雨林作为“竜林”，他们认为竜山上的每一棵树都是灵物，严禁任何人攀爬、砍伐、摘折等，认为既有“林神”，又有“树神”，每棵树上都住着神灵，尤其是年代久远的大树，甚至于砍伐大树时也要进行祭祀，以告知神灵砍

---

① 参见莫国香《西双版纳傣族“竜林”农业文化遗产保护研究》，博士学位论文，南京农业大学，2016 年。

② 参见西双版纳傣族自治州地方志办公室编纂《西双版纳傣族自治州志》（中册），新华出版社 2001 年版，第 329 页；云南省民族学会傣学研究委员会编《傣族生态学学术研讨会论文集》，云南民族出版社 2013 年版，第 495 页。

③ 秦家华，周娅主编：《贝叶文化论集》，云南大学出版社 2004 年版，第 331 页。

树的目的。[①] 西双版纳除傣族村寨周边有“竜林”分布外，布朗族、拉祜族、哈尼族、基诺族等山地民族村寨周边也有与“竜林”同样功能的“神山”“坟山”等分布，“竜林”对于抵御大风、寒流以及防治病虫害都起到一定作用。“竜林”文化反映了当地民族的“人林共生”观念，在很大程度上保护了原始森林，维持了当地生态系统平衡。

在传统社会，西双版纳境内没有蓄水工程，只有饮水工程，全境四十五万亩水稻田靠这些天然森林涵养水源，依赖寨神林、勐神林中流出的溪水河流筑坝挖渠，灌溉水田，弥补“雷响田”栽秧的水分不足。当地傣族认为“没有森林就没有水，没有水就没有水稻，没有水稻就没有粮食，没有粮食就没有人们”[②]，所以他们十分重视保护原始森林，严禁毁坏“竜林”，并且十分重视水资源的合理利用。如景洪坝子戛董乡两百多户、一千多人的曼迈寨人畜饮水及两千多亩水稻田的灌溉，就是依靠山后“寨神林”涵养水源流出的菁水解决，因此，水名“南罕”（即金水河），若新召片领要举行加冕典礼，需派家奴专程挑此菁水到宣慰街为召片领沐浴净身后才能登基继位。[③]

（二）基于乡规民约的传统生态安全治理实践

边疆治理现代化是一种科学过程，也是一种运用多维治理手段的系统性过程，相对于现代化特征更为明显的国家腹地，乡规民约在传统社会特征更为突出的偏远边疆村落社会这一特殊的治理生态之下，其实践空间显然更为广阔。[④]

首先，在传统社会，西双版纳诸多村寨为了更好地保护森林、水源，制定了严格的地方性管理制度。在保护森林方面，西双版纳等地的傣族、

① 参见黄倩、南储芳、暴春辉等《西双版纳傣族自然崇拜的生态价值研究》，《云南农业大学学报》（社会科学版）2017 年第 3 期。

② 李文书：《傣族“龙山林”文化禁忌与边疆生态环境的安全》，《北京师范大学学报》（社会科学版）2008 年第 3 期。

③ 参见高立士《西双版纳傣族传统灌溉与环保研究》，云南人民出版社 2013 年版，第 28 页。

④ 参见吕朝辉《边疆治理现代化进程中的乡规民约探析》，《云南行政学院学报》2017 年第 2 期。

布朗族、基诺族等都制定了属于自己村寨的乡规民约，主要是通过制定诸如禁止砍伐寨神林、坟林、水源林、村寨防火防风林等乡规民约来约束乱砍滥伐行为。这种规定有效地保护了原始森林，维护了当地生态环境。如基诺山及山内各村寨的四至界线非常清楚，村内各氏族及各小户的私有茶园林地也有明显地界，均不得越界砍伐种植；各村社内将森林资源划分为六种林区，即寨神林、坟林、村寨防风防火林、水源林、山梁隔火林、轮歇耕作林；前五个林区不允许刀耕火种，只有轮歇地林区能砍伐耕种，但并非年年可砍，而是有一定的休闲期，休闲期的长短，视森林恢复的情况而定。① 在保护水源方面，如傣族往往依水而居，不仅敬水爱水，也形成了节水用水的习俗，他们把日常生活中的饮水和其他生活用水区分开来，村寨中可以看见用专门的建筑围护起来的饮用水井，也可以看见傣族姑娘舍近求远，背着小竹筐到远处的河边洗衣；他们还制定了禁止在水源头伐木或进行污染性活动的乡规民约，若有违反会受到责罚。② 以上这些不成文的规定充分反映了当地民族淳朴的生态安全治理观念，坚持合理开发及可持续利用自然资源。

其次，在传统社会中，民间规约往往会有严格的火灾防范规定。火灾是西双版纳极为频发的灾害类型之一，一般都是人为引起，为更好防御火灾发生，制定了一套严格的乡规民约。一方面，为防止烧地引发火灾，烧地必先划定界限，清除易燃物，“论民间垦地放火，必先划定范围，并先报明头人，经勘验后，始准防火。凡与垦地相连之草木，在一丈之内，务须划除尽净，使不至于延烧，并伤附近村落”；另一方面，冬春之季为旱季，天气干燥，极易发生火灾，会专门组织人员进行巡查，同时，制定了严格的惩罚措施，“当冬春之际，组织巡查队，于山径之蹊间，负责巡查，如发现野火，而不得防火之人，即处罚该村头目，视其轻重，勒令种树若干”③。

① 参见高立士《西双版纳山区民族历史上的传统生态保护》，《云南民族学院学报》（哲学社会科学版）1999 年第 1 期。

② 参见黄倩、南储芳、暴春辉等《西双版纳傣族自然崇拜的生态价值研究》，《云南农业大学学报》（社会科学版）2017 年第 3 期。

③ 云南省立昆华民众教育馆：《云南边地问题研究》（下卷），云南省立昆华民众教育馆 1933 年版，第 76 页。

（三）基于民间信仰的传统生态安全治理实践

民间信仰中蕴含的生态安全治理理念主要通过祭祀的方式得以体现。西双版纳地区的许多民族依山傍水，所以靠山吃山、靠水吃水，形成了山水崇拜，表现了他们对自然环境的强烈依赖。如傣族称土地为“哺领”，其中“哺”为水，“领”为土，将水置于土前，这主要是因为傣族在长期的生产生活中逐渐认识到“无水之土，植物不能生长；有水之土，才有利用价值”。在傣族人民看来，大地乃万物之母，孕育着人类；土地是人类居住之地，是进行食物生产的根本。当地许多民族认为“万物有灵”，往往会通过祭家神、寨神、勐神、林神、树神、水神、谷神等，以祈求“风调雨顺、人畜兴旺、五谷丰登、寨兴勐兴、百病远离、祸害不挨”。在西双版纳的特定自然条件下，他们的信仰总是与“林—水—田—粮—人”密切相关。①

历史时期车里（今景洪）摆夷（今傣族）聚居地区水旱灾害频发，摆夷民众为更好地防御水旱灾害，自古以来便有祭祀水神的惯例，祭祀活动由地方土司主持，当地民众广泛参与。每年生产节令到时，当地首领松列帕兵召（即宣慰使）、议事庭召波乃郎（波郎）就会通知水利官备上一对红鸡、一瓶酒、一串槟榔、八对花蜡条，奠祭“底瓦问”“底瓦拉”众水利神，并乞求底瓦拉诸神灵管好沟水渠坝，使其不倒塌渗漏，水畅流无阻；并祈求神灵在各地普遍降雨，滋润禾苗，求得苗肥秧壮，稻穗饱满，免受旱灾虫害，让各地丰产丰收。② 闷遮来水渠是车里地区五大水渠之一，这条水渠每三年祭祀一次水神，由宣慰使司署议事庭加封的“帕雅板闷”（即级别最高的头人）主持，沟渠附近的村寨共同举办，祭祀时所用的祭品主要由种田户出资。祭祀时，需在渠头杀猪一口，买猪则由种田户缴钱，每种一百纳水田出铜板四个；参与的人员并非所有人，而是每个寨子选派代表，大寨派两名代表参加，小寨派一名代表参加；其中，曼洼村寨

① 参见许再富、段其武、杨云等《西双版纳傣族热带雨林生态文化及成因的探讨》，《广西植物》2010 年第 2 期。

② 参见《民族问题五种丛书》云南省编辑委员会编《西双版纳傣族社会综合调查》（二），云南民族出版社 1984 年版，第 70 页。

因为是帕雅板闷所在地，可以派四名代表参加，由曼真帕雅板闷主持祭祀，祭祀祝词说："三年的祭期到了，现在杀猪献给你，请你保护水沟的水流畅通，使庄稼获得丰收。"① 祭祀水神后的第三天，水利官员顺沟渠逐寨安放分水用的竹筒，分水筒安装完毕，即举行放水仪式；由水利官开锄，然后大伙动手挖开渠口，水即顺渠流入田中；水利官每五天沿沟检查一次，若发现有人透水，有意将分水筒洞口放大者，水利官有权按情节轻重予以罚款。② 这种由土司主导的定期祭祀的行为，通过仪式的权威性、神圣性使各民族共同保护水源及疏浚沟渠，规范及约束了当地民众的日常行为。

此外，西双版纳各民族从建立村寨起，就习惯在村寨路旁、细寺、佛塔旁、江河、水塘旁与各家房前屋后、庭院等地栽种菩提、贝叶、青棕、香樟、槟榔、椰子、菠罗蜜、甜酸角等经济林木。当地民族生产生活中也极为注意人工植树造林。如长期居住在平坝地区的傣族人民，早有在村寨附近的荒地，种植黑心树（铁刀木）做薪炭林和种植竹篷做生产生活用材的传统习惯。傣族建立村寨时，喜欢在坝区生活，很少上山耕种作业。黑心树作薪炭林树种，成长快，燃烧性能优良。主要是采摘野生树籽种，直播在各家各户的开垦荒地里，一般造林后四五年即可从主干离地50—70厘米处，第一次砍伐利用，随后每隔三四年轮伐一次。营造一次铁刀木，可供几代人利用，有的把一片铁刀木林，划为三至四块，每年砍一块，逐年轮伐。③ 这种行为及实践促进了自然资源的可持续利用。

二　以政府为主导的生态安全治理实践

民国时期，国民政府制定了一系列关于造林绿化、护林防火、保护森林、兴修水利的政策措施，西双版纳生态安全治理主体逐渐转变为以官方为主导。此时的治理实践为后期西双版纳生态安全治理的法制化、规划

① 《民族问题五种丛书》云南省编辑委员会编：《西双版纳傣族社会综合调查》（二），云南民族出版社1984年版，第69—70页。

② 《民族问题五种丛书》云南省编辑委员会编：《西双版纳傣族社会综合调查》（二），云南民族出版社1984年版，第70页。

③ 参见西双版纳傣族自治州水利局编《西双版纳傣族自治州水利志》，云南科技出版社2012年版，第104页。

化、科学化奠定了重要基础。

（一）造林绿化

20世纪50年代以前的造林绿化主要包括荒山造林、封山育林等。首先是荒山造林。西双版纳荒山造林，始于东汉时期，此时就开垦栽培茶树，即古六大茶山（今属景洪市的基诺乡和勐腊县的易武、象明）。北宋太平兴国九年（978），“勐泐王国”开始建立村寨，当时勐景洪（黎明之城）建立后，有位长者告诉大家，要在村寨、佛寺旁种植五种树（菩提树、贝叶树、大青树、槟榔树、铁力木）和六种花（莲花、红花、黄姜花、荷花、鸡蛋花、缅桂花）。从那时起，西双版纳各村寨、佛寺、塔旁均种植这五种树和六种花木。南宋时期，建立南糯山古茶园，现存人工栽培型的茶王树。自清中期以来，开始大量发展茶树种植，面积周八百里，有数十万人作茶。①

民国时期，在政府主导下，通过建立林场、农事试验场等制定了诸多造林计划。民国十八年（1929），云南省林务处《全省造林统计表》记载，镇越县5个林场，造林4.3万亩，造林树种有：茶、樟、桑、杂木等。② 民国二十一年（1932），佛海建设局为造林设有苗圃1个，面积4亩，当时正在育植梓、桑、茶、棉（木棉）、棒等苗木。③ 民国二十二年（1933），云南省建设厅指令，先后在佛海、勐混、勐板、景洛成立5个农事实验场、种植84.5亩，试种樟、茶、桐、果木等经济林。④ 同年，六顺县设有苗圃1个，面积4亩，育植桑、茶等苗木；佛海县有苗圆1个，面积15亩，育植茶、棒、有加利、除虫菊等苗木；南峤县有苗圃2个，面积17亩，育植龙

① 参见西双版纳傣族自治州林业局编《西双版纳傣族自治州林业志》，云南民族出版社2011年版，第99页。

② 参见西双版纳傣族自治州林业局编《西双版纳傣族自治州林业志》，云南民族出版社2011年版，第99页。

③ 参见西双版纳傣族自治州林业局编《西双版纳傣族自治州林业志》，云南民族出版社2011年版，第101页。

④ 参见西双版纳傣族自治州林业局编《西双版纳傣族自治州林业志》，云南民族出版社2011年版，第99页。

竹、油桐、麻果、柯松、棒、桑等苗木。① 民国二十一至二十二年（1932—1933），根据全国实业部造林成绩表记载，南峤县造林 300 亩，佛海县造林 800 亩，镇越县造林 100 亩，造林直播种子共计 7929 千克，造林成活树苗 15.4 万株，造林树种有：青松、飞松、水冬瓜、麻栗、梓、桑、茶、樟、木棉等。② 如表 10 所示，民国二十三至二十五年（1934—1936），根据云南省建设厅统计各县造林成绩，六顺县三年内造林 950 亩，佛海县造林 1320 亩，南峤县造林 630 亩，造林的树种有：飞松、麻栗、茶、樟、橡、芭蕉、椿、桐、柯松、平头树、青松、水冬瓜、桑、木棉等，以经济林为主。

表 10　民国二十三至二十五年（1934—1936）云南省建设厅各县造林成绩表

年度	县名	林场个数	造林树种	播种（千克）育苗（株）	造林面积（亩）	成活株数（株）
民国二十三年（1934）	六顺	50	飞松、麻栗	播种 250	600	10080
	佛海	47	茶、樟、橡、芭蕉	育苗 670	520	18920
	南峤	7	麻栗、椿、桐、柯松、平头树	育苗 26300	325	34810
民国二十四年（1935）	六顺	50	飞松、麻栗	播种 155 育苗 1700	350	18000
	佛海	47	茶、樟、橡、芭蕉	育苗 15000	320	13700
	南峤	7	麻栗、椿、桐、柯松、平头树	播种 90 育苗 27000	215	23000
民国二十五年（1936）	南峤	8	青松、水冬瓜、麻栗	播种 28 育苗 10000	90	27000
	佛海	47	茶、樟、桑、木棉	播种 25	480	86000
	镇越	5	飞松、樟、茶、桑、杂木		100	6000

资料来源：西双版纳傣族自治州林业局编：《西双版纳傣族自治州林业志》，云南民族出版社 2011 年版，第 103 页。

① 参见西双版纳傣族自治州林业局编《西双版纳傣族自治州林业志》，云南民族出版社 2011 年版，第 101 页。

② 参见西双版纳傣族自治州林业局编《西双版纳傣族自治州林业志》，云南民族出版社 2011 年版，第 103 页。

民国二十三年（1934），据云南省调查造林场统计表记载，南峤县 8 个林场，造林面积 7000 亩；佛海县 47 个林场，造林面积 5670 亩；镇越县 5 个林场，造林面积 43200 亩，其中造林树种有：茶、樟、桑、松、木冬青与其他杂木。[①] 民国二十五年（1936）7 月，云南省政府命令建设厅分令南峤、佛海诸县保护原有天然森林，并督导人民荒山造林。[②] 民国二十六年（1937）2 月，云南省建设厅催办植桐一案，令车里、镇越、佛海、南桥等县局，采购桐籽 250 千克以上，准备播种植桐。车里县长徐世琦，呈报省厅，已备本地所产之大小桐种各 125 千克。[③] 同年，云南省建设厅令佛海、六顺、车里、镇越、南桥等县长及宁江（今勐海县勐往乡）设置局长，种植香樟一项，既抚军事工业之重要原料品，又系本省南各县所宜，应因地制宜，认真奖励，方能大量栽植。[④] 同年，镇越县于易武镇开辟农事混合试验场，育植桐、樟、三七、杉、竹、合欢、有加利等种子苗木。[⑤] 民国二十七年（1938），云南省务会议决议筹设思普区茶叶试验场，“以谋普洱茶种植制造之改良”；民国二十八年（1939）元旦设南峤第一分场，4 月设南糯山第二分厂，南峤县农场开办于景真，省建设厅拨银 4000 元（半开），种植稻麦及桃梨等果木，又种植金鸡纳树，种子从河口引进；民国二十九年（1940），云南省建设厅训令佛海、镇越、车里、六顺、南峤诸县调查及推广香樟林；同年，佛海县同农业生产合作社垦山荒 130 亩，植桐、茶；同年，佛海县永福农场垦山荒 2040 亩，种植桐子树、樟脑、茶叶、蓖麻；同年，镇越县荒山造林，垦荒 2800 余亩，种桐子树 2000 株，

---

① 参见西双版纳傣族自治州林业局编《西双版纳傣族自治州林业志》，云南民族出版社 2011 年版，第 104 页。

② 参见西双版纳傣族自治州林业局编《西双版纳傣族自治州林业志》，云南民族出版社 2011 年版，第 6 页。

③ 参见西双版纳傣族自治州林业局编《西双版纳傣族自治州林业志》，云南民族出版社 2011 年版，第 100 页。

④ 参见西双版纳傣族自治州林业局编《西双版纳傣族自治州林业志》，云南民族出版社 2011 年版，第 99 页。

⑤ 参见西双版纳傣族自治州林业局编《西双版纳傣族自治州林业志》，云南民族出版社 2011 年版，第 8 页。

种茶约3000株，已开荒地17亩。[①] 民国三十四年（1945），车里县示范农场苗圃，面积10亩，播种木棉，育苗6000亩。[②]

民国三十三年（1944），云南省民政厅边疆行政设计委员会编纂《思普沿边开发方案》，统计辖境宜农林荒地计468万亩。[③] 计划通过“招垦”的方式进行荒山造林，国民政府认为“沿边地阔人稀，土民又耕作懒惰，以致地多荒芜，应由各委督饬土弁、叭目召集汉民，认真垦辟，各相土宜，推广种植”[④]。根据该计划，可移垦100万人口，其中包括邻近地区的汉人、华侨、难民、退役军人等。[⑤] 民国三十五年（1946），官方还鼓励其他地区的无土地或贫民移垦，并有相应的奖励政策。[⑥]

其次是封山育林。民国二十五年（1936）9月，镇越县县长于守云呈复云南省建设厅林务处张处长：“奉此，查职县边界各地，动伴、动满及三棵桩一带，大都森林茂盛，竹类亦多，早经督饬各边地头人，认真保护，禁止焚毁砍伐在案。各边地瑶卡夷人，亦多爱护。”11月，佛海县县长李镜茂呈复：“奉此，查县属地广人稀，天然森林弥望皆是，西南与英缅接壤处，人烟尤少，除阿卡、蒲蛮所属山地，间有毁伐森林，以事耕种外，大多绿林密蔽，古树参天，县长到任后，已严令各区长负责督饬阿卡、蒲蛮，不得毁损原有森林以作农地，遵复将原有森林，以固国防等因，转饬各土司兼区长认真限制保护在案。”[⑦] 此外，西双版纳各民族早有

---

① 参见西双版纳傣族自治州林业局编《西双版纳傣族自治州林业志》，云南民族出版社2011年版，第7页。

② 参见西双版纳傣族自治州林业局编《西双版纳傣族自治州林业志》，云南民族出版社2011年版，第101页。

③ 参见西双版纳傣族自治州林业局编《西双版纳傣族自治州林业志》，云南民族出版社2011年版，第8页。

④ 柯树勋编撰：《普思沿边志略》，普思边行总局1916年版。

⑤ 参见云南省档案馆编《民国时期西南边疆档案资料汇编·云南卷》第十六卷《云南省民政厅边疆行政设计委员会拟制〈思普沿边开发方案〉（1944）》，社会科学文献出版社2013年版，第131页。

⑥ 参见云南省档案馆编《民国时期西南边疆档案资料汇编·云南卷》第十七卷《云南省政府秘书处为检送〈思普沿边区建设概论〉函省民政厅（1946.10.28）》，社会科学文献出版社2013年版，第400页。

⑦ 西双版纳傣族自治州林业局编：《西双版纳傣族自治州林业志》，云南民族出版社2011年版，第110页。

封山育林的历史传统习惯。如各村寨的“龙山”“神山”“龙树”和风水林或水源林，历年都制定乡规民约，严加封禁保护。在封禁期限内，任何人不得进山砍伐、放牧、樵采，对集体用材林和薪炭林，也规定有轮伐期限。①

（二）护林防火

民国时期，国民政府开始重视护林防火，尤其是在节日期间严令防火。首先，火把节期间严令防火。西双版纳当地民族有过火把节的风俗习惯，期间容易引发火灾。民国二十五年（1936），“查废历六月二十四日，沿习为火把节，各地人民常以幼树充作火把燃料，自应严为查禁，以资保护，仰叩遵照，迅即布告严禁，以维森林”。镇越县“查（职）县天然林极多，且附郭一带，概属茶菌，对于保护森林，禁放野火，县长极为重视，至废历二月二十四日，火把节，早经布告并督饬各区乡镇长认真查禁在案。各该夷民去令两年，尚无举行火把节之事”②。同年，云南省建设厅给六顺县的训令，令饬：“严禁纵放野火，杜绝森林火灾一案。”③ 其次，清明节期间严令防火。一般在清明节前后，人们扫墓焚烧纸钱容易引起火灾，因此，政府尤为注意清明节前后防范火灾。民国三十七年（1948），镇越县县长杨瑞麟呈，“清明节前后人民扫墓焚烧纸锭切勿酿成火灾，事先督饬所属乡镇组织墓地森林防火队，以杜火源而维森林一案。等因；奉此，遵查（职）县民房均属草屋，且草木盛茂，每年春初即令饬乡保甲长挨户传谕禁止，并饬组织晓时防火队，日夜鸣钟警戒，认真防范，直至春末为止”④。

（三）保护森林

民国时期，国民政府主要通过严令禁止乱砍滥伐、鼓励植树等形式保

---

① 参见西双版纳傣族自治州林业局编《西双版纳傣族自治州林业志》，云南民族出版社 2011 年版，第 110 页。

② 《镇越县政府关于严防火把节破坏森林给云南省建设厅的呈》，1936 年 9 月 1 日，云南省档案馆藏，档案号：1077-001-08058-045。

③ 《六顺县政府关于严防火把节破坏森林给云南省建设厅的呈》，1936 年 8 月 13 日，云南省档案馆藏，档案号：1077-001-08058-034。

④ 《镇越县政府关于组织墓地森林防火队事给云南省建设厅的呈》，1948 年 6 月 5 日，云南省档案馆藏，档案号：1077-001-03840-041。

护森林。首先，严禁乱砍滥伐。民国二十五年（1936），云南省建设厅给镇越县县长训令，要特别注重保护森林，造林尤其需要防范火灾，镇越县县长于守云“查（职）县天然林极多，种类不一，概属公有，向未编设林场及林区，内中第一区各乡尚有多数茶林，均属私有，县长自上年到任后，即注重林务，随时督饬各该乡镇认真保护，严禁私自砍伐，放火烧山，幸少灾害，惟上年有一二私放野火，砍伐树木者，经（县长）薄责后，人民知所警惕，本年并未发生，兹奉发表式，所列各款，与县属情形不同，实难填报，除再令各区乡镇长认真保护外”①。民国二十七年（1938）10月10日，南峤县县长赵焕钊，呈报云南省建设厅划编林场及管理具服历一案，呈述南峤地区“天然森林翁前青葱，抵须取绪砍伐，认真保护”②。

民国三十三年（1944），云南省建设厅训令，饬南峤县县长认真严谨砍伐森林一案，“除分令外合行令仰该县长即遵照并饬属认真遵行以维林政”“遵即录令转饬各乡乡长饬属，认真执行，并布告严禁”③。同年，给镇越县县长训令，饬：“张贴布告，严禁驻军砍伐森林。”④ 同年，云南省建设厅给镇越县县长训令：“查禁伐森林选经通令有案，近据报时有军队士兵砍伐民林情事，殊属不法，兹再重申前令凡嗣后如再有士兵砍伐民林，仰由该当地军警严拿究。”“合行令仰，该县长即使遵照，并饬属认真遵行，以维林政……除录令布告，并分饬保卫队及政警暨各乡镇长等随时注意，严密查究，理合将奉文日期及遵办情形，具文呈请。”⑤ 民国三十六年（1947），查镇越县呈，“造林经费等措困难而森林密茂，但须保护即行……请免等措造林经费以恤民困各情。核尚实在核准准免筹措其原为森

① 《云南省建设厅关于核森林保护调查表给镇越县长的指令》，1936年11月14日，云南省档案馆藏，档案号：1077-001-08061-027。

② 参见西双版纳傣族自治州林业局编《西双版纳傣族自治州林业志》，云南民族出版社2011年版，第79页。

③ 《云南省南峤县政府关于执行保护森林规定给云南省建设厅的呈》，1944年2月1日，云南省档案馆藏，档案号：1077-001-03888-080。

④ 《云南省镇越县政府关于执行保护森林规定给云南省建设厅的呈》，1944年10月16日，云南省档案馆藏，档案号：1077-001-03889-033。

⑤ 《云南省建设厅关于严禁士兵砍伐森林给云南省镇越县长的指令》，1944年7月10日，云南省档案馆藏，档案号：1077-001-03888-111。

林应饬认真管理保护”①。

其次，植树节鼓励植树。民国二十九至三十一年（1940—1942）3月12日，镇越、佛海、南峤各县，为纪念孙中山总理逝世15、16、17周年，分别举行植树活动。是日，镇越县长丁保琛，率领其机关职员与学校师生共315人，义务植树1575株；南峤县县长张励辉，率领其县属机关、学校、团体13个单位，计450人，到南佛蛮长岭公路两旁植树1570株。植树树种有：刺槐、油桐、茶树、松柏、臭椿、有加利、泡桐等经济林木。②民国三十年（1941）3月12日（植树节），镇越县举行植树典礼，县长率机关员工及师生180人，栽松、柏、茶、杂木树900株；6月22日夏至节，南峤县长率机关学校员生、保甲长、警察、驻军2000余人，于南佛公路两旁种下有加利树3000余株。③

（四）兴修水利

兴修水利是传统社会进行灾害治理的重要措施之一。西双版纳在民国以前并没有水利工程，当地民众多是靠天吃饭，自民国以来，由官方主导鼓励西双版纳兴修水利，但收效甚微。

以五福县为例，民国十八年（1929），据调查：南溪河“可以灌田数万亩，曾经呈准招商承办，奈因无人投资，招募垦民，又不容易，遂未举行。继又勘南木河，工程较简，旋因交卸，卒未计划兴工。现在地未加辟，田未复垦，一般农民，已感受灌溉不足之苦，车路通后，垦民源源而来，不为之兴水利其何以便耕农乎？查南溪河距田较远，引入平原，尚须筑堤开渠，估计工程，需费约现金万五千元。至南木河，即只须一二千元耳。现时耕种之田，全赖流沙河之灌溉，而下流未曾疏浚，上流亦无沟洫，当农作时，仅恃自然之利，遇旱则缺乏水源，遇潦则尽成泽国”。因此，“必

① 《镇越县政府关于报职县经济拮据且森林随处茂密但须保护即行有余恳请准予免行筹措经费事宜给云南省建设厅的呈》，1947年7月18日，云南省档案馆藏，档案号：1077-001-08086-061。

② 参见西双版纳傣族自治州林业局编《西双版纳傣族自治州林业志》，云南民族出版社2011年版，第112页。

③ 参见西双版纳傣族自治州林业局编《西双版纳傣族自治州林业志》，云南民族出版社2011年版，第7—8页。

须一面引凿新河，一面开濬旧河，水利既兴，而后所垦之田，不致荒废”[①]。

民国十九年（1930），为预防蝗虫灾害，云南省农矿厅督饬镇越县、车里县、佛海县县长“督率农民除蝗害兴水利”“以清害虫，而利农事，是为至要”。但根据车里县、镇越县、南峤县县长所呈案由，当地并无螟蝗之灾。民国十九年（1930）1月，车里县县长，“查县属数十年来幸无蝗害，至水利一项得天独厚，河流交错，备极优良，奉令前因，除录令转饬地方头目，并督同认真办理外”[②]；10月，镇越县县长，“查（职）县尚无蝗患……遵照转令各保甲严饬农民预防捕治”[③]；12月，佛海县县长称，“(职）属各土司叭目人等遵照，认真预防，各在案，惟查（职）县地居极边，瘴乡温度土质迥异内地，向无螟蝗之灾”[④]。

当地政府官员愈加重视兴修水利对于农业生产的重要性。民国二十二年（1933）5月，镇越县县长邓扶汉呈云南省建设厅厅长，“拟筹筑河堤以兴农田水利事，最关重要”[⑤]。民国三十二年（1943），车里县“境内虽有澜沧江于流沙河两巨流水源，仍未能利用灌溉，缘由地位置过高，两水源极低，夷民不擅堵或利用水车灌溉，以致荒废之天地约占半数以上，计全县共开有水利沟三条，可资灌溉田地一万余亩，其余常年所种之另数农田，无不仰赖雨季时栽种，职甫经到任后，鉴于扶植□[⑥]村粮食增产，为充裕民食基补给抗战粮食之要图，爰派员万严督导各乡于无法利用水源之处增种集粮，以广生产”[⑦]。同年，六顺县县长张士儒，“遵查职县山多田

① 云南省立昆华民众教育馆：《云南边地问题研究（下卷）》，云南省立昆华民众教育馆1933年版，第71页。

② 《车里县长关于办理预防蝗虫振兴水利情形给云南省农矿厅的呈》，1930年1月31日，云南省档案馆藏，档案号：1077-001-04037-014。

③ 《镇越县长关于办理预防蝗虫兴修水利事给云南省农矿厅的呈》，1930年9月15日，云南省档案馆藏，档案号：1077-001-04037-034。

④ 《佛海县长关于办理预防蝗虫兴修水利事给云南省农矿厅的呈》，1930年12月10日，云南省档案馆藏，档案号：1077-001-04037-038。

⑤ 《邓扶起汉（镇越县）关于拟筹筑河坝以兴农田水利给云南省建设厅厅长的函》，1933年6月14日，云南省档案馆藏，档案号：1077-001-02738-055。

⑥ “□”表示此字无法识别。

⑦ 《车里县政府关于报水利情况调查表给云南建设厅的呈》，1943年10月4日，云南省档案馆藏，档案号：1077-001-07381-003。

少，境内河流多行山谷中，沿河大多丛山众林，河岸甚鲜本原加以农夷，仅知土法耕种，水利不行，农具缺乏，奉发第一二三四各表均无从查填，今后同当广为宣导，振兴水利，以资灌溉，而增生产”①。至民国三十六年（1947），镇越县水利协会尚未设置、县水力发电资源无、县灌溉工程与县雨量站未设置。② 可见，此时西双版纳水利工程建设并未得到较大发展。

民国时期，国民政府开展了诸多生态安全治理实践，但由于战乱频仍、社会动荡，许多政策多停留于表面，并未得到真正的贯彻落实，以民间为主的传统生态安全治理仍旧发挥着重要作用。而且政府忽略了西双版纳地区所具有的不同于内地甚至边疆腹地的特性，在当时地方官员的笔下多是以局部来看待整体，如“现有建筑，杂乱拥挤，又无消防之设备，以防火灾，冬春之季，风高物燥，火险时时堪虞，土人炊爨，皆乘天之未明，昼间不敢举火，然而全村灰烬者，犹时有所闻也”③。但实际上，西双版纳多数民众是极为注重环境卫生、护林防火。如傣族素以爱清洁卫生而著称，常于泉水溪沟、江河井旁沐浴洗澡、清洗衣物，亦常打扫庭院，境内各族人民逢年过节或迎接宾客，必打扫室内及庭院卫生；再如很多山地民族在防御火灾方面也有严格的民间规约，这些均是民间传统生态安全治理实践的科学体现。

第二节　20 世纪 50 至 90 年代西双版纳生态安全治理实践

20 世纪 50 年代以来，中共中央、国务院和各级人民政府十分重视西双版纳生态环境保护，西双版纳生态安全治理进入一个新的阶段。1952

① 《六顺县政府关于报送云南省六顺县灌溉田亩调查表暨河湖调查表给云南省建设厅的呈》，1943 年 11 月 7 日，云南省档案馆藏，档案号：1077-001-07418-022。

② 《云南省政府视察室镇越县建设事项视察报告摘要表（关于水利、牲畜等事项）》1947 年 1 月 1 日，云南省档案馆藏，档案号：1077-001-06400-140。

③ 云南省立昆华民众教育馆：《云南边地问题研究（下卷）》，云南省立昆华民众教育馆 1933 年版，第 68 页。

年，西南区军政委员会农林部制定了发展农林生产的方针："普遍加强护林护山，严禁烧山开垦、乱砍滥伐现象，提倡用材节约，积极采种、育苗、植树造林。"① 1955 年 6 月 1—7 日，西双版纳傣族自治州第二届各族人民代表大会第一次会议，通过决议：宣传教育各族人民保护森林。② 1961 年 4 月 14 日，周恩来指出：要保护好森林，如果破坏了森林，将来变成了沙漠，就会成为历史的罪人。③ 1992 年 2 月 14—15 日，全国人大常委会委员长万里在视察西双版纳原始森林后指出，无论如何要把生态环境保护好，在这个基础上搞开发利用，不能为一点眼前利益去破坏森林，破坏生态。④ 在中央政府的广泛关注和重视的前提下，当地政府通过保护森林、造林绿化、资源保护、水利建设、环境治理等实践极大推动了西双版纳生态安全治理进程。

一　保护森林

第一，护林防火。20 世纪 50 至 90 年代，西双版纳地区森林火灾相当频繁，此时的护林防火意识显著增强。护林防火主要是通过预防、扑救等方面开展。预防工作是森林防火的关键。一是加强森林防火宣传教育，这是预防火灾的首要治理手段。宣传方式包括电影宣传、专业会议宣传、发布张贴"森林保护"布告、制作护林宣传牌、印发"林业文选"，散发护林防火宣传单、张贴防火宣传标语、建立永久性水泥宣传碑；宣传内容包括林业法规、政策，以及护林、造林专题、林业知识、通讯等。⑤ 二是做好联防工作。联防是维护跨境生态安全的重要治理手段。西双版纳各县、

---

① 西双版纳傣族自治州林业局编：《西双版纳傣族自治州林业志》，云南民族出版社 2011 年版，第 79 页。

② 西双版纳傣族自治州林业局编：《西双版纳傣族自治州林业志》，云南民族出版社 2011 年版，第 10 页。

③ 西双版纳傣族自治州林业局编：《西双版纳傣族自治州林业志》，云南民族出版社 2011 年版，第 11 页。

④ 西双版纳傣族自治州林业局编：《西双版纳傣族自治州林业志》，云南民族出版社 2011 年版，第 23 页。

⑤ 西双版纳傣族自治州林业局编：《西双版纳傣族自治州林业志》，云南民族出版社 2011 年版，第 82 页。

乡、村寨之间森林相连，全州三县（市）均与老挝、缅甸山水相连、森林相通。1989年，为了防止境外山火，全州加强了对外宣传，积极预防外来火源。勐腊县尚勇乡是与老挝接壤的边境乡，当地政府利用边民探亲访友的机会，宣传山火的危害，提高边民对预防森林火灾的意识，加强联防工作。如老挝坝卡寨，在烧地前，通知尚勇乡村寨，中老双方按规定的时间、地点，做好预防工作，杜绝了外来火源的影响。① 三是护林奖励。坚持“护林有功者奖励”的原则，由政府对护林防火有功的先进单位和个人进行奖励，起到护林防火推动作用。此外，还会严格控制和管理野外火源，有计划地建设森林防火各项基础设施，加强航空护林和武装森林警察等专业队伍的建设，不断提高预防和控制火灾的能力，减少森林火灾的发生。

第二，制止毁林滥伐。20世纪50年代初，西双版纳地区的哈尼、基诺、布朗、拉祜、瑶等山地民族，多以刀耕火种、轮歇游耕的原始农业为主，往往通过砍伐森林进行轮歇耕作。1950—1955年，全州山区人口约10万人，轮歇耕地面积约20万亩，人均轮歇耕地2亩，大部分原始森林属于“竜山竜树”，山区生态环境未遭到大规模破坏。② 20世纪60年代以来，当地政府部门相继出台了一系列保护森林的政策。1963年1月，中共思茅地委发出关于边疆地区应切实注意保护森林的通知，全州毁林开荒面积下降到12.1万亩。1964年，西双版纳州人民委员会要求各地“山区开田开地不能破坏水源林和原始森林，以免影响坝区农业生产的发展”。同年，全州毁林开荒又下降到10.6万亩，又比1963年减少12.4%。③ 1978年9月17日，《人民日报》头版发表了云南省西双版纳傣族自治州党委认真学习中央领导同志的重要指示，采取有效措施，加强森林保护工作的消息。据此，西双版纳州党委作出了关于加强森林保护的决定，制定切实可

① 参见西双版纳傣族自治州林业局编《西双版纳傣族自治州林业志》，云南民族出版社2011年版，第83页。

② 参见西双版纳傣族自治州林业局编《西双版纳傣族自治州林业志》，云南民族出版社2011年版，第89页。

③ 参见西双版纳傣族自治州林业局编《西双版纳傣族自治州林业志》，云南民族出版社2011年版，第87页。

行措施，固定耕地、开梯田梯地、严禁毁林开荒，做好保护和发展森林的工作。1980年，西双版纳州革委为贯彻休养生息的方针，禁止毁林开荒。[①] 1982年，全州开展林业“三定”工作，同时贯彻中共中央、国务院《关于制止乱砍造伐森林的紧急指示》精神，开展对毁林开荒、乱砍滥伐森林案件的清理查处。1983年，开展“两山一地”工作，在全州范围内划定了轮歇地和自留地面积，落实了林业生产责任制，毁林开荒面积减少。[②]此外，改灶节柴、以电（煤）代柴、以气代柴等治理实践的开展在当时很大程度上减少了森林木材的消耗，保护了森林资源。

二　造林绿化

造林绿化主要通过采种育苗、造林育林、植树绿化进行，较之于民国时期，在规模、数量、技术、品种等方面都有极大地提高。20世纪50至90年代，西双版纳州政府极为重视采种、育苗、荒山造林、四旁植树等。从1951—1995年，全州各族人民共完成荒山造林17.07万公顷（不含大面积橡胶、茶叶等热带作物），四旁义务植树1412.6万株。[③]

20世纪50年代，主要以恢复、发展热带经济林木为主。如茶树、樟脑、咖啡、紫胶、果木等，也适当营造一些用材林与薪炭林。如柚木、红楠、思茅松、桉树、黑心树（铁刀木）等。1979年2月，第五届全国人民代表大会常务委员会第六次会议决定：每年3月12日，为全国植树节；1980年，西双版纳州根据版纳地区的气候特点，规定每年的6月1日为全州的“植树节”。从1980年起，每到植树节，全州各族人民上山植树造林，绿化荒山荒地，加快了全州绿化步伐。[④] 1984年9月，《中华人民共和国森林法》颁布后，全州当年造林9.72万亩。1987年，在全国、全省

---

① 参见西双版纳傣族自治州林业局编《西双版纳傣族自治州林业志》，云南民族出版社2011年版，第88页。

② 参见西双版纳傣族自治州林业局编《西双版纳傣族自治州林业志》，云南民族出版社2011年版，第89页。

③ 参见西双版纳傣族自治州林业局编《西双版纳傣族自治州林业志》，云南民族出版社2011年版，第99页。

④ 参见西双版纳傣族自治州林业局编《西双版纳傣族自治州林业志》，云南民族出版社2011年版，第104页。

造林热潮的推动下，全州各族人民积极绿化荒山荒地，大力发展以林为主、多种经营的生态农业。① 如表 11 所示，西双版纳从 1951—1995 年，累计造林 17. 07 万公顷，其中：人工造林 16. 3 万公顷，工程造林 0. 77 万公顷。

表 11　　西双版纳州 1951—1995 年造林统计表

年度	造林面积（公顷）				造林林种类型（公顷）		
	合计	国营	集体	个体	用材林	经济林	薪炭林
1951—1973	70400. 0	48000. 0	22400. 0		7000. 0	54000. 0	9400. 0
1974	1353. 3	20. 0	1333. 3		147. 0	853. 3	353. 0
1975	1881. 6	600. 0	1281. 6		526. 0	1107. 3	248. 3
1976	1073. 3	260. 0	813. 3		693. 3	380. 0	
1977	2733. 3	13. 3	2720. 0		1853. 3	613. 4	266. 6
1978	4960. 0	446. 7	4513. 3		4126. 7	773. 3	60. 0
1979	5233. 3	53. 3	5180. 0		3245. 0	1608. 3	380. 0
1980	1313. 3	126. 7	1186. 6		166. 7	1026. 6	120. 0
1981	733. 3	600. 0	133. 3		240. 0	286. 7	206. 6
1982	1253. 3	600. 0	653. 3		840. 0	246. 7	166. 6
1983	1806. 7	1080. 0	713. 3	13. 4	953. 3	666. 7	186. 7
1984	6481. 6	1701. 3	3878. 8	901. 5	1063. 0	4028. 7	1390. 6
1985	10566. 7	893. 3	8733. 3	940. 1	1166. 7	8460. 0	940. 0
1986	7580. 0	729. 3	5946. 3	904. 4	635. 7	6636. 8	307. 5
1987	8927. 8	676. 7	6817. 5	1433. 6	724. 2	8040. 0	163. 6
1988	5762. 3	362. 5	5399. 8		344. 8	5301. 9	115. 6
1989	6660. 0	960. 0	2533. 3	3166. 7	386. 7	6226. 7	46. 6
1990	4148. 2	1445. 8	885. 0	1817. 4	402. 3	3552. 3	193. 6
1991	2760. 0	1800. 0	833. 3	126. 7	1673. 3	700. 0	386. 7
1992	4005. 4	1239. 4	1292. 7	473. 3	1786. 7	1878. 9	339. 8

① 参见西双版纳傣族自治州林业局编《西双版纳傣族自治州林业志》，云南民族出版社 2011 年版，第 105—106 页。

续表

年度	造林面积（公顷）				造林林种类型（公顷）		
	合计	国营	集体	个体	用材林	经济林	薪炭林
1993	7134.4	2575.6	3416.3	1142.5	2176.0	4419.0	539.4
1994	6470.8	1665.6	3053.6	1751.6	980.0	4813.0	659.8
1995	7420.0	2240.0	3333.3	1846.7	300.0	6950.0	170.0
合计	170658.6	69089.5	87051.2	14517.9	31430.7	122586.9	16641.0

资料来源：参见西双版纳傣族自治州林业局编《西双版纳傣族自治州林业志》，云南民族出版社 2011 年版，第 107 页。

其次是植树绿化，包括四旁植树、义务植树、城乡绿化等方面。20 世纪 50 年代以来，西双版纳四旁植树，均采用两种形式：一种是由政府主导在雨季或植树节期间，组织当地机关、农垦、部队、学校或厂矿、企事业团体到附近公路两旁或某一荒地、空地种植各种林木；另一种是由民众根据需要，在房前屋后、村寨路旁、佛塔旁、鱼塘、水池旁以及庭院空地种植各种果木或其他经济观赏林木。西双版纳诸多村寨的绿化，仍保持其传统特点，村旁种植以黑心树为主的集体薪炭林，适当种植各种竹子作为生产生活用材，路旁、佛塔旁栽种热带树种。20 世纪 60 年代以来，西双版纳州多次专门规定要在水旁植树。1964 年 3 月 9 日，西双版纳州州委规定：昆洛、小腊、佛双等公路及其支线两侧，澜沧江、罗梭江、南朗河、流沙河、南腊河等主要河流两岸，在分水岭内各宽 1000 米的林区，以及曼飞龙、曼么耐、勐帮等水库周围 1000 米以内的森林，均为禁伐区，并积极保护和绿化；1994 年，勐海县重点抓昆洛公路沿线，流沙河流域的防护林体系建设，并强调沿河两岸 200 米以内不准种植农作物，一律退耕还林；又在流沙河种植 600 亩杉木、100 亩水果，加速恢复流沙河流域的森林植被，涵养水源，改善生态环境。①

三　生物资源保护

西双版纳生物资源保护主要以自然保护区内的热带雨林生态系统和珍

① 参见西双版纳傣族自治州林业局编《西双版纳傣族自治州林业志》，云南民族出版社 2011 年版，第 113 页。

稀动物为主。其中，热带雨林保护面积约占保护区总面积的7%；具体保护对象中，国家重点保护植物有57种，国家重点保护野生动物有109种。[①] 1992年，西双版纳傣族自治州自然保护区管理条例和森林资源保护条例公布施行，编印了宣传材料10万多份，对保护区内群众进行宣传教育；同时，共查处盗伐、偷猎和毁林开荒等破坏自然保护区的案件763起，提高了保护区群众的保护意识和法制观念。此一时期，自然保护区内，珍贵树种也不断更新，国家重点保护的树种如望天树、揭布罗香、版纳青梅、鸡毛松、竹柏等得到了很好保护，由于森林植被的恢复，野生动物栖息环境得到改善，一些主要保护野生动物的种群、数量得到恢复和发展。如：1985年4月，大象增加到211—244头，发现印支虎20只，野牛600多头，长臂猿100多只，至90年代，亚洲象数量已超过250头，印度野牛达700多头。[②]

环境保护与经济发展之间的矛盾一直是自然保护区保护生态环境的难题，为从根本上解决核心区受人为活动干扰的问题，有效地保护好生态环境，西双版纳州政府采取了一系列措施。1986年4月，西双版纳州人民政府发出“关于抓紧抓好自然保护区规划工作的紧急通知”，强调“保护、发展、利用、富民”是保护区建设的基本方针，为了消除人为破坏因素，保护生态环境，要求扶持保护区群众调整产业结构。1987年4月，林业部发出《关于西双版纳自然保护区计划任务书的批复》，要求在“七·五”期间要把核心区内的全部居民迁出，并认真做好安置工作，做到“迁得出，稳得住，不返回”[③]。此外，保护区为更有效保护边境地区生物资源，专门开挖了防火线。如1991年，勐腊县勐满镇组织400多民兵，开挖了滇西南封山育林区防火线，长30631米，宽20米，对自然保护区护林防火、控制火源从境外侵入起到有效作用；其后，勐养保护区又开通了曼咪

① 参见西双版纳傣族自治州林业局编《西双版纳傣族自治州林业志》，云南民族出版社2011年版，第74页。

② 参见西双版纳傣族自治州林业局编《西双版纳傣族自治州林业志》，云南民族出版社2011年版，第74页。

③ 参见西双版纳傣族自治州林业局编《西双版纳傣族自治州林业志》，云南民族出版社2011年版，第75页。

至大河边纳蚌的防火线，全长15千米。①

四 环境综合治理

20世纪50年代以来，环境治理工作取得新进展，逐渐改变“先污染，后治理”“边污染，边治理”的现状，转变发展理念，提出“谁污染，谁治理”的原则。具体措施包括：建立生态村、扩展农村能源、建立生态示范果园、废水利用等，在转变经济增长方式的同时，更加注重环境保护。

第一，环境污染治理。首先是治理环境污染源。自20世纪80年代以来，西双版纳境内环境污染源的治理主要是坚持“谁污染，谁治理”的原则。这一时期，西双版纳水泥厂、造纸厂、制糖厂、制胶厂等工厂林立，是造成废水、废气的主要污染源之一。1986—1990年，西双版纳水泥厂、景洪造纸厂、西双版纳制胶厂、景真糖厂、勐海茶厂等13家企业总投资125.36万元用于治理废水、废气等，其工程项目主要包括：改造窑炉、治理固体废弃物设施、噪声处理等。经治理后，1990年，废水处理量达到11.28万吨，处理率为4%，处理达标量8.54万吨，占处理量75%；废气经过消烟除尘的燃料燃烧废气67509.2万标立方米；工业粉尘回收量0.51万吨，回收率为80%。1991—1993年，景洪、橄榄坝、东风、勐腊、勐捧、勐醒、黎明及其他橡胶厂、黎明糖厂等85户企业总投资1722.02万元，用于治理环境污染。② 其次是征收排污费。西双版纳州自1986年起，开始对超标准排放污染物的企业、事业单位实行征收排污费的管理制度。

第二，发展生态农业。20世纪五六十年代以来，随着人口急剧增加，在有限的自然资源之下承载着众多的人口，资源一旦过度开发，生态环境必然遭到破坏，人口、环境与资源之间的矛盾更加突出。这意味着传统的农业生产方式已经难以适应当前的发展需要，这就促使人们必须探索新的农业发展模式。在这一背景之下，生态农业应运而生，生态农业这一发展

---

① 参见西双版纳傣族自治州林业局编《西双版纳傣族自治州林业志》，云南民族出版社2011年版，第73页。

② 参见西双版纳傣族自治州水利局编《西双版纳傣族自治州水利志》，云南科技出版社2012年版，第278—279页。

模式为转变传统的农业生产方式提供了新路径，更为协调环境保护与经济发展之间的冲突与矛盾找到了结合点。20 世纪 80 年代，我国开始逐渐关注生态农业，生态农业不仅强调维护和促进农业生态系统的均衡，遵循"按自然规律办事，按经济规律办事"，而且坚持立足于国情民情，结合国家战略与社会发展需要，坚持优质高产增收，从而使国家、集体和个人等相关利益者全面受益。① 由于生态农业建设适应了农业持续发展战略原则的要求，又取得了较好的经济、生态、社会效益，因此倍受重视。自 20 世纪 90 年代以来，我国已经建立了一批生态农业试点项目，西双版纳州也开展了生态农业试点。1991 年，西双版纳州农业局组织有关单位，在景洪县嘎栋乡曼沙村、曼回索、曼岭 3 个自然村开展生态农业试验，由于 3 个自然村示范户的农田长期种植双季稻，只注重单一的施无机化肥（尿素），基本不施农家肥，土壤长期淹水，有机质含量低，土壤肥力下降，产量不高。因此，针对以上情况，开始实行以养猪为主的综合配方施肥生态农业试验。主要采取以猪牛肥做底肥为突破口，以配方施肥为纽带，以良种良法高产栽培为手段，以改造低产田，增加土壤肥力，降低生产成本，提高产量，达到"三个效益"为目的。经过实践证明，粮猪结合效益高，猪多肥多，肥多粮多，粮多猪多的良性循环综合利用和把有机肥和无机肥混合施用的生态农业生产方式，既提高了养猪经济效益，又增加了粮食产量。②

第三，发展生态产业。生态产业是改善生态环境质量的最佳途径和必然选择。发展生态产业有利于发挥生态产品的生态功能，增强其生产能力，形成一个良性循环的生态安全系统。20 世纪 90 年代，西双版纳州为探索环境保护与经济发展相协调的实践路径，由西双版纳州农环站、土肥站联合承包景洪县普文镇曼干纳村的集体荒山 500 亩，建立优质、高产、高效的生态经济果木林示范园。该园地处温带、南亚热带过渡区，并有逆温层出现，适宜荔枝、三华李、柚子、石榴、龙眼等经济林木生长，生态

① 参见赵敏娟《中国现代生态农业的理论与实践》，《人民论坛·学术前沿》2019 年第 19 期。

② 参见西双版纳傣族自治州水利局编《西双版纳傣族自治州水利志》，云南科技出版社 2012 年版，第 282 页。

环境优越。根据该园的气候特点、土壤理化性质及果树对生态条件的要求，在整体规划上体现出山、水、园、林、路统一安排的原则。[①]

第三节　21世纪以来西双版纳生态安全治理实践

多元协同是实现生态安全治理现代化的重要实践路径。21世纪以来，随着现代化、全球化进程的加快，西双版纳生态环境发生剧烈变迁，人与自然之间的冲突及矛盾愈加突出，为有效破解及应对一系列的生态安全问题，在政府主导及引领之下，实施了一系列生态安全治理措施，治理方式、治理手段、治理主体从单一转向多元。多元协同的治理实践极大地提高了西双版纳生态安全治理能力，推进了边疆生态安全治理体系和治理能力的现代化进程，维护了边疆生态安全，有利于筑牢西南生态安全屏障。

一　治理方式的整体协同：基于生态文明理念的治理实践

建设生态文明是实现人与自然和谐共生的必然选择，生态安全治理则是建设人与自然和谐共生现代化的重要手段。在生态文明理念的指导下，西双版纳牢固树立和践行绿水青山就是金山银山理念，坚持节约优先、保护优先、自然恢复为主，坚持山水林田湖草系统治理，深入推进重要生态系统保护和修复，完善生态系统服务功能，着力提升生态系统质量和稳定性，切实维护生态安全。通过发展生态城乡、生态农业、生态旅游、生态文化、生态经济等多元治理实践，为提高边疆生态安全治理能力，推进边疆地区生态文明建设奠定了坚实基础。

（一）有序发展生态经济，提高生态治理成效

生态是否安全对经济发展至关重要，良好的生态环境是经济发展的基础和前提。有序发展生态经济是当前我国生态文明建设的重要路径选择，更是协调环境保护与经济发展的重要途径，有助于推进生态安全治理，对

---

① 参见西双版纳傣族自治州水利局编《西双版纳傣族自治州水利志》，云南科技出版社2012年版，第283页。

于建设人与自然和谐共生现代化具有重要价值和意义。生态经济主要通过发展循环经济、绿色经济等模式，减少对环境的破坏，提高资源利用效率，从而促进生态安全。有效的生态安全治理可以为生态经济的发展提供良好的外部条件。

2017 年 12 月 5 日，西双版纳州人民政府印发了《西双版纳州生态经济产业发展规划（2016—2025 年）》，该规划中明确指出，将着力发展“特色生物、旅游文化、加工制造、健康养生、信息及现代服务、清洁能源”六大生态经济产业。这一规划的出台为生态经济的发展指明了方向。近年来，西双版纳地区将发展生态经济作为调整产业结构、转变发展方式的重要路径之一，始终坚持绿色发展之路。西双版纳地区结合区域环境优势有序促进林药、林菌、林花、林果、林菜等林下经济迅速发展。同时，积极推进环境友好型胶园、生态茶园、珍贵用材林基地、生物医药（傣医药）、热带水果（澳洲坚果）、口岸经济、文旅康养、数字经济等产业建设，不断促进人与自然和谐共生取得新成效。截至 2021 年，西双版纳州特色经济林果种植面积达 660 多万亩，产值 69 亿元。如各村寨村民集中摆摊销售从森林中采来的野菜和菌子，景洪市景哈乡茄玛村委会迁玛村民小组村民说道：“我去年单是大红菌就卖了 13000 多元。”①

（二）加快发展生态农业，探索生态治理现代化模式

生态农业既是推动生态文明建设、转变传统农业发展方式的重要举措，也是当前生态安全治理的必然选择。从传统农业发展来看，在相当程度上是通过牺牲生态环境、消耗自然资源来推动农业发展，与传统农业发展模式不同，生态农业通过农业生态系统内部的物质流和能量流的交换，实现了相互之间的循环流通，在很大程度上改善了农业生产环境，有效地保护了生态环境、节约了自然资源、保证了农业可持续发展，维护了农业生态安全。在我国生态文明建设背景下，采取措施解决农业发展过程中存在的环境保护与经济发展之间的冲突与矛盾，需要在“绿水青山就是金山

① 《西双版纳州深入实施“生态立州”战略——绿色生态助力永续发展》，https：//www. yn. gov. cn/ywdt/zsdt/202106/t20210621_223945. html（2021 年 6 月 21 日）。

银山”理念指导下，根据地域特点及社会经济发展情况，推动高原热区生态特色农业发展，转变传统农业发展模式，合理利用与开发农业资源，探索生态治理现代化模式。

自2010年以来，西双版纳不断加强农产品质量安全监管，加大农业生产化学品监管力度，实施测土配方施肥、推广农作物病虫害绿色防控，扩大“三品一标”的产地认证（认定）规模，持续实施环境友好型胶园、生态茶园和珍贵用材林基地建设“三大生态修复工程”，发展林下生态养殖，逐渐形成优质特色生态农产品的品牌效应，如“坝区粮胶蔗菜渔”“山区茶果咖啡畜”、橡胶、大益牌普洱茶、蔗糖、石斛、辣木、印奇果、澳洲坚果、小耳猪、茶花鸡、罗非鱼、丝尾鳠、小糯玉米等“西双版纳”系列特色农业的品牌效应日益显现。2013年，勐海县工业园区被云南省政府命名为“云南省生物产业示范基地”；2016年，西双版纳州生物产业总产值达214.58亿元，占全州国民生产总值的58.6%。其中，橡胶、茶叶、甘蔗、蔬菜等传统生物资源开发处于全省领先地位，干胶产量位居全国第一。① 近年来，西双版纳不断探索生态产品价值实现模式，依托其优越的自然资源禀赋，建设生态茶园、果园、胶园，并结合边境生态安全屏障建设，拓展少数民族特色村寨、民风民俗，开辟乡村旅游、田园休闲康养等文旅产业，推动“生态产业化、产业生态化”发展，实现生态功能的转化增值。②

（三）合理发展生态旅游，助推生态安全治理

生态旅游是推进生态安全治理的重要路径之一，也是生态文明建设的重要内容。生态旅游的发展需要保持和保护自然环境的原生态，这促使当地政府和相关部门采取一系列措施来加强生态环境的保护和治理。生态旅游产生的持续发展需要保障生态安全，生态安全治理为生态旅游提供良好

---

① 参见《西双版纳创建国家生态文明建设示范州指标完成情况说明》，西双版纳州生态环境局，内部资料，2017年。

② 《西双版纳州人民政府关于印发西双版纳州“十四五”农业农村现代化发展规划的通知》，https：//www.xsbn.gov.cn/325016.news.detail.phtml？news_id = 2858444（2022年3月25日）。

的外部环境和资源保障。生态旅游产生的经济效益可以为生态安全治理提供经济支持，而生态安全治理的措施和管理可以保证生态旅游的可持续性和长期发展。可以说，传统的旅游发展方式在很大程度上加重了环境承载压力，更造成了严重的环境污染。因此，必须转变传统旅游发展模式，发展生态旅游，最大限度地减少对生态环境造成的负面影响。

近年来，西双版纳州通过融合优越的生态环境和多样的民族文化，不断丰富生态旅游产品，加大生态旅游营销力度，推进全州生态旅游发展。西双版纳在旅游发展中以国家公园建设为契机，推动森林生态旅游转型升级，以新农村建设和美丽乡村建设为依托，发展乡村生态旅游。积极发展资源节约型和环境友好型的生态旅游，鼓励旅游者树立绿色消费意识，倡导低碳旅游，形成文明健康、节能环保的旅游消费方式，并全面开展绿色旅游创建。如西双版纳州将各民族人与自然和谐共荣的生态文化融入生态旅游发展之中，通过野象谷、勐远仙境和望天树国家森林公园等一批生态旅游景区的打造，让良好的生态环境成为西双版纳的最大亮点。西双版纳野象谷景区率先在全省创建为全国首批“国家生态旅游示范区”，景洪市成为全省首个“全国森林旅游示范市”。[①] 据统计，2017 年至 2019 年，西双版纳 3 年分别完成接待国内外游客 3326. 46 万人次、4043. 41 万人次和 4853. 21 万人次；旅游总收入分别为 507. 75 亿元、671. 14 亿元和 827. 95 亿元。[②]

（四）持续加强生态文明宣传，增强全民生态文明意识

生态文明意识的提高推动了生态安全治理工作的深入开展。生态文明意识的宣传、教育及普及向社会传递着环境保护的重要性，提高了人们的生态文明认识和意识，引导人们积极参与到生态文明建设之中，促使人们更加关注和重视生态环境的保护和治理。

① 参见《西双版纳创建国家生态文明建设示范州指标完成情况说明》，西双版纳州生态环境局，内部资料，2017 年。

② 《西双版纳州人民政府关于印发西双版纳州“十四五”农业农村现代化发展规划的通知》，https：//www. xsbn. gov. cn/325016. news. detail. phtml？ news _ id = 2858444 （2022 年 3 月 25 日）。

第一，加大党政领导干部生态文明培训力度。西双版纳州自开展生态州创建以来，将生态文明建设纳入干部教育培训规划及年度办班计划。一是在各级党校设置生态文明培训课程；在州、县市委党校举办的主题班和专题班中设置相应课程，将生态环境教育相关课程列入培训内容，综合运用专题式、研讨式、案例式、情景模拟式、现场教学等多种教育培训方式，进一步深化对生态文明建设重要性的认识，鼓励并引导广大干部自觉学习生态文明知识，加深学员的生态文明理念，切实提高生态保护意识。通过培训使全州领导干部树立了生态文明新思维，提高了生态文明建设的政策水平和实践能力。二是积极参加并开展生态文明专题培训；西双版纳州积极选派干部参加上级组织的生态文明建设系列专题培训班，选调干部先后参加省委组织部组织的县处级以上领导干部出省培训重点班次、省委党校、云南农村干部学院、云南民族干部学院举办的各类生态文明建设专题培训班。通过对生态文明相关理论和法律法规的集中培训学习，切实提高了各级领导干部生态治理的综合决策水平，为推动边疆生态安全治理体系和治理能力的现代化提供助力。

第二，提高了社会公众对生态文明的认识。一是生态保护理念深入人心。西双版纳境内各民族在长期与自然相处过程中逐渐形成了独特的生态保护方式、知识、观念及思想，为推进西双版纳生态文明建设，提高生态安全治理能力提供了宝贵财富。西双版纳州通过提炼、宣传、推广，使“有林才有水，有水才有田，有田才有粮，有粮才有人”等朴素生态理念进村入户，使各族民众与自然和谐相处、和谐共生、和谐发展的生态文明观得到传承，使保护森林、栽花种树、绿化庭院、爱水惜水等绿色生产生活方式得到延续。二是利用媒体宣传生态文明。近年来，西双版纳州通过在“六·五”世界环境保护日开展宣传活动，发放《中华人民共和国环境保护法》《“创模”和创建全省生态市倡议书》《公民环保行为规范》《环保知识宣传手册》等宣传手册、环保袋、环保围裙、环保宣传笔、悬挂宣传横幅标语，并与州、县（市）电视台、电台、《中国环境报》《民族日报》《西双版纳报》等媒体合作，对环境宣传教育、环境监管及环境执法、生态文明系列创建（包括生态州创建、景洪市创建国家环境保护模范城市）、节能减排、污染治理、环境监测、环境综合整治等方面进行宣传报道，播放全州开展国家级生态州、国家级生态乡镇、省级生态县创建工作成就专题片。并在《西双版纳报》设立“绿色生态”专栏，对国家级生态州、县（市）、乡镇和省级生态文明州、县（市）、乡镇创建工作，以及环境保护、污染源监控中心建设等情况进行报道，并充分利用电视、网络、手机短信等平台全方位、多形式开展生态创建及环保知识宣传。三是提高社会公众生态文明建设知情权；定期在云南省阳光政府四项制度公开网站、州政府信息公开门户网站、州环保局网站等网络媒体上，公布各类生态文明建设与环境保护情况。四是加大生态文明教育宣传力度。建立生态文明宣传教育示范基地，开展生态文明理念宣传教育“进机关、学校、社区、乡村、企业”活动，将生态文明知识与理念纳入全州各类学校教学计划，免费发放生态文明科普图书资料，组织开展环境征文活动和环境综合整治志愿服务日活动，营造生态文明建设人人参与的良好氛围。根据国家统计局西双版纳州调查队和州统计局的调查数据显示，2014—2016 年，西双版纳州公众生态文明知识知晓度分别为 87.5%、89.0% 和 90.1%，公众对生态文明知识知晓度逐年上升，说明生态文明建设深入人心，越来越受到公众的理解和支持，大家都愿意从我做起、从小事做起，积极践行生态文明。①

二　治理手段的科学推动：促进生态安全治理体系现代化

为进一步推进大气、水、人居环境治理以及生态系统保护，西双版纳州通过不断完善和发展各种手段和方法，逐渐建立起系统化的生态安全治理体系。近年来，相继制定出台了一系列政策措施、方案、办法等，切实改善了当地生态环境质量，维护了边疆生态安全。

（一）环境质量监测技术的自动化

近年来，为推进生态安全治理体系现代化，西双版纳州通过利用自动

① 参见《西双版纳创建国家生态文明建设示范州指标完成情况说明》，西双版纳州生态环境局，内部资料，2017 年。

化技术和设备，对环境质量进行实时、连续、自动化的监测和数据采集，有效提高了环境监测的准确性、实时性和高效性，减少了人为操作的干扰，同时也减少了人力投入和成本，提高了监测效率和管理效能，为环境质量的评估和管理提供科学依据。

第一，环境空气质量。西双版纳州辖区内共设置4个环境空气监测点，监测项目为：SO_2、NO_2、PM10、PM2.5。2016年以来，为进一步提高环境空气质量，西双版纳州人民政府制定并实施了《西双版纳州大气污染防治行动实施细则》《西双版纳州治理淘汰黄标车及老旧车工作实施意见》《西双版纳州机动车排气污染防治工作方案》《西双版纳州环境空气重污染应急处置预案》等大气防治政策方案，包括优化产业空间布局，加快淘汰落后产能，积极推广清洁能源替代利用，加强工业企业大气污染治理，强化机动车污染防治，深化城市扬尘污染治理，提高了环境空气重污染应急预防、预警和应对能力。

第二，地表水环境质量。从近年来西双版纳州水环境治理的措施来看，包括推进城市生活源综合治理，加强工业污染防治，加强农业面源污染源控制，优化水环境质量，加强水环境监测等。西双版纳州境内八条河流共有十二个监测断面，包括国控断面（澜沧江景洪水文站、勐罕码头、关累码头）和省控断面（流沙河勐海水文站和风情园大桥、南览河打洛江大桥、南览河打洛江大桥、南腊河勐腊水文站），规定每月监测，其余断面逢单月监测。此外，为加强水资源保护和水土流失防治，西双版纳州全面推行州、县（市）、乡（镇）、行政村、村小组五级河长制，并开展矿山生态环境保护和治理。

（二）生态系统保护的规范化

近年来，为有效保护和维护生态系统的完整性、稳定性和可持续性，西双版纳州制定了一系列法律法规，这些规范化措施涉及自然生态系统管理的各个方面，可以更好地保护生态系统，维护生态平衡，确保区域生态安全。

1. 生态环境管理规范化

（1）建立健全生态保护补偿机制，2021年9月，中共中央办公厅、国务院办公厅印发了《关于深化生态保护补偿制度改革的意见》，围绕国家生态安全重点，健全综合补偿制度，坚持生态保护补偿力度与财政能力相匹配、与推进基本公共服务均等化相衔接，按照生态空间功能，实施纵横结合的综合补偿制度，促进生态受益地区与保护地区利益共享。① 西双版纳州先后制定实施了热带雨林保护规划和行动计划，在全省率先成立热带雨林保护基金和实施野生动物公众责任保险，全州集体和农地天然林全部纳入公益林管理并实施生态补偿。

（2）进一步加强保护地建设和管理，西双版纳州以西双版纳国家级自然保护区、纳板河国家级自然保护区、西双版纳国家风景名胜区、西双版纳国家级森林公园、野象谷等的有效管理和保护为重点，大力加强了各个受保护地的管理和建设。

（3）深入开展森林保护和建设工作，随着逐年开展的退耕还林、封山育林、城镇和交通主干道面山生态景观绿化、营林绿化等建设和不断强化森林资源的管理，使全州森林蓄积量不断增长。2007—2015 年，西双版纳州森林覆盖率保持在 78.3%的优良水平，2016 年更达到 80.78%。

（4）有效保护耕地和基本农田，不断建立健全土地行政管理制度、加强土地利用供给管理、加强执法监察、加强土地的集约利用。

（5）有序开展地质灾害综合防治，对重点灾害点进行综合治理，有效防止地质灾害对人民生活和生产的影响；同时，采用生态修复和工程治理相结合的原则，大力加强水土流失的治理工作，水土流失恶化的趋势得到有效遏制。

（6）不断深入环境保护工作，以“西双版纳国家生态文明建设示范州创建”“西双版纳生态州创建”“主体功能区划建设试点州建设”等为突破点，进一步加大生态环境保护、污染防治力度和国土空间格局的优化；积极推进橡胶加工、制糖行业污染治理工程，各橡胶厂的污染排放得到有效控制，各制糖企业废水得到有效处理、废水循环利用率大幅度提高；以

① 《中共中央办公厅 国务院办公厅印发〈关于深化生态保护补偿制度改革的意见〉》，https://www.gov.cn/zhengce/2021-09/12/content_5636905.htm（2021 年 9 月 12 日）。

清洁生产审核和能源审计等为重点措施，开展了机立窑改扩建、关闭湿法回转窑生产线等工作，加大推广节能技改，使工业大气污染源排放治理取得明显成效。①

2. 森林生态安全治理取得成效

西双版纳州地处亚热带，具有茂密的热带雨林和丰厚的自然植被，森林资源和生物多样性极为丰富。从西双版纳开展的森林资源保护实践来看，主要包括：

（1）建立健全森林保护制度，实施“州包县、县包乡、乡包村”的森林资源保护目标管理责任制，并严格执行考核制度；建立了较为系统和完善的林地管理体系、森林资源监测系统和林政执法管理机制；严格限制在风景名胜区、森林公园、水源地、自然保护区、道路两侧、城镇周边等重要敏感区域进行经营性项目建设；严格贯彻环评制度和三同时制度，对矿产开发、森林旅游等项目进行严格审查，从源头防止项目建设对森林资源的破坏。

（2）大力实施林业生态建设工程，在全州建立州、县、乡、村、站五级天然林资源监测体系，并于森林防火期间开展了森林管护日报工作。

（3）推进平安林区建设，组织协调社管综治委等成员单位，落实经费保障，调集林业站、管护站、村委会和村组直接参与创建；先后组织开展了“天网行动”“邻缅邻老边境组织开展专项行动”等专项行动严厉打击破坏森林的违法犯罪行为。

（4）加强森林安全保护，进一步健全森林“三防”体系，广泛开展森林防火宣传，组织召开森林防火工作会议动员、布置、宣传，发放宣传资料，使得森林防火意识深入人心；且州、县、乡镇、村乃至与邻国签订森林防火责任状，确保山有人管、林有人护、责有人担。如：勐腊县人民政府与老挝北部三省六县签订了《边境防火协议》，对保护边境森林资源和防止森林火灾起到积极的作用；同时，加强了林业有害生物的监测和防治

① 参见《西双版纳创建国家生态文明建设示范州指标完成情况说明》，西双版纳州生态环境局，内部资料，2017年。

工作林业有害生物监测预警和服务网络、检疫鉴定及防治网络，建立了州、乡、村三级测报网络，林业病虫害得到有效防治，维护了林业生态安全。①

3. 物种资源保护取得成效

（1）重点保护物种受到严格保护，西双版纳州国家重点保护野生动植物基本分布在国家级自然保护区内，其他主要物种包括珍稀濒危动植物也基本分布在保护区和天然林等受保护区域内。西双版纳州建立了国家、州、县（市）、乡镇、村五级自然保护区，包括国家级自然保护区、鱼类国家级水产种植资源保护区、国家级野生稻原生境保护点、州级自然保护区、州级鱼类自然保护区，并通过纳板河—曼稿、勐腊—尚勇生物多样性保护廊道建设，实现了多个自然保护区之间的互通，有效促进了生物多样性的发展。同时，西双版纳州先后出台了《云南省西双版纳傣族自治州澜沧江保护条例》《云南省西双版纳傣族自治州森林资源保护条例》《西双版纳傣族自治州野生动物保护条例》《西双版纳傣族自治州自然保护区管理条例》等一系列地方性法规，制定实施了《云南省生物多样性保护战略与行动计划西双版纳实施方案（2014—2030 年）》《自然保护区生物多样性监测计划（2014—2020 年）》，开展了一系列保护区科研监测项目，使热带雨林、生物多样性和重点保护物种受到严格保护。

（2）开展生物多样性监测，西双版纳州政府与中科院版纳植物园合作的森林整体观测系统建成投入使用，开展了西双版纳植物园红外相机野生动物调查与多样性项目监测、兰科植物监测、中老跨境区域及易武州级自然保护区野生动物资源监测和调查等一系列监测调查工作，实时掌握野生动植物资源变化情况。

（3）实施生物多样性保护行动，编制了《云南省生物多样性保护战略与行动计划西双版纳实施方案（2014—2030 年）》《云南亚洲象国家公园规划》《亚洲象拯救保护项目可研报告》等一系列生物多样性保护规划及

① 参见《西双版纳创建国家生态文明建设示范州指标完成情况说明》，西双版纳州生态环境局，内部资料，2017 年。

报告，实施“大湄公河二期西双版纳生物多样性廊道建设示范项目”“云南蓝果树保护与回归”“野生动物疫源疫病监测防控”“云南省亚洲象保护项目工程”等一系列生物多样性保护工程项目。

（4）建立健全森林资源保护体系，为切实加强森林资源保护，特别是对国家级自然保护区内热带雨林和生物多样性的保护，西双版纳州建立了“州包县、县包乡、乡包村”三级森林资源保护体系和与之配套的目标管理责任制，管护体系的建立使得森林资源和热带雨林的保护真正落实到了山头地块，落实到具体的管护人员。

（5）积极开展外来入侵物种防治，按照“预防为主、科学防控、依法治理、促进健康”的方针，西双版纳州全面加强农业、林业有害生物监测预报、严密防范外来有害生物入侵，以农业、林业有害生物监测预报为重点，以科技进步为手段，遏制农业、林业有害生物扩散蔓延。西双版纳在全州建立了95个监测防控点，并对群众广泛开展外来有害物种防控的宣传教育和培训，有效控制了外来有害物种可能产生的危害。①

（三）环境综合治理的标准化

1. 水源地的保护及治理

（1）加强水源地监督管理；深入开展“七彩云南·西双版纳”保护行动，加大推进集中式饮用水源地保护专项行动督察工作，取缔了景洪电站库区网箱养鱼等对饮用水源安全造成污染的行为，完成了全州饮用水水源地基础环境调查及评估工作，编制了《景洪城区饮用水水源地环境保护规划》。并加大联合执法力度和江河沿岸排污企业的监管力度，禁止在保护区内从事畜禽养殖、倾倒堆放工业固体废物和生活垃圾、游泳、洗衣物、垂钓、掩埋动物尸体以及其他对水源水质有危害的活动，拆除和搬迁了所有与保护无关的建筑设施和散乱坟墓，且加强了对水源地周边设置的排污口的管理，极大地清除了饮用水源地存在的环境安全隐患。

（2）加强水源地生态保护；水源地一级区内全面禁止生态破坏行为，

① 参见《西双版纳创建国家生态文明建设示范州指标完成情况说明》，西双版纳州生态环境局，内部资料，2017年。

全面实施“止耕禁养”和“农改林”工程，改造林、灌、草生态系统。在水源地二级保护区范围内，与生态修复工程相结合，禁止规模养殖、发展经济林果、推进农业转型、建设生态农村等、强化企业监管等五个方面。2017年，西双版纳州全面推行河长制，强化监督管理，突出工程整治、水源林保护，按照“一河一策”“一库一策”的要求，抓好工程建设、水源林保护管理，切实发挥好工程设施的环境效益。①

2. 加强城镇污水处理

西双版纳州自开展生态州创建工作以来，大力实施城镇生活垃圾无害化处理设施建设，相继建成景洪市、勐海县、勐腊县三座城镇生活垃圾卫生填埋场，已建立了较为完善的组保洁—村收集—镇转运—县填埋的生活垃圾收集转运系统。从具体实践层面来看，一是加强生活垃圾无害化处置基础设施建设；为提高生活垃圾收集处置率，西双版纳州分别在景洪市、勐海县、勐腊县建设三座规范化垃圾填埋场，城市生活垃圾实现了日产日清和密封清运。二是确保填埋场正常运行；各填埋场内部不断建立健全安全运行管理制度，规范称重计量、填埋作业、消杀灭、渗滤液处置等操作规程，完善日常运行维护管理记录，加强环境监测，开展专业技术和操作人员培训，相关职能管理部门定期对垃圾填埋场的运行情况进行监察。三是完善生活垃圾收集转运基础设施建设；为进一步提高城市生活垃圾收运管理水平，西双版纳州相继购入垃圾车、转运车、洒水车、扫地车等各类垃圾无害化处理基础设备，同时三县市均配备了各类垃圾房、垃圾池、垃圾桶等垃圾收运设施。西双版纳州要求生活垃圾运输车辆车容整洁、密闭运输，杜绝沿途撒漏现象，生活垃圾从垃圾中转站用垃圾车清运垃圾填埋场，进行无害化卫生填埋处理。四是加强城镇环卫能力和制度建设，西双版纳州因地制宜地制定了关于生活垃圾收集和处置的相关制度，推出了城区生活垃圾“无缝对接”收运模式。其中，景洪市制定了城区“门前三包，门内达标”方案；勐腊县85个行政村制订了环保村规民约，普遍建

① 《西双版纳州印发〈全面推行河长制实施意见〉》，http：//wcb. yn. gov. cn/html/2017/tjhh-czymysjsynmlxfhh_0607/49400. html（2017年6月7日）。

立了以老年协会为主的村庄环境卫生保洁小组，落实了“门前三包”责任制；勐腊县制定了城区卫生质量“六不”“六净”标准，采取“二扫一保”和全日制“保洁”制度，设置卫生监督员巡查。①

3. 城镇环境绿化建设

西双版纳州以县城、乡镇集镇、村庄绿化以及西双版纳热带雨林国家公园各景区为重点建设绿化精品工程，以公路、铁路、河道、堤坝绿化为重点建设绿化景观工程，以澜沧江、那达勐水库、南细河等城市集中式饮用水源水库径流区为重点建设绿化生态工程。从具体实践层面来看：

（1）加强城镇绿化建设；西双版纳州将生态理念融入城镇建设管理中，按照宜居、宜业、宜游的要求，建设生态良好的美丽家园；同时，在原有良好生态的基础上，进一步实施城市规划区绿地系统建设和县域环境生态系统建设工程，以公共绿地、街道绿化、小区绿化、单位庭院绿化等为建设重点，多层次、全方位，深入开展城乡园林绿化及生态建设。

（2）优化城乡绿地布局，以“点、线、面”结合，整体推进城乡园林绿化及生态建设。其中，“点”以县城、乡镇集镇、村庄绿化以及西双版纳热带雨林国家公园各景区为重点，建设绿化精品工程；“线”以公路、铁路、河道、堤坝绿化为重点，建设绿化景观工程；“面”以澜沧江、那达勐水库、南细河等城市集中式饮用水源水库径流区为重点，建设绿化生态工程。

（3）强化城镇绿地绿化管理，全州对新建、改建和扩建的建设工程的绿化项目，实行“绿色图章”审核审批管理制度，并加强园林绿化企业资质管理，以确保绿化工程质量；同时，进一步加强城市园林绿化管理及执法队伍建设，并从园林技术管理人员、园林机械设备、城市园林绿化管养资金上给予大力支持，保障了园林基础设施、绿化成果保护及绿地保洁工作。②

① 参见《西双版纳创建国家生态文明建设示范州指标完成情况说明》，西双版纳州生态环境局，内部资料，2017年。

② 参见《西双版纳创建国家生态文明建设示范州指标完成情况说明》，西双版纳州生态环境局，内部资料，2017年。

三　治理主体的多元合作：凝聚生态安全治理合力

随着边疆地区的经济模式转型发展，市场配置资源的效能凸显，边疆民众的民主参与意识提高，对利益的追求意识和维护意识也日益增强，边疆社会也开始分化重组，出现了新的利益、新的群体、新的诉求。① 在西双版纳生态安全治理实践中，逐渐在探索政府主导、市场调控和社会参与的多元共治模式，进一步构建共建共治共享社会治理新格局，优化边疆生态安全治理体系，推动边疆生态安全治理能力现代化。

近年来，西双版纳州高度重视节能降耗、清洁生产、产业转型、工业节水等。首先，在政府层面，通过加强组织领导，建立了一系列规章制度。重点耗能企业分别与州政府签订节能降耗目标责任书，形成了由政府牵头、各职能部门共同推进的节能降耗工作机制。西双版纳州在积极开展节能降耗的同时，稳步推进工业企业强制性清洁生产审核，成立了由州环保局分管领导任组长，相关科室负责人和县级环保部门分管领导任副组长，州、县两级环保系统相关工作人员为成员的推行清洁生产工作领导小组，各企业均建立了由高层领导担任清洁生产领导小组组长的体制。在政府与企业协同合作下，不断深化发展西双版纳的支柱产业旅游业，加大重点行业、企业和产品技术改造力度，鼓励和支持生物医药、橡胶、普洱茶、绿色食品加工、水泥、矿冶等重点产业加快技术改造和创新步伐，优化产业技术结构，努力培育新的经济增长点。并按照“节流优先，治污为本，提高用水效率”的工业节水工作指导方针，制定了符合西双版纳州实际的工业节水工作计划、建立了工业用水统计制度、初步开展了行业定额用水的管理制度，全面实施水资源有偿使用制度和水资源论证管理制度。此外，还建立了机关企事业单位节能管理制度，成立西双版纳州节能监察支队，同时完善公众监督制度，实施能效评级与绿色建筑标识公开制度。

其次，以政府为引领，各企业积极推进以“节能—环保—循环—可持续

① 参见廖林燕、张飞《边疆治理转型过程中的地方政府治理现代化探论》，《广州大学学报》（社会科学版）2016 年第 2 期。

发展”为主的发展模式，有效利用太阳能、风能、生物质能等可再生能源，强化资源回收再利用，使用节能节水器具，加强环境卫生综合整治，完善绿色交通系统，推进景区智能化、低碳化发展。从2014—2016年，西双版纳州佳力轮橡胶有限公司废水处理及沼气回收利用工程、西双版纳石化集团有限责任公司相继完成农村清洁能源改造项目等多个重点节能项目。2016年，西双版纳州大兴、天城、大润发、沃尔玛等100平方米以上的大型商场、宾馆、饭店等公共建筑使用节能灯和LED灯使用率达90.92%；万达希尔顿逸林度假酒店、万达皇冠假日酒店实施节水、节油、节电示范项目；A级以上景点节能灯具应用率达到90%以上，星级宾馆综合能耗下降2%；云南中乾集成房屋有限公司在农村建成409栋装配式建筑，每户面积100平方米，有效推广应用了新型墙体材料。在清洁生产审核宣传培训中，各企业在开展审核工作的过程中，积极组织或派人参加各类清洁生产培训，从企业厂长经理到车间班组操作工，都能了解清洁生产知识。①

再次，以政府为引导，不断加强生态环境保护宣传教育，企业、社会公众广泛参与。西双版纳州政府非常重视对企业、社会公众进行宣传引导，并采取了诸多措施，让企业、社会公众参与到生态治理实践之中，并取得了显著治理成效。在节能减排方面，西双版纳州通过悬挂节能宣传周宣传标语、布置宣传展板、发放节能宣传单，动员社会各界参与节能减排为宣传重点，形成更加浓厚的节能社会氛围。在水资源的节约和综合利用方面，通过实施农业节水措施，工业废水利用、节水设备改造，全面建设节水型社会开展节水器具的推广、加强节水宣传教育提高群众节水意识等节水措施，提高了社会公众水资源利用效率。在清洁生产方面，积极开展环境信息交流、环保政策法规培训、环境法制宣传，充分利用户外宣传栏、大型电子屏幕等设施，悬挂或登载“清洁生产利国利民”“清洁生产是可持续发展的前提和基础”“清洁生产是科学发展的必然要求”“开展清洁生产是企业学法守法的行为表现”等标语，引导企业和公众树立清洁生

① 参见《西双版纳创建国家生态文明建设示范州指标完成情况说明》，西双版纳州生态环境局，内部资料，2017年。

产理念。此外，还以每年开展“六·五”世界环境日纪念活动为契机，发挥环保系统工、青、妇等群团组织的作用，在城市广场或人口集中区设立环保咨询服务台，向公众讲解环保知识，发放环境保护法、清洁生产促进法、环境影响评价法、建设项目环境保护条例等法律法规及有关宣传资料。在低碳宣传活动方面，西双版纳州发改委与工信委等多部门联合行动，组织景洪市、勐海县、勐腊县及西双版纳旅游度假区、景洪工业园区、磨憨经济开发区开展了形式多样的节能宣传周和低碳日活动，宣传节能减排知识，倡导绿色、节能、低碳的生产方式、消费模式和生活习惯，大力宣传节约能源资源，提高公众应对气候变化和低碳意识，树立勤俭节约理念；州教育局在学校开展低碳节能宣传教育，倡导全体师生低碳生活，增加师生的能源资源忧患意识和节约意识，开展了“低碳生活进校园、进家庭、进社区”德育教育活动、“小手拉大手，家校齐努力”活动，让“节能低碳，绿色发展”“低碳行动，从我做起”走向每一个家庭。这种多层次、多渠道的宣传让绿色生活方式不断深入人心。

此外，以政府为主导，非营利社会组织广泛参与。一些国内外企事业单位、社会团体、其他组织和个人为更好地保护西双版纳地区的生态环境，共同组织建立了热带雨林保护基金会。西双版纳热带雨林保护基金会是2010年在西双版纳州委州人民政府主导下成立，由云南省林业厅作为业务主管单位，在云南省民政厅登记注册的地方性公募基金会，为热带雨林保护捐赠的资金、物资进行筹集和管理的非营利社会组织。该基金会致力于西双版纳热带雨林及生物多样性保护与生态环境修复，自成立以来，开展了基诺山雨林修复、勐海布朗山林地修复、亚洲象栖息地修复、勐腊大臭水生态保护、蜜蜂养殖生计发展推动亚洲象保护、亚洲象保护核心社区、小田坝旧家森林修复、尚勇保护区龙门污水处理、生物多样性的监测等多个项目，对于促进当地生态保护及治理发挥了一定作用。

第五章　从传统到现代：西双版纳生态安全治理机制

西双版纳傣族自治州与老挝、缅甸接壤，毗邻泰国，独特的区位优势使其成为国家“一带一路”倡议和“澜沧江—湄公河”合作机制的重要节点和云南面向东南亚辐射中心的前沿，同时其独特的地理环境与气候条件也使得其生态环境良好、生物资源丰富、民族文化深厚、政策导向明确、产业特色鲜明，为推动边疆生态安全治理体系和治理能力现代化提供了重要保障。

第一节　20 世纪 50 年代以前西双版纳生态安全治理机制

20 世纪 50 年代以前，西双版纳生态安全治理机制主要通过森林保护、水源保护、流域治理等具体方面得以呈现。明清以前，西双版纳并没有专门的关于生态安全治理的相关组织机构及法律法规，主要是对森林、水源等进行保护及管理。直至清末民国以来，政府层面逐渐关注及重视森林保护、水源保护、流域治理等，并制定了一系列政策法规、管理办法、实施方案等。

一　元明清时期西双版纳生态安全治理机制

在传统社会，西双版纳地区当地各族民众经过长期与自然的相处，对于自然资源的保护已然形成一套较为成熟的管理机制。

（一）传统的山林资源管理

历史上，西双版纳各村寨之间少有山林权属纠纷，偶有纠纷一般按地方法规、乡规民约等进行处理。

1. 地方政权主导下的山林资源管理

元明清时期，西双版纳属于宣慰使封邑，傣语称宣慰使为“召片领”。明洪武十五年（1382），景洪宣慰使制定了有关山林、水利、土地等地方性法规。按照法律规定：西双版纳境内全部山林土地、牧场、森林、河流都是归属土司所有，百姓是土司的子民，村社成员只享有土地使用权，土地不能私有，任何头人或百姓不得买卖山林土地，开垦荒山荒地只能享受三年不缴官租的“优待”。土地占有和分配使用有三种情况：一是宣慰使和各勐土司均直接占有大量土地，世代继承不调整变动；二是宣慰使议事庭头人及各勐头人，大都有薪俸田，但不得世袭，此外，贵族头人还多占有园林、鱼塘等；三是除了若干村寨的田地全部或大部为土司和贵族的薪俸田外，其余田地则属村寨“公有”，由村寨头人掌握分配给本寨百姓使用，必要时做局部调整。①

在宣慰使衙门及各勐土司中设置有管理山林的山官“召吞”，其职责是保护森林及领主的“竜山”“竜树”，并把“竜山”“竜树”作为崇拜的对象，定期进行祭祀，严禁砍伐；对于两个村寨相邻的山林资源，村寨与村寨之间以石为界，不得越界砍伐，违者视其数量多少，予以罚款处理。②从召片领到各勐土司、头人，均制定过相应的护山、护林条文或公约等形式的规定，在很大程度上约束了人们的乱砍滥伐行为，保护了生态环境。如“砍伐神树者，轻者罚为寺奴”，“严禁砍伐龙山、龙树”，“砍掉别寨的龙树，须负担该寨的全部条费”，“寨子，路边的树木应保护、不能乱砍”等，并规定违者视情节罚款处理。③

① 参见西双版纳傣族自治州林业局编《西双版纳傣族自治州林业志》，云南民族出版社2011年版，第145页。

② 参见西双版纳傣族自治州林业局编《西双版纳傣族自治州林业志》，云南民族出版社2011年版，第79页。

③ 参见西双版纳傣族自治州林业局编《西双版纳傣族自治州林业志》，云南民族出版社2011年版，第158页。

宣慰使为强化对山区民族的控制和分配封建负担，把山区划为十二“火圈”，与坝区十二版纳相对应，委派臣僚担任各山区的“波朗”，直接控制管理山区。据《十二版纳志》记载：“十二版纳原居之摆夷（傣族），或山居之其他民族，对于森林之利用，勿论在建筑上、燃料上及日常生活上所需之木材，都可以自由入山采伐，并无限制。至各户私人种植之竹类及专供充作燃料用所种黑心树，则属私家所有，可以买卖，他人不得采伐。草原亦可公共放牧，牧场无村有之界限。游猎亦不受村落之限制。”① 但是，山林、荒山都有“山主”。山区各民族对山林土地的占有，是根据各自进入那一片土地的先后而确定。②

2. 村寨民众主导下的山林资源管理

在传统社会，西双版纳各村寨之间有明确的山林土地界线，在本村社界内，水源林、风景林、防护林与“竜山”“神山”“坟山”皆为禁伐区，任何人不得随意砍伐，其他地方可以随处开垦，谁垦谁种，也有以氏族或村社集体开垦，分户种植，谁种谁收。如果土地不够轮垦，需到村界外开垦，须征得外寨头人同意，缴纳一定的租金或实物礼品。如：基诺族的山林土地在向土司缴税的前提下属全寨共有，谁开谁种，寨与寨之间的地界插上削尖的竹签，以示互不侵犯。③ 但村寨的山可以租给他寨，租额一般很轻，规定每百斤谷种的面积缴五斗谷子，在本寨范围内，每家可以自由选择地段耕种，面积多少没有限制。④

历史上，西双版纳地区的傣族村寨在山林资源管理方面有诸多规定。第一，在森林保护方面：西双版纳每个傣族村寨都有神山，当地人认为神山是寨神居住的地方，他们崇拜神山，严格禁止在神山的森林砍伐、狩猎、开垦、采集和放牧。为祈求寨神保佑人畜平安、五谷丰登，每年村民

① 李拂一：《十二版纳志》，云南人民出版社 2020 年版，第 67 页。

② 参见西双版纳傣族自治州林业局编《西双版纳傣族自治州林业志》，云南民族出版社 2011 年版，第 145 页。

③ 参见西双版纳傣族自治州地方志办公室编纂《西双版纳傣族自治州志》（中册），新华出版社 2001 年版，第 329 页。

④ 参见西双版纳傣族自治州林业局编《西双版纳傣族自治州林业志》，云南民族出版社 2011 年版，第 145 页。

都要在神山管理者的带领下在神山林举行祭祀活动。每个傣族村寨也必有一个坟山林，由当地人选择一片生长良好的天然森林作为集体墓地，坟山林内禁止开垦和砍伐，村民一般只在安葬亡者时才进入，平时不敢进入，所以无人采集、放牧和狩猎。第二，在水源保护方面：通常傣族村寨后面的山坡上或山沟里都要保留一片水源林，在其中伐木或在水源头进行污染性的活动都是被禁止的，且所有小溪源头附近的森林人们都不能砍伐。此时人们便认识到这些森林具有涵养水源的功能，如果砍伐了这些天然植被，小溪水量就会减少甚至干涸。第三，在森林资源的可持续利用方面：在传统社会，每个傣族村寨都制定了村规民约，禁止乱砍滥伐、破坏森林。傣族民众建盖房屋所用的木料，需要经过村寨管理者同意才能采伐。即使可以砍伐树木建盖房屋，他们在森林里砍伐木材或竹材时，也会根据实际需要量进行择伐，砍伐木材要分几处去砍，砍伐竹子每丛不超过25%，不会一丛都砍光。而且他们一般不砍活树，只是捡拾倒木和枯枝。在采集野生蔬菜和药用植物时，当地民众都是只取需要的嫩尖、叶等部位，而不会把整株植物都拔掉，需用根、茎和全株的只在一片地方采 1—2 株。①

历史时期，哈尼族也有严格的山林资源管理规定，他们会按照山林的不同用途予以分类管护，他们认为有许多原始森林是重要神灵的居所，永远不能砍伐甚至严禁进入；有些山林则因生产生活所需不得不砍伐，但也有相应的措施使其迅速恢复。此外，山林资源管理严格还体现在奖惩赏罚上。在处罚方面，根据对森林危害的程度及肇事人的经济情况，分别采取批评教育、罚款等方式处理。一般的违法，如毁林、盗伐的数量不多，或是初犯，以批评教育为主，但须责令其在所伐树木的原处补种树苗，情节严重，如屡教不改或数量众多者，除遭受谴责、补种处罚外，还须到追玛家中向追玛、寨老低头认错，并至少带一只鸡、两瓶酒谢罪；情节格外严重者，除以上处罚外，还要遭到以下严惩：准备相当数量的烟、酒、菜和

① 参见陈剑、刘宏茂、许又凯等《西双版纳傣族传统森林资源管理调查研究——以景洪市曼点村为例》，《安徽农业科学》2007 年第 19 期。

至少一头猪，和追玛、寨老及全体村民到寨头的“米山老”杀猪煮肉宴请众人。由于处罚的严厉，肇事者在经济上也蒙受了很大的损失，所以许多人不敢对沿袭千年的古规古礼有所冒犯，而是循规蹈矩，严格保护森林，自觉维护生态环境。①

勐宋哈尼族是传统的山地农耕民族，在长期与自然相处过程中，对森林、水源及农业的关系有了深刻的理解，积累了丰富的山林资源管理的生态保护知识，并将其纳入整个村社的管理体系之中，用族规、寨规来规范、约束所有人的行为，为自然资源的可持续利用以及维护当地生态环境提供了制度保障。当地哈尼族会根据土地资源的特征和用途，将整个村社的土地划分为村寨、森林、轮歇地、水田、沼泽地（水体）五种类型进行统一区划管理。平坝开垦为水田，村寨则建于平坝四周的山腰和山凹平坦之地，寨后寨周森林蓄养作为水源林和风景林，严格加以保护，溪流流过村寨，灌溉寨下农田；而轮歇地则划在离村寨相对较远、海拔相对更低、热量更充足的缓坡林地中。在村社头人（叭罗）、各村寨陇巴头（追玛）、各氏族族长（帕牟）的共同商议下，对整个社区的土地进行林—寨—地—田分片区划，对重要森林资源由村社统一管理，反映了勐宋哈尼族传统公有制的管理制度，体现了他们对森林—水源—农业等系统较深的认识和持续利用的原则。勐宋哈尼族将森林分成两大类：一类是绝对保护的，包括村社藤类保护林、村寨防护林（现叫作风景林）、水源林、坟山林以及“地母圣林”，这些森林都是绝对禁止砍一草一木，以原始森林的形式被保护下来，其中除了村社藤类保护林为勐宋哈尼族独创外，其他都是所有哈尼族村寨都会有的规定用以保护森林；另一类是可以利用的森林，包括传统用材林、传统薪炭林和传统经济林三种；此外，沼泽地、天然湖泊等也会被纳入绝对保护范围。②

① 参见杨多立《西双版纳哈尼族的生态文明系统》，《云南民族大学学报》（哲学社会科学版）2003 年第 3 期。

② 参见王建华、许建初、裴盛基《西双版纳勐宋哈尼族的传统文化与生态系统多样性管理》，《生态学杂志》2000 年第 2 期。

（二）传统的水利管理制度

在传统社会，西双版纳地区以种植水稻为主。生活在平坝的傣族尤为擅长种植水稻，他们通过打桩筑坝，开渠引水，灌溉农田。经过历史时期的长期生产实践，形成了一套地方性的严密有效的水利管理制度。“板闷”是西双版纳傣族村社对水利管理人员的特称，其职能相当于我国古代中原地区的“水正”，代表着地方治水的权威。“板闷”的主要职责有二：一是维护传统水规，合理分配水量；二是督促农户修渠筑坝，确保水利畅通。

在西双版纳封建领主社会，召片领及召政权为了巩固其统治，非常重视水利灌溉事业。在“板闷”制的基础上，召政权建立了严密的水利管理规章制度。清代，召片领在其管辖范围内的各个较大的沟渠设立“板闷龙（或称板勐龙）”或“版闷囡”，即正副水利总管，管理本沟渠及灌区内水利事务灌区以内的各村寨，也设有“版闷”（总管），一些灌溉范围较宽的河道，组织“沟会”，推选“沟管事”，执行水规，有些傣族地区设“沟头”管理本沟水事。①

依规治水，自古有之。在传统社会，西双版纳地区以地方政权主导的治水法规对于减轻水旱灾害，保证农业生产，维护农业生态安全起到了重要作用。历史时期，在地方政权的权威治理下，当地建立起了“政权投入+基层治水”的“自上而下”水利管理体系，这套体系既有地方政权的组织与动员能力，也顺应了基层村寨生产与生活的现实需求，得到了村寨与人民的认可。② 在这一过程中，传统的水利管理能力得到提高，减轻了水旱灾害对于地方社会带来的影响，更强化了地方政权对于基层社会的管理与控制。

地方政权制定了一系列的治水法规从法律法规层面严格地规范、约束了官员、百姓的行为。1950 年以前，西双版纳封建领主政权“勒司廊”议

---

① 云南省地方志编纂委员会总纂，云南省水利水电厅编：《云南省志》卷 38“水利志”，云南人民出版社 1998 年版，第 458 页。

② 参见李博阳《共生的政治：傣族传统村寨的权力与结构——基于传统时期西双版纳景洪傣寨的调查》，博士学位论文，华中师范大学，2020 年。

事庭制定的《西双版纳傣族法规》第三章第三节中规定：破坏农业生产中，坏水坝、水渠，破坏水规、偷放水及妨碍灌溉等都有明确的处置规定。其中，第30条规定：破坏水坝，罚银440“罢滇”；第33条规定：未经田主同意，用鱼笼安放在其灌沟中捕鱼，罚220“罢公”；第34条规定：将鱼笼安放在田埋的水口处捕鱼，在孕穗时，罚220“罢公”，在抽穗时，罚银330“罢公”；在《封建法规译文》中，又有新的补充“派修水沟不去者，罚银100‘罢公’”“偷放别人田里的水，灌自己的田者，罚银101‘罢滇”，“破坏水规，偷放水渠的水者，罚银404‘罢滇’”。另外，在议事庭长修水沟命令中规定：“如果因不去参加疏通沟渠，致使水不能流入田里，使田地芜，那么官租也不能豁免，仍要向种田人按每百纳收取租谷30挑。”①

此外，西双版纳召片领政权还颁布了一系列的岁修水利的地方性法令。清乾隆四十三年（1778），西双版纳最高政权机构“勒司廊”议事庭颁布一份修水利的命令：“大家应该一起疏通渠道，使水能顺畅地流进大家的田里，使庄稼茂盛地生长，使大家今后能衣足食，有足够的东西崇奉宗教。……如果因缺水而无法耕耘栽插，即去报告动当板闷及陇达，要使水能够顺畅地流入每块田里，不准任何一块宣慰田或头人田因干旱而荒芜。……到了十月份以后，水田和旱地都种好了，让勐当板闷、陇达等官员到各村各寨作好宣传：要围好篱笆，每庭栽根大木桩，小木桩要栽得更密一些，编好篱笆，使之牢固，不让猪、狗、黄牛、水牛进田来。如果谁的篱笆没有围好，让猪、狗、黄牛、水牛进田来，就要由负责这段篱笆的人视情况赔损失。有猪、狗、黄牛、水牛的人，要把牲口管理好。猪要上枷，狗要围栏，黄牛、水牛和马都要拴好。”② 岁修水利法令颁行之后，为保证法令得到贯彻落实，地方政权会进行严格的检查验收，确定修渠日期，组织劳力，分配备料，举行放水仪式，检查修理水沟的工程质量，如果检查出问题，会酌情罚款。

① 高立士：《西双版纳傣族传统灌溉与环保研究》，云南人民出版社2013年版，第135—136页。

② 张公瑾：《西双版纳傣族历史上的水利灌溉》，《思想战线》1980年第2期。

二 民国时期西双版纳生态安全治理机制

民国初年，西双版纳境内大多数森林尚处于无人管理的状态。时人李拂一曾提到："政府亦一向不予管制，傜（瑶）、苗、阿卡、倮黑、蒲蛮等族，所居皆崇山峻岭，森林尤富。伐木焚山，以种五谷，即利用木灰，以作肥料，肥沃无比。三五年后，地力减退，杂草丛生，则又舍去，另辟其它森林地带，播种五谷，交换轮流，损害森林，非常巨大。"因此，李拂一建议："今后对边地森林，政府应特别注意，切实保护，至山居民族之粮食，则勿妨另予挹注，勿使其再滥毁森林，增加童山。"① 随着国民政府制定了诸多森林保护、水利兴修、流域治理等相关政策法规，且设立了专门的林政、水政机构，推进了此一时期生态安全治理的规范化、法制化进程。

（一）制定森林保护相关规章制度

1. 设立了专门的林政机构，制定森林保护及管理制度

民国二年（1913）正月，置普思沿边行政总局，总局内又设司法、教育、事（实）业、财政、交涉、翻译等机构，农林生产归事业科（后改建设科）主管。② 同年，南峤县为"促旧布新"，沿用各地方头人旧乡区域习惯，将旧有林场编为10个林场，由县长委任当地所推崇之头人为林场管理员。③ 民国三十六年（1947），云南省建设厅给佛海县县长训令：关于本省保护森林办法，"为加强保护效率起见派定各乡乡长，并各该区森林总管理员，各保保长兼森林管理员负责办理各该区森林保护事宜"④。同年，云南省建设厅给六顺县县长训令，"查本县森林早经派有专人保管，且令饬警察局随时派警巡查保护"⑤。民国三十七年（1948），云南省建设厅给佛

① 李拂一：《十二版纳志》，云南人民出版社2020年版，第112页。

② 参见西双版纳傣族自治州林业局编《西双版纳傣族自治州林业志》，云南民族出版社2011年版，第6页。

③ 参见西双版纳傣族自治州林业局编《西双版纳傣族自治州林业志》，云南民族出版社2011年版，第7页。

④ 《佛海县政府关于奉发保护森林办法及遵办情形给云南省建设厅厅长的呈》，1947年7月12日，云南省档案馆藏，档案号：1077-001-03849-042。

⑤ 《云南省建设厅关于六顺保护森林一事第四区专员公署的公函》，1947年9月4日，云南省档案馆藏，档案号：1077-001-03849-058。

海县县长训令："饬实施保管公私有森林，并将经办采伐森林案件。"①

2. 组织专门的防火队，严格防范火灾

民国二十八年（1939），云南省建设厅给镇越县县长训令："查保护森林之道，无首注重于森林火灾之燃烧，本应为防治各县区森林火灾期间，曾经通令各该县区遵照组织防火队认真防护一案。（各）合行检发办法，仰该县遵照，凡将防火队过日组织成立，认真防护"，并"查（职）县天然林极多，茶菌竹林，亦复不少，早经令饬各级自治人员认真保护，禁止砍伐及私放野火，历经呈报在案。兹奉令饬，亟应遵办，除转饬各区乡镇保甲遵照奉发办法"②。民国二十九年（1940），云南省建设厅训令"查造林一事种植容易保护为难而保护之道，尤首注意于森林之火灾本厅前为防治各县森林火灾起见曾经通饬各县区认真防治……合行令仰该县长迅予遵令将防火队，过日组织成立认真防护"，六顺县，"经于二十九年一月十八日将防火队组织成立，全县共计五大队，十四中队，五十八小队，除随时督饬各队认真防护，以维森林外"③。民国三十六年（1947），云南省建设厅厅长饬车里县县长马维忠，"认真保护森林严禁防治森林火焚，以维林政，仍将办理情形具报等因，本此自应遵办，当经转饬各乡督饬，各保甲长，认真查禁，如有发现纵火焚烧森林者，照章重处，并由各村寨组织防火队，逐日派人巡查以便预防扑灭奉令前因理合（职）县维护森林各情形备文呈请"④。

此外，规定砍伐森林需要申报森林砍伐许可证。民国三十七年（1948），六顺县县长朱明德向云南建设厅申报森林砍伐许可证。⑤ 同年，

---

① 《云南省建设厅关于请免解缴采伐森林管理费事给佛海县长得指令》，1948 年 12 月 1 日，云南省档案馆藏，档案号：1077-001-03841-077。

② 《云南省建设厅关于核准防火队预防森林火灾给镇越县长的指令》，1940 年 3 月 16 日，云南省档案馆藏，档案号：1077-001-08063-011。

③ 《云南省建设厅关于核准防火队预防森林火灾给六顺县长的指令》，1940 年 2 月 20 日，云南省档案馆藏，档案号：1077-001-08063-001。

④ 《车里县政府关于饬属组织森林防火队各请给云南省建设厅厅长的呈》，1947 年 4 月 26 日，云南省档案馆藏，档案号：1077-001-03848-021。

⑤ 《云南省六顺县政府关于申报森林砍伐许可证给云南省建设厅的呈》，1948 年 3 月 9 日，云南省档案馆藏，档案号：1077-001-03885-049。

云南省建设厅给镇越县县长训令："颁发采伐森林申请书及砍伐许可证二各一份，饬由三十七年一月份起，概由地方政府负责处理，所有采伐森林申请书及砍伐许可证亦由地方政府依法核办，对于采伐森林事项，务须选派安员认真查勘，有关保安风变者，概行严禁砍伐。"①

（二）制定水利管理相关规章制度

民国时期，云南制定了诸多关于水利管理的法律法规，在一定程度上增强了时人的生态安全意识，对于生态安全的有效治理起到了一定作用。

1. *制定了水利诉讼章程，并要求在西双版纳地区贯彻落实*

民国二十四年（1935），云南省建设厅给镇越县、六顺县、佛海县训令："案查水利诉讼案件，概由行政官署办理，早经通令在案。乃各该县长及设治局长等，遵照办理者，固不乏人，而不明定章，辄照民刑诉案仍以邻县或高等法院为第二审，判决上诉者，实居多数，迭准高等法院咨送办理，或见诸各县堂谕判决附注，不一而足，迨经撤销移转，公文往复，累月经年，诉讼当事人，既莫所适从，而人民之受累已不堪言喻，和亟重申前令，以免再生错误，查云南省水利诉讼章程，第二条载：'水利诉讼，以各县知事或行政委员为初审起诉机关，实业厅（即现建设厅下做此）为诉愿机关，省长公署为再诉愿，最终决定机关。'……恐人民未及周知，应由各该县长，设治局长等，录令布告。"②

2. *制定云南省建设厅改进农田水利实施纲要*

民国二十八年（1939），为贯彻落实云南省建设厅改进农田水利实施纲要，云南省建设厅训令："下县时，曾将县属河流虽多，于农田水利少资灌溉，所有第一区山地居多，概种旱谷，二三四各区，全属夷民，所种水田，专赖雨水灌溉，于各河流少有作用，惟三区之漫□③竜坝中数寨，所有农田，若遇干旱，常有缺水之虞，以致农产不丰，自民国二十三四两

---

① 《云南省镇越县政府关于申报森林砍伐许可证给云南省建设厅的呈》，1948 年 3 月 7 日，云南省档案馆藏，档案号：1077-001-03885-040。

② 《云南省镇越县政府关于奉到水利诉讼概由行政官署办理案日期及遵办布告情形给云南省建设厅的呈》，1935 年 8 月 5 日，云南省档案馆藏，档案号：1077-001-06048-049。

③ "□"表示此字无法识别。

年，邓于两前县长任内，各集该勐土司头人会议议决，距勐拿十余里之东山龙潭一处，水量丰富，拟开沟将此水源引入坝中，并筑蓄水塘一处，即筹款兴修，至二十五年春完工，近年获此水灌溉，千亩旱田，得水载插，每年增加产量，县长本年到任后，巡视各勐，见沿沟有三数处崩塌，即督饬该勐土司头人等派工修补，并饬沿沟栽树，以固堤岸等语。”①

3. 制定水道岁修章程

民国三十三年（1944）七月一日，云南省政府通令：“饬遵照水道岁修章程，按时修挖以减洪患一案。”六顺县县长张士儒，“遵查职县地居山谷，山多田少，河流多行山谷中，水流湍急，两岸多属山岩，甚少阻滞之处，水患尚少，历年均遵照奉领岁修章程，督饬各乡镇于冬春水涸，农□②之季，修整疏濬，兹值夏雨时行，尚无水患发生”③。民国三十五年（1946）三月二十七日，云南省建设厅训令：“饬遵照办理职县水权登记一案”，“查依照水利法之规定，除第三十八条所列者免予登记外，凡属地面水及地下水，均应办理水权登记”。镇越县县长李文新，“查职县人民无恒产，迁徙不定，至于天然流水之使用，更无丝毫争执，恳请免予办理登记”④。同年四月二十日，云南省建设厅训令，“饬将区内办理水权登记情形暨所征收之款项分别造册汇报”，六顺县县长陈本昌称，“遵查（职）县山多田少，水源奇缺，虽有小河多流经山谷中，绝少灌溉之利。因此水权登记一案，历任均未举办，故无是项款项收入。（县长）接任伊始对于水利事业，曾利加注意，设法提倡办理，山幸水利以资救济农村”⑤。

然而，多数政策法规并未得到贯彻落实，其收效甚微，起到实际效用

① 《云南省建设厅关于详报改进水利详细情形给云南省镇越县政府的指令》，1939年12月2日，云南省档案馆藏，档案号：1077-001-07585-28。

② “□”表式此字无法识别。

③ 《六顺县政府关于报云南省六顺县修挖水道情形事给云南省建设厅的呈》，1944年7月1日，云南省档案馆藏，档案号：1077-001-07441-068。

④ 《云南省建设厅关于碍难免办水权登记给云南省镇越县政府的指令》，1946年5月7日，云南省档案馆藏，档案号：1077-001-06045-053。

⑤ 《云南省六顺县政府关于尚未办理水权登记给云南省建设厅的呈》，1946年5月28日，云南省档案馆藏，档案号：1077-001-06046-032。

的仍是地方民众沿用的传统习惯法规。民国二十一年（1932）十月二十七日，云南省实业厅厅长训令："查水利法规为水利行政之准衡，关系至为重要一案……该辖境内沿用已久之习惯水律已颁行之，一切水利章则及对于水利法规编订应注意各点之意见。"然而，代理佛海县县长安瑞麟称："职县农田事项。因田土概属公有，私人不得买卖，又因夷民年年上户捐拆工，不纳粮税。是以田土无等级之分，水利亦历守公开主义。且每年仅种秋稻一次，已足敷食，而终止期间，历岁皆待天雨下降，始布种插，后不事耕作，即可坐待收成。是以内地每有识农事者来县，目睹夷民耕种减略而得收成，致将夷民得天独厚之语，传为口谣。此亦纪实之言。即间有附近河流之村落，或须仰给河水灌溉田亩者，系合寨公同出力，设置水车于河内以汲水灌田，亦系公享其水利。故夷民虽比户业农，但从无因水利而起争执者，斯为夷民中独有之美德。"①

第二节 20世纪50至90年代西双版纳生态安全治理机制

20世纪50至90年代，西双版纳生态安全治理的组织机构更为细化、法律法规制度逐步完善，山林权属更加明确、林政执法更为严格、生态环境管理制度逐步建立健全。

一 组织机构的更迭及细化

20世纪50年代，西双版纳生态安全治理并未有专门的机构负责，而是分散在多个机构职能之中。1953年，西双版纳地区各县相继设立建设科专门负责管理农林事业；1956年，建立林业工作站，负责全州城镇造林绿化；1958年，建立自然保护区，首次统一对自然保护区内的森林资源、生物多样性等进行保护和管理，提升了地方政府的生态安全治理能力。

① 《云南省实业厅关于云南省佛海县无习惯水律及水利规章准转报给云南省佛海县的指令》，1932年12月22日，云南省档案馆藏，档案号：1077-001-06030-031。

20 世纪 70 年代以来，西双版纳地区的生态环境保护及管理机构设置和职能配置趋于规范化、法治化、科学化，极大地提高了生态安全治理效能。西双版纳州根据《中华人民共和国森林法实施细则》和《云南省施行森林法及其实施细则的若干规定》文件精神，建立和健全林政管理机构。西双版纳州林业局成立初期，并未设林政科，很多林政事务都是临时安排，或者由其他科室代办，如森林资源调查与新造林验收等方面是由营林科负责办理，实施采伐规划与木材调运管理是由木材公司负责办理。1973 年，西双版纳自治州林业局成立。1981 年，开始筹建西双版纳州林业公检法机构，该机构行使县公检法机关职权，行政上由州林业局领导，业务上受州公检法机关领导和监督。同年，云南省政府批准建立 22 个自然保护区，西双版纳（景洪、勐腊、勐海）自然保护区被列为全省 4 个大型重点保护区之一。1982 年 1 月 6 日，西双版纳自治州林业“三定”（稳定山权林权、划定自留山、确定林业生产责任制）工作领导小组成立；3 月 22 日，州绿化委员会成立。为维护西双版纳林区治安秩序，有效管理自然保护区，保护全州森林资源，于 1982 年 11 月 9 日建立西双版纳州林业公安局，景洪、勐海、勐腊三县（市）设立林业公安派出所，勐养、关坪、勐仑、勐腊、尚勇、补蚌、曼稿七个自然保护区，均设有派出所；1982 年 11 月 9 日，成立州林业公安局；12 月 18 日，州制止乱砍滥伐森林办公室成立。1983 年 2 月 4 日，西双版纳自治州成立森林检察院和森林法院。[①] 1986 年 4 月，州林业局设立林政科，各县（市）林业局也相继组建和完善林政股，加强了全州林政管理。1995 年 4 月 1 日，经省政府批准又组建了西双版纳州森林武装警察大队，在保护西双版纳森林资源中发挥了重要作用。[②] 20 世纪 80 年代，猎杀国家重点保护野生动物事件较多，仅 1985 年被猎杀国家一类保护动物亚洲象 11 头。随着林政管理机构的逐步加强，建立了林政执法队伍，采取了一系列行政有效的措施，案件数量有

① 参见西双版纳傣族自治州林业局编《西双版纳傣族自治州林业志》，云南民族出版社 2011 年版，第 16—17 页。

② 参见西双版纳傣族自治州林业局编《西双版纳傣族自治州林业志》，云南民族出版社 2011 年版，第 158 页。

所下降。①

二　法律法规的建立及完善

20 世纪 50 年代以来，为更好地贯彻落实国家及云南省生态安全治理的相关法律法规，西双版纳结合地方实际和区域特色制定了诸多保护当地生态环境、维护边疆生态安全的规章制度。

（一）建立及完善山林权属制度

20 世纪五六十年代，未划定山林权属之前，历史时期所形成的山林所有制已经受到破坏，导致农场与村寨之间的山林纠纷较多，毁林开荒、乱砍滥伐现象突出。至 20 世纪 80 年代，实行“林业”三定，对山林权属的进一步明确，在很大程度上明晰了自然资源的所有权和使用权，较好地保护了森林。同时，为了更好地保护森林资源，专门设置了林政执法机构，维护森林治安。随着山林权属的明确划分以及林政执法力度的加强，森林资源得到有效保护及管理。

为实现山林权属的明确划分，西双版纳州贯彻落实中共中央、国务院《关于保护森林发展林业若干问题的决定》，实行林业“三定”和“两山一地”。1982 年，在全州范围内开展稳定山权林权，确定林业生产责任制，划定社员自留山（林业“三定”）。1983 年，为进一步搞好林业生产责任制，加强现有山林的保护与管理，在林业“三定”的基础上，全州开展落实责任山，划分自留山，划定轮歇地的“两山一地”到户，核发山林所有证书，建立了林业生产责任制，规定了责、权、利。② 1983 年 11 月，为了搞好“两山一地”到户工作，巩固林业“三定”成果，州政府专门成立了林权纠纷调解小组，代表州人民政府，协助各县调解处理山林地界纠纷。③

① 参见西双版纳傣族自治州林业局编《西双版纳傣族自治州林业志》，云南民族出版社 2011 年版，第 159 页。

② 参见西双版纳傣族自治州林业局编《西双版纳傣族自治州林业志》，云南民族出版社 2011 年版，第 146 页。

③ 参见西双版纳傣族自治州林业局编《西双版纳傣族自治州林业志》，云南民族出版社 2011 年版，第 148 页。

随着山林权属日趋稳定，林界、地界纠纷逐年减少。

为绿化荒山，改善生态环境，促进农林牧全面发展。1994年，西双版纳州委制定了《四荒地使用权有偿出让暂行办法》和《活立木资产转让实施办法》，积极推行“四荒”（荒山、荒坡、荒滩、荒水）土地使用权有偿转让，这些转让的荒山种植了杉木、樟树、茶树、咖啡、澳洲坚果、热带水果等经济林木，[①] 在保护生态环境中促进了地方经济发展。

（二）建立及完善自然资源保护法规法规

20世纪60年代以来，西双版纳州针对森林资源保护、野生动物保护等自然资源保护制定了严格的管理制度。1962年9月16日，西双版纳傣族自治州第二届人大三次会议通过决议，保护森林以及珍贵野生动物鸟类；1963年1月16日，中共思茅地委发出《关于边疆地区应切实注意保护森林的通知》；1964年3月9日，时任州长召存信签字发布有关森林及稀有动物保护的布告，其中心是保护全州森林资源（含珍稀动、植物资源），严禁乱砍滥伐、乱捕滥猎等行为，要全民认识到保护森林资源的重要意义；1965年1月3日，西双版纳傣族自治州人民委员会批准州林管区《关于加强森林资源采伐管理工作的意见》，木材采伐纳入国家计划管理；[②] 1968年3月16日，西双版纳傣族自治州军管会批准《关于在国营农场深入贯彻中共中央、国务院、中央军委、中央文革小组〈关于加强山林保护管理，制止破坏森林树木的通知〉的意见》，规定各国营农场垦殖林地必须经政府部门批准。[③]

20世纪70至90年代，西双版纳州境内生态环境问题凸显，为保护自然资源，维持生态平衡，保障当地社会、经济、环境可持续发展，西双版纳州出台了一系列保护自然资源的通知、方案、意见、决定等，进一步推进了边疆生态安全治理进程。为加强森林资源保护及管理，西双版纳州委、州政府及林业相关职能部门相继印发了《关于加强森林保护和木材采

① 参见西双版纳傣族自治州林业局编《西双版纳傣族自治州林业志》，云南民族出版社2011年版，第147页。

② 参见西双版纳傣族自治州林业局编《西双版纳傣族自治州林业志》，云南民族出版社2011年版，第11—12页。

③ 参见西双版纳傣族自治州林业局编《西双版纳傣族自治州林业志》，云南民族出版社2011年版，第12页。

伐管理的布告》《关于禁止毁林开荒，加强森林保护的通知》《1976—1980年西双版纳州林业发展规划（草案）》《关于加强森林保护的决定》《关于西双版纳自然资源保护发展和开发利用方案的初步意见》《关于发挥西双版纳热带资源优势的意见》《关于加强护林防火的紧急通知》《云南省西双版纳傣族自治州森林资源保护条例》《西双版纳傣族自治州人民政府关于制止毁林开垦的通告》等。为加强野生动物资源保护及管理，相继印发了《关于西双版纳珍贵稀有野生动物被猎杀倒卖的情况报告》《关于加强西双版纳野生动物保护，坚决打击违法犯罪活动的通告》《西双版纳傣族自治州野生动物保护条例》等。其中，《西双版纳傣族自治州野生动物保护条例》中明确规定，要设立野生动物保护基金，从1997年开始，每年拿出10万元，各县（市）各拿出5万元作为补偿经费。① 与此同时，虽然亚洲象是国家一级保护动物，但是亚洲象踩踏庄稼的事件时有发生，为保护野生动物和减轻群众生产所受损失，在《野生动物保护法》中明确规定，对野生动物造成的损失，由各级政府给予适当补偿，1985—1993年，西双版纳州补偿野生动物损失费27万元（不含自然保护区）。②

此外，为维护边境生态安全，西双版纳州与周边国家签订联合防范森林火灾、防范生物入侵的协议。1993年1月，西双版纳勐腊县与邻近的老挝南塔、勐新、约乌三县签订了《关于中老边境一线森林防火协议书》，开创了与周边国家联合森林防火的先例。③ 该协议第三条规定，在靠近边境地区烧牧场和烧荒时，双方应做好防范工作，开好防火线，并提前通知对方有所准备；第四条规定，为防止边境线附近的森林火灾越过边境，发生火灾应及时扑灭，发生火灾一方应将火情及时通知另一方；第七条规定，发现一方植物发生病虫害并有越界可能时，应及时通知对方，做好防范工作，并共同合作扑灭病虫害。至1995年，勐腊县护林指挥部，先后五

---

① 参见西双版纳州林业局《野生动物糟蹋农作物、伤害人畜的情况》，1997年4月14日，西双版纳州档案馆藏，档案号：57-7-17。

② 参见西双版纳傣族自治州地方志办公室编纂《西双版纳傣族自治州志》，新华出版社2001年版，第262页。

③ 参见西双版纳傣族自治州林业局编《西双版纳傣族自治州林业志》，云南民族出版社2011年版，第24页。

次同老挝开展联防会，双方检查了 1992 年签订的“中老边境防火八条协议”，并进一步商定了互访、互报、互灭的防火具体措施，增强了中老边境森林防火联防工作。[①]

（三）建立及完善流域生态环境保护法规

20 世纪 90 年代，西双版纳州出台了一系列关于流域生态环境保护的法规条例。1990 年 6 月 28 日，西双版纳州政府发出《关于加强我州森林资源的保护及恢复澜沧江、流沙河两岸主要公路沿线生态植被的通知》，为保护澜沧江流域生态环境，《通知》要求在已划定的自然保护区、国有森林、集体森林内禁止乱砍滥伐、毁林开垦，不准以任何借口进行开垦，种植橡胶树、茶叶树、甘蔗或其他农作物。[②] 1991 年，勐海县政府为了加强对流沙河两岸、昆洛公路两侧现有林木的保护管理，有计划地造林、恢复森林植被，改善生态环境，根据当地实际作出了《保护和恢复生态环境的决定》，县政府决定成立由格三副县长任组长，人大、政协、纪委、公检法和其他有关部门领导以及沿线乡村长参加的“勐海县保护流沙河两岸、昆洛公路两侧防护林带领导小组”[③]。

为了加强对澜沧江流域[④]生态环境的保护，合理开发利用澜沧江流域资源，促进经济社会可持续发展。1992 年 5 月 1 日，西双版纳州人大第七届五次会议通过《云南省西双版纳傣族自治州澜沧江保护条例》，此条例的重点是加强对澜沧江的资源保护，要在维护生态环境的良性循环、恢复和保护自然景观的前提下，进行综合治理，达到合理开发利用，该条例的颁布使澜沧江两岸乱砍滥伐得到有效控制，两岸植被有所恢复。[⑤] 据统计，

① 参见西双版纳傣族自治州林业局编《西双版纳傣族自治州林业志》，云南民族出版社 2011 年版，第 84 页。

② 参见西双版纳傣族自治州地方志办公室编纂《西双版纳傣族自治州志》，新华出版社 2001 年版，第 264 页。

③ 西双版纳农业局秘书科：《勐海县作出保护和恢复生态环境的决定》，1991 年，西双版纳州档案馆藏，档案号：55-4-4。

④ 澜沧江流域主要是指流经西双版纳傣族自治州境内的澜沧江 188 千米干流和一级支流的水域和生态公益林地。

⑤ 参见西双版纳傣族自治州林业局编《西双版纳傣族自治州林业志》，云南民族出版社 2011 年版，第 24 页。

自颁行《西双版纳州澜沧江保护条例》以来，在澜沧江沿岸第一分水岭内种植粮食和短期经济作物面积达4.2万亩，到1996年已减少到7705亩，沿江两岸森林覆盖率已上升到75%。①

（四）建立及完善生态环境管理制度

生态环境管理是对生态环境进行整体性、系统性的管理和综合治理，旨在保护和改善生态环境，实现社会经济可持续发展。20世纪90年代以来，我国生态环境管理制度逐渐建立并完善，为保护环境、解决污染纠纷、征收排污费等提供制度保障。

1. 大力推进环境保护，维护生态平衡

1993年，西双版纳州人民政府作出《关于加强环境保护工作的决定》。该《决定》的出台，从战略层面，将环境保护纳入国民经济和社会发展中长期规划和年度计划之中，开始整体统筹农业、林业、水利等生态环境管理相关职能部门，加强各部门之间的协作。《决定》中明确指出：农业部门要加强农业生态环境保护，积极开展生态农业试验，逐步推广生态农业，防止农药、化肥、农膜对环境和农产品的污染，大力发展绿色产品；林业部门要加强对森林资源的保护和管理，充分调查社会各方面的积极性，加快造林步伐，禁止乱砍滥伐，确保森林资源稳定增长；水利部门要加强对水资源的统一规划和管理，开发利用水资源必须进行考察和评价，全面规划，统筹兼顾，防止对生态环境不利影响，会同有关部门做好水质保护和防治水土流失；此外，产生环境污染和其他公害的单位，必须制定消除污染、保护环境的计划，防止在工业生产活动中对环境的污染和危害。②

2. 建立环境保护目标责任制

为进一步加强西双版纳州环境保护，调节环境保护与经济发展之间的冲突及矛盾。1994年4月，云南省人民政府和西双版纳州人民政府签订了1994—1997年环境保护目标责任书。该责任书确定了“控制自然生态环境

① 参见西双版纳州林业局《关于州政协七届五次会议第85号提案的答复》，1996年5月27日，西双版纳州档案馆藏，档案号：57-6-28。

② 参见西双版纳傣族自治州地方志办公室编纂《西双版纳傣族自治州志》，新华出版社2001年版，第264页。

质量下降趋势，景洪市城区大气环境质量保持二级水平，一市两县县城自来水厂取水点水质年均值达Ⅲ类标准”的总目标。①

3. 建立固体废弃物申报登记制度

根据《关于在全国开展固体废弃物申报登记工作的通知》和《云南省固体废弃物申报登记工作实施方案》，西双版纳州重点排放固体废弃物的企业严格开展申报登记工作。如：1997 年，西双版纳州对全州重点排放固体废弃物的企业，包括造纸、制糖、医药、采矿等行业，逐一发放申报表、填表细则、申报要求等资料。这为了解全州固体废弃物产生的种类、数量、来源与流向，制定固体废弃物污染防治策略或具体实施污染源治理计划提供了科学依据，同时对提高企业对固体废弃物的再认识、再利用具有一定作用。

4. 建立排污收费制度

排污收费制度是生态环境管理八项制度之一。依据《云南省征收排污费管理办法》，1986 年，西双版纳州开展排污费管理办法，主要对超标排放废水、废气、噪声污染物的国有、集体、个体企事业单位实行征收排污费的管理制度。1995 年，西双版纳州城建环保局首次征收建筑工场地边界超标噪声排污费。1996 年，勐海县首次开展排污收费（污水排污费），自此，排污收费制度在全州范围内全面实行。② 排污收费制度的建立，一方面为企业治理污染积累了资金，另一方面为环境监督管理提供了有利的经济手段。

第三节　21 世纪以来西双版纳生态安全治理机制

生态安全治理是国家治理的重要组成部分，提高生态安全治理体系与治理能力是建设人与自然和谐共生现代化的重要路径。2020 年 3 月，中

① 参见《西双版纳年鉴》编辑委员会编《西双版纳年鉴（1997）》，云南科技出版社 1997 年版，第 296 页。

② 参见《西双版纳年鉴》编辑委员会编《西双版纳年鉴（1997）》，云南科技出版社 1997 年版，第 297 页。

办、国办印发《关于构建现代环境治理体系的指导意见》，明确指出：要在遵循国家治理体系总体原则前提下，构建现代环境治理体系，必将深入推进环境治理体系和治理能力的现代化，为建设生态文明提供重要保障。[①] 21 世纪以来，随着现代化、全球化进程的加快，西双版纳社会经济快速发展的同时，也面临着严峻的生态安全形势。西双版纳州为破解及应对生态安全问题，逐步建立健全农村环境治理体系、生态文明制度与保障机制、环境安全风险防范体系、生态安全格局优化体系，推进了西双版纳生态安全治理进程，有效提高了西双版纳生态安全治理效能，推动了边疆生态安全治理体系和治理能力的现代化。

一　农村环境治理体系建立健全

农村环境治理既是生态安全治理的重要内容，也是实现乡村振兴的关键环节。农村环境的恶化往往会直接威胁生态系统的稳定性和可持续性。对于农村地区来说，要保护好农田、水源、山林等生态资源，需要通过环境治理来实现。通过农田的合理利用和农业的生态化发展，可以保护农田的肥力和水保功能，降低农业活动对生态环境的损害，保护生态系统的健康发展，维护生态安全，实现乡村振兴。在西双版纳农村环境治理进程中，主要通过农村生活污水治理、农业面源污染治理、农业农村污染治理等方面展开，实施了一系列农村环境整治工程，制定了针对性的实施方案、方法，健全了西双版纳农村环境治理体系。

（一）在农村生活污水治理方面

西双版纳农村地区存在污水处理不完善的问题，部分地区生活污水直接排放或未经处理进入水体，对水环境造成了污染。近年来，西双版纳州逐步建立农村生活污水治理体系，包括建设污水收集系统、建设污水处理设施、推广农村污水处理技术等，实现了农村生活污水的规范收集和处理，减少了对水环境的污染。一是建设示范性工程引领农村环境综合整

① 《构建现代环境治理体系　为建设生态文明提供制度保障》，https：//www. baijiahao. baidu. com.（2020 年 3 月 10 日）。

治，自2008年实施农村环境整治示范项目以来，西双版纳州依托中央和省级农村环境综合整治环保专项资金，用于农村生活污水治理、建污水管网、建污水处理设施，扩大污水收集处理规模。二是不断加大农村生活污水治理资金投入力度；自2019年以来，西双版纳州依托中央水和土壤环境保护专项资金，梯次推进农村生活污水治理。三是建立台账为农村生活污水治理提供基础支撑；2019年，西双版纳州生态环境局对三县市223个行政村2259个自然村污水治理设施、污水收集处理模式等情况开展了摸底调查，14.98万户农户中有10.34万户农户实现了自来水入户及卫生设施齐全，有224个自然村已建成污水治理设施398座（套），受益1.66万户7.62万人，自然村污水设施覆盖率9.92%。①

（二）在农业面源污染治理方面

西双版纳州在农业生产过程中仍旧存在农药、化肥等的使用以及畜禽养殖废弃物的处理等问题，导致农业面源污染的形成。针对这些问题，近年来，西双版纳不断加强农业面源污染治理，推广绿色农业技术和农业废弃物的资源化利用，减少农药、化肥的使用量，加强农业废弃物的处理和利用，控制农业对环境的负面影响。为进一步加强西双版纳州澜沧江流域农业面源污染治理，西双版纳州农业农村局、生态环境局根据《云南省生态环境厅云南省农业农村厅关于印发云南省农业农村污染治理攻坚战作战方案的通知》（云环发〔2018〕44号）和《西双版纳州生态环境局西双版纳州农业农村局关于印发农业农村污染治理攻坚战实施方案的通知》（西环发〔2019〕17号）文件，印发了《西双版纳州澜沧江流域消减农业面源污染负荷方案》《西双版纳州澜沧江流域种植业结构调整方案》《西双版纳州削减化肥负荷方案》《西双版纳州削减农药负荷方案》三个方案。这三个方案明确要求推进种植业结构调整，实现污染负荷源头减量化；实施化肥零增长行动，推进化肥减量增效；实施农药零增长行动，推进农药减量增效；推进家禽养殖粪污治理；推进水产健康养殖，加强水产养殖污染

① 参见《多措并举　扎实推进农村生活污水治理》，西双版纳州农业农村局，内部资料，2020年。

防治；着力解决农田残膜污染；深入开展秸秆资源化利用；实施耕地重金属污染治理；大力推进农业清洁生产；大力发展现代生态循环农业。①

（三）在农业农村污染治理方面

近年来，西双版纳州农业农村污染主要包括农村垃圾处理、农用地土壤污染、农村固废污染等。为此，根据西双版纳州生态环境局、农业农村局印发的《西双版纳州农业农村污染治理攻坚战实施方案》，农业农村污染治理主要包含农田污染治理、养殖污染治理、农村环境治理方面，明确提出要优化发展空间布局，加大重点地区治理力度，加强农村饮用水水源保护，加快推进农村生活垃圾污水治理，有效防控种植业污染，着力解决养殖业污染，加强水产养殖污染防治和水生生态保护，提升农业农村环境监管能力。

（四）在农村人居环境治理方面

2018 年 6 月 29 日，西双版纳州人民政府办公室印发《西双版纳州农村人居环境整治三年行动实施办法（2018—2020 年）》，要求推进农村生活垃圾治理，清洁家园；推进“厕所革命”，开展厕所粪污治理；梯次推进农村生活污水治理，清洁水源；加快推进清洁能源下乡步伐，促进农村改灶；整治农业面源污染，清洁田园；完善建设和管护机制，促进环境整治常态化等。② 在这一过程中，需要发挥村民主体作用，发挥基层组织作用，建立完善村规民约，明确州级补助标准，加大金融支持力度，调动社会力量积极参与，强化技术和人才支撑。其中，厕所革命是西双版纳州农村人居环境整治的重要举措，对于有效治理农村生态环境具有重要作用。为此，中共西双版纳州委、西双版纳州农业农村局、西双版纳州卫生健康委员会印发了《西双版纳州农村“厕所革命”实施方案（2019—2020 年）》的通知，要求合理选择改厕标准和模式、严格质量把关、开展整村推进示范建设改造、多渠道统筹项目建设、协同推进厕所粪污治理、完善建设管

① 西双版纳州农业农村局提供资料。

② 《西双版纳州农村人居环境整治三年行动实施办法（2018—2020）》，https：//www. ynmh. gov. cn/maz/66708. news. detail. dhtml？news_id＝299591（2018 年 12 月 17 日）。

护运行机制、有序开展技术培训。

二 生态文明体制机制逐步完善

党的十九届四中全会明确提出：坚持和完善生态文明制度体系，保障生态安全屏障建设。生态文明制度与保障机制完善是生态安全治理体系和治理能力提高的主要维度，需要通过以生态文明建设统领发展、高位推进生态文明建设示范创建，建立健全生态文明建设组织保障体系，建立生态文明创建考核与督察机制，建立生态文明信息公开机制。多年来，西双版纳州制定实施了多部与生态文明建设相关的条例、法规、规章，在全省率先建立森林目标管理责任制，在全国开创性建立野生动物公众责任保险，为生态文明体制机制的逐步完善奠定了重要基础。

（一）完善生态文明建设绩效考核制度

一是健全完善综合考核评价办法，西双版纳主要是通过抓住制约生态文明建设的薄弱环节和制度障碍，推动重点领域、关键环节的制度建设和创新，将单位 GDP 能耗、环境质量指数、“三农”综合发展、州管领导班子建设、五网基础设施建设、统一战线和民族团结示范、全面深化改革、政府信息与政务公开、节能任务、保护和发展森林资源等生态文明建设纳入县市区党政实绩考核的重要内容。二是严格综合考核评价机制，2014 年以来，西双版纳州对负有环境保护相关责任的州环保局、水利局、国土局等部门以及承担重要领导责任的领导干部做出书面检查或通报批评的处理，并取消年度考核评优资格。①

（二）建立自然资源资产负债制

根据《国务院办公厅关于印发编制自然资源资产负债表试点方案的通知》（国办发〔2015〕82 号）和《云南省统计局关于开展自然资源资产负债表编表试点工作的通知》（云统发〔2016〕32 号）的部署，西双版纳州人民政府办公室下发了《西双版纳州人民政府办公室关于开展自然资源资

① 参见《西双版纳创建国家生态文明建设示范州指标完成情况说明》，西双版纳州生态环境局，内部资料，2017 年。

产负债表试点工作的通知》（西政办函〔2017〕69号），成立了副州长为组长，州统计局局长为副组长，州审计、发展改革委、财政、国土资源、水利、农业、林业、环境保护、水文水资源等相关部门为成员的试点工作组织协调小组和办公室。通过强化责任，按照“谁主管谁负责”的原则；明确州发展改革委、统计、国土、环保、水务、农业、林业等部门责任；组织召开部门协调会，确保指标设计的科学性、合理性。

（三）建立自然资源离任审计制度

西双版纳州根据《关于开展领导干部自然资源资产离任审计试点方案》《云南省领导干部自然资源资产离任审计中长期工作规划》和《云南实施领导干部自然资源资产离任审计试点》，制定了《西双版纳州关于贯彻落实云南省领导干部自然资源资产离任审计工作规划（2016—2020年）的实施方案》和《西双版纳州审计局2017年州管领导干部经济责任审查项目计划（草案）》，在景洪市、勐海县、勐腊县开展自然资源资产离任审计试点工作，以监督检查资源环保政策和维护资源环境安全为重点，加强对资源节约利用、环境污染防治、生态系统保护等方面的内容审计。①

（四）建立生态环境损害责任追究制度

《党政领导干部生态环境损害责任追究办法（试行）》和《云南省党政领导干部生态环境损害责任追究实施细则（试行）》出台后，西双版纳州委、州人民政府制定了《西双版纳领导干部问责办法》。进一步加强与环境保护主管部门的日常沟通联系，强化问题线索移送工作，明确环境保护主管部门对在日常监督中发现的党员干部违纪违规和职能部门履职不到位等问题；进一步加大监督执行问责力度，严肃查处损害生态环境问题。如2016年7月，查处澜沧江流沙河采砂噪音扰民、红场河石场噪音粉尘扰民等重复投诉问题，对失职失责的10个责任单位和21名责任人进行严肃问责。②

---

① 参见《西双版纳创建国家生态文明建设示范州指标完成情况说明》，西双版纳州生态环境局，内部资料，2017年。

② 参见《西双版纳创建国家生态文明建设示范州指标完成情况说明》，西双版纳州生态环境局，内部资料，2017年。

（五）全面推行河长制

全面推行河长制是党中央、国务院为加强河湖管理保护做出的重大决策部署，是落实绿色发展理念、推进生态文明建设的内在要求，是解决我国复杂水问题、维护河湖健康生命的有效举措，是完善水治理体系、保障国家水安全的制度创新。中共西双版纳州委办公室、西双版纳州人民政府办公室印发《关于全面推行河长制的实施意见》（西办字〔2017〕13 号），在州级河长制名单制定公布后，景洪市、勐海县、勐腊县也相继印发了《全面推行河长制实施方案》。西双版纳州及所辖 3 县（市）均制定了全面推行河长制的实施方案和河长名单，州、县市区、乡镇、行政村、村小组五级河长制工作在西双版纳州得到全面推行。

（六）实施排污许可证制度

为有效控制环境污染，改善环境质量，对排放污染物实施定量化管理，进一步提高环境管理水平，西双版纳州自 2001 年开始严格按照原省环境保护局、省工商行政管理局联发《关于实施排污许可证制度的通知》（云环控发〔2001〕572 号）精神和《关于印发〈云南省排放污染物许可证管理办法（试行）〉的通知》（云环控发〔2001〕806 号）。一是推行排污许可证制度，二是实行哪级审批哪级核发排污许可证，三是实行排污许可证年检和临时排污许可证制度，四是分行业分时间段进入国家排污许可证管理系统。截至 2017 年，全州有 223 家排污单位实行排污许可证管理，其中：州级发证 86 家（含原省级发证 8 家）、县（市）级发证 137 家，涉及排污企业主要有糖厂、胶厂、污水处理厂、矿山、砖厂、木材厂、矿山等，并对每个企业的排污许可证实行年检制度。①

（七）完善环境信息公开制度

环境信息公开的主要内容是推进环境监测、污染源环境监管、污染减排、建设项目环境影响评价等重点领域。一是强化组织机构及工作机制建设，印发了《西双版纳州环境保护局关于环境保护信息公开工作主要任务

① 参见《西双版纳创建国家生态文明建设示范州指标完成情况说明》，西双版纳州生态环境局，内部资料，2017 年。

进行分解的通知》（西环发〔2013〕32 号）、《西双版纳州环境保护局关于加强政府环境信息公开工作的通知》（西环发〔2015〕47 号）。二是推进环境监测信息公开，西双版纳州环境保护局在州环境保护局网站、州电视台等媒体上，定期发布景洪市城区环境空气质量状况公报，每月全州一市两县城区集中式饮用水源地及景洪市城区水体孔雀湖和白象湖、城市河流澜沧江和流沙河的水质月报（三县市饮用水源水质均达到国家集中式饮用水源水质Ⅲ类标准要求，景洪市城区水体孔雀湖和白象湖、城市河流澜沧江和流沙河均满足城市景观用水水质要求）。三是推进污染源环境监管信息公开，在西双版纳州环境保护局网站上公开了国控企业每个季度的污染源监督性监测信息，在国发软件平台上发布了国控企业每月的自行监测信息。四是推进污染减排信息公开，公布省与州、州与县（市）签订的年度主要污染物总量减排目标责任书，发布重点减排项目的名称、减排类型、削减污染物种类、完成时限及要求等信息。五是推进建设项目环境影响评价信息公开，全面公开了建设项目环境影响报告书（表）全本、验收监测（调查）报告书（表）全本、环境影响评价批复文件和环境保护验收批复文件等信息。六是加强环境信息公开培训，培训会的召开对改善西双版纳州政府环境信息公开工作，促进环境保护公众参与起到了积极的推动作用。①

此外，西双版纳州较早探索了生态资源补偿机制，在带动地方民众保护生态环境的同时，建立地方民众自主参与、自主保护的激励机制。2011 年 5 月由云南省第十一届人民代表大会常务委员会第二十三次会议批准通过了《云南省西双版纳傣族自治州天然橡胶管理条例》，该条例更把“自治州人民政府依法建立生态资源补偿机制，促进生态建设和环境保护”列为其中一重要条款。该条例的出台有利于推进胶农放弃橡胶林单一种植模式转为天然林恢复，通过碳权交易既能增加地方民众收入，又能持续性的保护热带森林生物多样性，维护区域生态安全。

① 参见《西双版纳创建国家生态文明建设示范州指标完成情况说明》，西双版纳州生态环境局，内部资料，2017 年。

三　建立生态环境风险防范体系

生态环境安全既是国家安全的重要组成部分，更是经济社会可持续健康发展的重要保障。认真做好各项防范工作，完善风险防范体系，对于解决生态安全问题，规避生态环境风险具有重要的意义。建立完善的生态环境风险防范体系有利于地方政府对生态安全治理中的各项风险有充分的消解举措，更有利于降低未知的自然资源生态风险，减少治污成本以及发生生态安全事故的隐患。

（一）建立危险废物安全处置制度

一是加强危险废物的监管，西双版纳州按照《云南省危险废物经营许可证管理办法（试行）》要求管理，对全州危险废物收集、经营单位实行经营许可制管理，并要求西双版纳医疗废物集中处置中心每月报备医疗废物转移联单和医疗废物处置月报表，加强日常监管。二是开展打击涉危险废物环境违法犯罪行为专项行动，主要由西双版纳州环保局和1市2县环保局联合当地公安部门对产废单位、经营单位、危险废物跨行政区转移、涉危险废物违法犯罪等行为进行专项检查和整治，有效防止了非法转移、处置和倾倒涉危险废物等行为。①

（二）建立及完善污染场地环境监管体系

一是建立土壤环境监管体系，2017年5月，西双版纳州人民政府制定实施了《西双版纳州土壤环境保护和综合治理方案（2016—2020年）》，要求完善土壤环境监管体系建设，形成国土、规划、住建、环保、农业和财政等部门共同做好土壤污染防治工作的格局，逐步建立责任落实、资金投入、科技支撑、公众参与等四大推进机制，全力推动土壤环境保护和预防工作。二是建立健全多部门协同监管工作机制，由环保部门牵头，健全环境保护工作联系领导和联系人制度，实施多部门联合工作机制；如：住建部门负责结合环境质量状况，加强城乡规划审批管理；国土部门负责依

① 参见《西双版纳创建国家生态文明建设示范州指标完成情况说明》，西双版纳州生态环境局，内部资料，2017年。

据土地利用总体规划、城乡规划和地块环境质量状况，加强土地征收、收回、收购以及转让、改变用途等环节的监管；环保部门负责加强环境状况调查、风险评估和污染场地治理与修复活动的监管。建立健全住建、国土、环保等部门间的信息沟通机制，实行联动监管。三是加大污染场地防治力度，不断加大对涉重金属、重点工业企业的执法监管和查处力度；截至2016年，全州矿山采选企业共33家，其余企业均处于停产状态，其尾矿库正常使用，生产污染治理设施正常使用；加大对制胶、水泥、制糖、木材、规模养殖等行业环境问题的整治力度，全州共有5家糖厂和96家胶厂，均已建成废水治理设施。①

（三）建立重、特大突发环境事件应急机制

2006年制定了《西双版纳州突发环境事件应急预案》；2016年制定了《西双版纳州环境空气重污染应急处置预案》，完善了应急机制，提高了应对环境突发事件的处理能力；2019年6月，西双版纳州修订了《西双版纳州突发环境事件应急预案》。同时，严格环境监察执法、严把环评审批、强化环境风险防控，有效杜绝了特别重大和重大突发环境事故的发生。首先，西双版纳州主要是把好建设项目环境准入关，从源头防止环境污染，坚决查处违法违规企业，关闭搬迁不符合国家地方政策企业、重污染企业、未审批或未通过环评企业和扰民企业，有效预防了环境污染事故发生。其次，加强环境执法监管；西双版纳州每年都会开展“整治违法排污企业保障群众健康环保专项行动”等环保专项行动；每年汛期对矿产、木材、畜禽等西双版纳州重点行业进行环境隐患安全检查，杜绝重大环境污染事故的发生。此外，要求企业制定和完善环境应急预案；环境应急预案是环境应急管理的基础，西双版纳州根据国家、省应急管理相关文件要求，要求州内国控企业、重点污染企业积极开展环境应急预案编制、报备。②

---

① 参见《西双版纳创建国家生态文明建设示范州指标完成情况说明》，西双版纳州生态环境局，内部资料，2017年。

② 参见《西双版纳创建国家生态文明建设示范州指标完成情况说明》，西双版纳州生态环境局，内部资料，2017年。

（四）加强跨境生态安全风险防控

首先，加强跨境生物多样性保护。西双版纳国家级自然保护区是全球生物多样性热点所处北部核心地带的重要位置，中老跨境保护合作在全国乃至国际上的重要性和示范性尤为突出，积极推动中老跨境保护合作，对于推进跨境生态安全治理，筑牢边境生态安全屏障意义重大。长期以来，中老双方建立了边民交流互访机制，包括项目工作人员能力建设（技能培训）、生物多样性本底调查、联合监测巡护和界桩埋设、项目宣传推广、举办边民保护意识培训班等。目前，西双版纳国家级自然保护区已与老挝南塔省、丰沙里省和乌嘟姆赛省建立了中老边境联合保护区域，北至勐腊子保护区和老挝丰沙里省北缘，南北长约220千米，东西宽5千米，面积约20万公顷的“中国西双版纳—老挝北部三省跨边境联合保护区域”，为该区域的亚洲象等野生动物提供了安全的迁徙走廊和绿色通道。并开展实施了中老跨境亚洲象保护区贫困少数民族村寨生态示范村试点项目，建立以社区参与亚洲象等生物多样性保护和社区可持续发展为核心内容的生态示范村，协调了保护区内社区发展与环境保护之间的冲突及矛盾，推进了社区经济可持续发展，深化了中老生态保护的协作和交流。2017年，在中老跨境生物多样性联合保护第十一次交流年会上，西双版纳州政府分别与老挝南塔省、丰沙里省和乌多姆赛省政府签署合作备忘录，标志着中老双边的跨境生物多样性联合保护从自然保护区间的交流，提升到了跨境地方政府层面的交流合作；① 通过中老双边多年的合作交流，中老跨境联合保护从最初的单一物种拓展到多物种保护，中老双方边民保护动植物资源的意识明显增强，生物多样性保护取得了明显成效，积极探索了云南省边境一线生物多样性保护模式，筑牢了中老边境生态安全屏障，更为东南亚地区合作开展跨界生物多样性保护提供了示范。②

其次，加强跨境森林火灾联防联控。一是建设防火隔离带，目前西

① 参见《西双版纳创建国家生态文明建设示范州指标完成情况说明》，西双版纳州生态环境局，内部资料，2017年。

② 参见《加强中老跨境联合保护　努力为西双版纳绿色“一带一路”添砖加瓦》，西双版纳国家级自然保护区管护局，内部资料，2020年。

双版纳州共建设边境森林防火隔离带 166 千米，主要以种植茶树为主。边境隔离带种植茶树可以起到多重作用：其一，茶树作为防火隔离树种，可以起到阻隔山火蔓延的作用；其二，乔木茶长大后，可以发挥生态效益；其三，茶叶产生经济收入后，可以解决边境村寨集体经济一部分支出问题；其四，中方在边境线附近种植茶树后，对面缅方也开始大量种植茶树，起到了边境生态示范效应。二是开展跨域联防联控，各县市分别与行政界线接壤林区县区签订了森林草原防灭火联防公约；如：景洪市与缅甸掸邦东部第四特区南板地区管理委员会召开中缅边境森林草原防灭火联防会议，双方就如何共同预防和扑救边境森林火灾的相关事宜进行了交流，对边境线森林草原防灭火一事达成了共识，并签署中缅边境森林草原防灭火联防会谈备忘录。勐海县与澜沧县签署森林草原防灭火联防协议，勐腊县举行边民联谊座谈、签订用火互通协议等多种形式的民间交流，对中、老边境一线群众生产用火及火情通报等情况进行交流。①

四 不断优化生态安全格局

近年来，云南省通过全面实施国土空间生态修复、建立健全全民所有自然资源资产管理制度等，积极构建国土空间开发保护新格局，为确保生态环境安全提供了强有力的支撑。2020 年，《全国重要生态系统保护和修复重大工程总体规划（2021—2035 年）》公布，提出“三区四带”为核心的全国重要生态系统保护和修复重大工程总体布局。② 2021 年，云南省自然资源厅发布《云南省国土空间规划（2021—2035 年）》，提出要构建“三屏两带六廊多点”生态安全格局。③

在国家“三区四带”十大生态安全屏障和云南构建“三屏两带六廊多点”生态安全格局中，西双版纳是滇南森林及生物多样性国家重点生态功能区和南部边境森林及生物多样性云南省生态功能区。该区与缅甸、老挝

① 参见《西双版纳州边境森林防火管理现状及存在问题》，西双版纳州林业和草原局，内部资料，2020 年。

② 《优化国家生态安全屏障体系——权威部门详解重要生态系统保护修复重大工程总体规划》，https：//www. gov. cn/zhengce/2020-06/11/content_5518767. htm（2020 年 6 月 11 日）。

③ 参见《云南省国土空间规划（2021—2035 年）》，云南省自然资源厅，内部资料，2021 年。

接壤，是我国极其重要的边境生态安全屏障，对于维护边疆生态安全，构建国家生态安全格局具有重要作用。21 世纪以来，随着工业化、城镇化进程的加快，天然森林不断被蚕食，原始热带雨林面积减少，人工林面积逐渐增加，不合理开发带来的生态安全问题日渐凸显，边境生态屏障功能不断被削弱，导致热带雨林生态系统趋于退化，生态环境破碎化和岛屿化，生物入侵加剧，生物多样性减少等。在这一严峻形势下，维护好西双版纳生态安全尤为紧迫，这需要保护好、利用好、管理好国土空间，实现国土空间高质量发展，建立健全空间治理体系，提升空间治理能力，优化生态安全格局。

（一）建立生态保护红线制度

党的十八届三中全会中，明确提出“划定生态保护红线、加强生态环境空间管制”。2014 年，环境保护部印发《国家生态保护红线—生态功能红线划定技术指南的通知》（环发〔2014〕10 号）。2018 年 6 月 29 日，云南省人民政府发布《云南省生态保护红线》通知。2021 年 8 月 10 日，西双版纳州人民政府印发《西双版纳州“三线一单”生态环境分区管控实施方案》，该方案根据西双版纳州的生态环境特征，划分了不同类型的生态环境管控单元，实施差别化生态环境管控措施，构建了全州生态环境分区管控体系。并将全州划分为 31 个生态环境管控单元，包括优先保护、重点管控和一般管控。其中，优先保护区包含生态保护红线和一般生态空间，主要分布在以生态保护为主的东部、北部等区域，其中包括自然保护区、风景名胜区、水产种质资源保护区以及饮用水水源地保护区等重点生态功能区域。该方案的出台，有利于提升当地生态环境质量，推动社会经济可持续发展，推进边疆生态安全治理体系和治理能力现代化进程。

（二）建立生态保护地（区）管理制度

一是西双版纳州为加强对热带雨林及生物多样性的保护及管理，不断明确生态保护地（区）的分类、范围、管理要求和保护措施，按照科学评估和保护目标，划定生态保护地（区）的边界，确保保护地（区）内的生态系统得到有效保护。西双版纳州80%的国家级自然保护区、州级自然保护区、国家级风景名胜区、国家森林公园、水源保护地以及跨境保护区、生物廊道、乡镇保护区均位于生态公益林范围内。其中，全州受保护地面积为886305.3公顷，占全州国土面积的46.41%。①

二是稳步推进生态保护地（区）有效管理。先后制定了《云南省西双版纳傣族自治州澜沧江保护条例》《云南省西双版纳傣族自治州森林资源保护条例》《西双版纳傣族自治州野生动物保护条例》《西双版纳傣族自治州自然保护区管理条例》《西双版纳州古茶园古茶树保护条例》等地方性法规，加强了热带雨林和生物多样性保护的法制化建设，实现了依法保护。要求各个保护地（区）内禁止开展与生态保护无关的建设项目，严禁森林和植被的砍伐与破坏；各个保护地（区）以生态修复为主，积极开展了水土流失的综合治理和植树造林，区域生态环境得到有效维护。如西双版纳热带雨林国家公园积极发展生态旅游，有效保护了景区内的生态环境和自然资源，实现了区域经济发展与环境保护的协同共进。

三是加强生物多样性的保护与恢复。当前，西双版纳境内的热带雨林面积得到了有效恢复，珍稀植物得到有效保护，野生动物栖息地环境得到明显改善。如：亚洲象种群数量由20世纪80年代的170头左右增长到目前的300头左右。

四是积极推进跨境联合保护。一方面，与老挝三省签定了三片联合保护区域，在中老边界形成了五片连线、长214千米、面积约20万公顷的绿色生态长廊和国际生物廊道。另一方面，召开中老跨边境联合保护区域项目推进会，举行中老跨境联合保护区域边民交流年会，使双方就中老跨边境联合保护合作达成共识。如：2016年西双版纳国家级自然保护区向老方"南塔省农林厅、丰沙里省农林厅、乌多姆赛省农林厅"三省移交100块跨境生物多样性联合保护界桩，召开"中老跨境联合保护项目推进暨2016年年会协调会"，就老挝北部森林可持续发展项目中的联合保护区域珍稀

① 参见《西双版纳创建国家生态文明建设示范州指标完成情况说明》，西双版纳州生态环境局，内部资料，2017年。

物种调查、亚洲象调查、联合巡护等内容达成一致意见。再如：为推进中缅边境联合保护区域建设工作，与缅甸掸邦东部第四特区就建立“中缅边境联合保护区域”进行洽谈并达成共识，缅方参加中老跨区域联合保护年会，为进一步提升跨境联合保护层次、推进与缅甸共同建设跨境联合保护区域打下良好基础。①

此外，西双版纳州不断加强国土空间治理，为优化生态安全格局提供了重要保障。西双版纳州为确保农业生态安全，实施土地整理和综合治理，将过去的坡旱地变梯田或梯地，实施高效节水补灌技术，推广应用生物技术防治病虫害，减少农药施用量，用生物农药、高效低残留农药替代化学农药，防止土壤污染；种植绿肥，增施有机肥，减少化肥的施用，防止化肥引起的重金属污染；挖掘本地生态农业潜力，将间作、休耕、复种有机结合起来，保护和提高土壤地力。同时，为加强土地生态建设，开展生态用地布局，切实保护具有生态功能的园地、林地、牧草地和水域用地，严格控制对天然林地和湿地的开发利用，稳定生态用地规模；采取切实的长效管理措施，规划生态农业，建设良好的土地生态环境，加强水土流失治理，提高地质灾害防护能力。②

制度建设是建立健全生态安全治理体系的基本前提和重要保障。从西双版纳生态安全治理逻辑的角度来看，建设系统完备、科学规范、运行有效的机制，才能实现生态安全治理体系现代化，以此来统筹协调解决西双版纳生态安全领域的实际问题，提高生态安全治理能力现代化，充分发挥生态安全治理的制度优势，实现人与自然和谐共生，提高生态安全治理效能。王朝国家时期，西双版纳传统的生态安全治理主要以地方政权为主导，依托传统的森林资源管理、水利管理等地方性规约，维护了当地生态环境；近代民族国家时期，受西方现代科学影响，形成了一套从国家到地方的制度化、规范化、科学化的治理机制；现代民族国家时期，逐渐建立

① 参见《西双版纳创建国家生态文明建设示范州指标完成情况说明》，西双版纳州生态环境局，内部资料，2017 年。

② 参见《西双版纳创建国家生态文明建设示范州指标完成情况说明》，西双版纳州生态环境局，内部资料，2017 年。

了更为完备的生态安全治理机制，按照国家治理的顶层设计，政策、理念、目标、行动与国家保持高度一致，取得了较好的治理效果，提升了西双版纳生态安全治理能力和水平。然而，随着国家治理的现代化实践，这种生态安全治理结构存在传统制度体系与现代制度体系的矛盾和冲突。从法治边疆的建设视角审视，存在国家法律的统一性与乡规民约的差异性之间的内在张力问题，如果国家一体化的法制宣传不到位和不深入，或者国家政权系统制定的法律规制体系与约定俗成的乡规民约之间，无法实现无缝对接和合理平衡的话，要么可能造成国家法律规制的效果大打折扣，要么可能导致乡规民约的负面效应凸显。① 因此，今后，在健全边疆生态安全治理机制过程中，应当创造性转化、创新性发展传统优秀治理制度，使其融入现代治理机制之中，推动边疆治理体系和治理能力现代化进程。

① 参见吕朝辉《边疆治理现代化进程中的乡规民约探析》，《云南行政学院学报》2017 年第 2 期。

第六章　走向和谐共生：西双版纳生态安全治理困境、路径及模式

生态安全治理关乎国家生态安全，是建设人与自然和谐共生现代化的重要手段。西双版纳生态安全治理作为生态安全治理的区域实践，既要服从服务于国家治理、国家生态安全战略布局的顶层设计，亦要在边疆治理理论指导下，因地制宜地破解及应对当前的治理困境，积极探索适合西双版纳生态安全治理的持续路径及典型模式。这对于维护边疆生态安全，筑牢西南生态安全屏障，优化国家生态安全格局，建设人与自然和谐共生现代化，推进国家治理体系和治理能力现代化具有重要意义。

第一节　西双版纳生态安全治理困境

当前，西双版纳生态安全治理依旧处于探索发展阶段。西双版纳生态安全治理缓慢、不足的掣肘主要是存在治理主体单一、治理方式僵化、治理技术滞后、治理资金不足、治理理念不明晰、治理机制不健全等诸多现实困境。

一　生态环境治理机制尚不健全

当前，生态环境治理体系和治理能力现代化步伐尚不能满足新情况、新任务、新要求。由于缺乏统筹全局的生态环境治理规划、方案、办法等，治理思路不明确，资金来源不具体，法规制度不健全，治理方式难以

有效落实，并未形成生态环境治理的长效机制。从总体上来看，西双版纳生态安全治理过程中还存在体制、技术、资金、人员等方面的缺陷、短板及障碍，给生态安全治理带来重重困难及挑战。

（一）生态环境治理的统筹协调机制尚不健全

一是在地方生态环境治理过程中，涉及多个部门和领域，林草部门负责森林和草原的保护、建设及管理，水务部门负责水利、水源保护建设及管理，生态环境部门负责对大气、水、土壤环境污染进行防治，农业农村部门负责农业农村污染、农村环境治理等，自然资源部门负责矿山、水土流失、地质灾害防治等，这些对生态环境进行保护、治理、修复及管理的职能通常是紧密联系的。但在实际执行中，存在上下不畅通、左右不畅通的现象。生态环境治理的具体事项往往会由牵头部门主要推动，其他相关部分配合，但在政策项目的具体落实中，各部门之间的协调和配合还不够紧密，不同部门之间存在责任界定不明确、信息共享不畅等问题，各自对各自负责，缺乏部门之间的整体协调，导致系统治理效果不佳，治理进程缓慢。二是衔接性不完善。地方生态环境治理涉及多个层级的制度，包括法律法规、规划、标准、方案、办法等，有时难以有效传导到下级，导致实际操作和执行存在偏差。这主要是由于信息传递不畅、沟通不及时、指导文件制定不具体等原因造成。

（二）生态环境治理的监督监管机制不健全

一是地方政府在生态环境治理方面的职责和权力往往与环境监督部门存在分离，监督主体的独立性和权威性得不到充分保障，导致对地方政府的监督难以有效进行。二是环境监督结果的反馈机制不畅通，地方政府在生态环境治理方面的职责和违法行为得不到及时的纠正，这与监督机构权力不足、透明度不高等因素有关。三是生态环境的有效治理离不开监督监管力量的支持，基层环境监管执法力量相对薄弱，监管执法人员较少，无法满足广泛的监管需求，而且由于环境监管执法的专业性和技术要求，人员素质和能力也是一大挑战。此外，有效的环境监管还需要依托数据和信息支持，但基层单位在数据采集、信息共享和技术支持方面存在不足，限制了监管执法的能力和效果。

（三）基层缺少人员、资金、技术等方面的投入，不利于生态环境治理机制的有效运行

一是保护区建设推进缓慢，尤其是县级层面的自然保护区建设，因缺乏固定的资金投入，影响保护区监测手段的现代化；二是基础设施仍然薄弱，近年来，西双版纳州各县（市）乡虽然投入了大量的物力和财力，落实了诸多生态环境保护建设项目，但仍旧存在一些问题。以勐海县水源地保护为例，一方面是生活垃圾处理，某些村寨仍旧没有固定垃圾堆放点和中转站，垃圾得不到及时有效处理，往河里倾倒垃圾现象还有发生；另一方面是生活污水处理，虽然农村建成了一些生活污水处理系统，但生活污水排放问题还没有得到彻底解决，尚有一些农村无害化标准公厕建设不够，农户私厕改造力度不大。此外，在水源保护设施管理方面，因缺少管护经费，并没有专职水源林管护人员，较难对水源保护区进行隔离和封闭管理；而且在水源保护地的日常巡护方面，还未形成林业、水务、环保及乡镇、村组在内的多部门联合巡护机制。[①]

二　生态环境风险防范体系不完善

近年来，西双版纳地区面临区域性、布局性、结构性等多重生态安全风险因素。西双版纳是我国重点生态功能保护区，也是南部边境森林及生物多样性保护的重要屏障，更是典型的生态脆弱区。历史上不合理的开发活动侵占了大量的生态用地，生物多样性受到威胁，打破了本土生态平衡。西双版纳州边境线长，与老挝、缅甸接壤，国境线长 966.3 千米；其中，景洪市南与缅甸接壤，国境线长 112.4 千米；勐腊县东部和南部与老挝接壤，西部与缅甸隔江相望，国境线长达 740.8 千米（中老段 677.8 千米，中缅段 63 千米）；勐海县西南与缅甸接壤 146.5 千米（陆地接壤 31.1 千米，河道 115.4 千米）。因此，在生态安全风险防范体系建设中，跨境

① 参见《勐海县城区集中式饮用水水源地环境保护规划报告》，勐海县环境保护局，内部资料，2017 年。

生态安全风险联防联控难度较大。

（一）跨境森林火灾联防联控难度较大

由于边境线长，边境一带世居民族生活、生产方式较为原始，火源管控难度大，境外火频发高发，加之经济欠发达，边境森林防火面临诸多困难。

（二）跨境森林及生物多样性联合保护难度较大

西双版纳州处于全球12大生物多样性热点之一的印支半岛生物多样性热点地带，生物多样性极为丰富，但由于边境一线砍伐森林烧荒现象时有发生，区域生物多样性不断被蚕食和破坏，野生动植物资源保护面临着越来越大的压力。

（三）跨境大气污染联防联控难度较大

由于东南亚物质焚烧，已经影响到西双版纳乃至云南其他州市空气质量，出现重度污染天气，因高原臭氧发生机理不明且技术支撑不足，增加了跨境大气污染联防联控难度。

三　生态安全治理理念稍显滞后

（一）缺乏综合性和整体性治理理念

在处理生态安全问题时，往往过于关注局部的、片面的解决方案，而忽视了整体的、综合的治理思考。在缺乏综合性和整体性的治理理念下，往往将生态安全问题局限于某个特定的领域或问题，如森林减少、水源污染、水土流失、生物多样性丧失等，较少对这些问题进行整体性思考，忽视了生态安全问题之间的相互关联和交互作用，易导致在解决一个问题时，可能产生其他问题。在生态安全治理的实践过程中，由于缺乏综合性和整体性的治理理念，难以明确整体性目标和统一指导原则，这种情况下，治理实践缺乏明确的方向性和一致性，从而难以形成协同合力。

（二）全社会生态安全意识仍旧薄弱

由于传统的思想观念、价值取向、思维方式、行为习惯等并未得到根本转变，生态安全意识尚未成为人们的自觉行为。人们对生态安全的认识还存在不足，概念及内涵并未深刻理解，相应的生态安全意识较为薄弱，这也是导致西双版纳生态安全治理困境的重要原因之一。首先，对生态系统的结构和功能了解不足，无法理解生态环境的重要性和脆弱性，大多数人并不了解生态系统中各种生物之间的相互关系和依存关系，以及人类活动对生态系统的影响。其次，对生态安全的认识停留在表面，只关注个别的生态环境事件，而缺乏对整体生态系统的全面把握，仅关注某个生物物种的数量减少或某个自然景观的破坏，而忽视了这些问题背后的根本原因和潜在的连锁反应。此外，一些民众缺乏生态安全知识和科学素养，并没有意识到自己的生活方式和行为习惯不利于生态安全治理，并且缺乏改变行为的意愿和动力。

四　环境保护与经济发展之间的矛盾仍旧存在

环境保护与经济发展之间的冲突及矛盾是西双版纳生态安全治理面临的主要困境。随着经济社会的迅速发展，人口的增长，工业化、城镇化步伐的加快，过度的人为经济开发活动对生态环境造成了极大的压力，如土地开垦、森林砍伐、水资源过度利用等，导致生物多样性锐减、水土流失严重、水源减少等一系列问题。生态安全形势严峻，局部区域资源环境承载力面临巨大压力，环境污染问题的积累叠加效应明显，环境污染治理与经济增长放缓造成治理主体主动性和承受力下降。

近年来，橡胶树、茶树种植等带来的环境保护与经济发展之间的矛盾尤为突出。随着西双版纳橡胶、茶叶价格的飙升，极大地激发了各族民众种植橡胶树、茶树的热情，橡胶的单一化、无序化、大规模发展对热带雨林生态系统、生物多样性保护、水源保护等造成了严重威胁，个别的村寨因将周边林地都种植了橡胶树而出现饮水困难。为协调环境保护与经济发展之间的关系，西双版纳州大力建设环境友好型胶园、生态茶园，但具体落实效果并不理想。

在治理过程中，农村地区在发展经济、增加收入和生态安全维护之间矛盾突出。如：农村生态安全问题；尽管乡（镇）集镇规范的垃圾处置场和大部分村庄的环卫设施逐步完善，但缺乏健全的垃圾处置管理运行机制，一些农村地区生活垃圾乱倒现象依旧存在，难以杜绝，生活垃圾处于无人管理的状态，不少垃圾堆积在道路两旁、田边地头、水塘沟渠，严重影响农村地区的生态环境。再如：近年来，在巨大的经济利益驱动下，部分群众忽略了生态环境，盲目开发，侵蚀侵占林地、盗伐滥伐林木等问题仍然存在，如非法林下种植、非法侵占林地和围剥树皮等破坏森林资源违法行为不时发生。

第二节　西双版纳生态安全治理路径

西双版纳生态安全治理是一项长期、复杂、持续的系统性工程，需要健全生态环境多元协同治理体系，完善生态安全风险联防联控机制，推动形成共识性生态安全治理理念，因地“治”宜地探索建设人与自然和谐共生的现代化路径。这对于筑牢边疆生态安全屏障，推进边疆生态治理体系和治理能力现代化具有重要意义。

一　健全生态环境多元协同治理机制

2020 年 3 月，中共中央办公厅、国务院办公厅印发了《关于构建现代环境治理体系的指导意见》，强调：要以强化政府主导作用为关键，以深化企业主体作用为根本，以更好动员社会组织和公众共同参与为支撑，实现政府治理和社会调节、企业自治良性互动，完善体制机制，强化源头治理，形成工作合力，为推动生态环境根本好转、建设生态文明和美丽中国提供有力制度保障。[①] 2022 年 5 月，《云南省“十四五”生态环境保护规划》发布，指出：要健全治理体系，推进环境治理体制机制现代化。[②] 为更好地推进生态环境治理体系现代化，西双版纳州需要因地“治”宜，整

① 《关于构建现代环境治理体系的指导意见》，https：//www. gov. cn/zhengce/2020-03/03/content_5486380. htm（2020 年 3 月 3 日）。

② 《云南发布“十四五”生态环境保护规划　确定环境治理等四领域 20 项具体目标》，https：//www. mee. gov. cn/ywdt/dfnews/202205/t20220505_976833. shtml（2022 年 5 月 5 日）。

合生态环境治理相关部门和各利益相关方的力量，加强资源共享、信息共享和协同合作，积极探索多元协同的生态环境治理体系，提升生态环境治理效能，推进我国生态文明建设，为美丽中国建设提供保障。

（一）统筹整合生态环境治理的长效机制

政府部门作为公共资源的管理者，其重要职责在于制定和完善统一的生态环境治理政策、规划，明确生态环境治理的目标、原则、任务和责任，并严格监督监管，确保各项治理措施的实施和落地。尤其是各类生态环境治理项目的准入、运营和监管环节，加强对环境影响、节能降耗、资源利用、地质灾害等内容的审查管理，加大对重点耗能企业的执法监督，建立多方参与的机制，搭建资金、技术、人才、信息交流平台，引导社会人力、物力、财力等资源合理流动。还要推动信息透明和公众参与，定期向社会公开政府有关环境保护、资源开发利用等方面的政策、技术及管理信息，使社会公众能够及时了解治理进展和效果。同时，鼓励社会各界积极参与生态环境治理，建立多方合作的平台和机制，形成政府、企业、非政府组织、公众等多方参与的良好局面。

（二）健全市场化生态环境治理机制

2016 年 9 月，《关于培育环境治理和生态保护市场主体的意见》印发，明确指出：培育环境治理和生态保护市场主体是适应引领经济发展新常态，发展壮大绿色环保产业，培育新的经济增长点的现实选择，也是环境治理由过去的政府推动为主转变为政府推动与市场驱动相结合的客观需要。① 为推进政府、企业、社会多元协同治理新格局的形成，需要发挥市场机制作用，建立环境资源化、资源有偿化的有效机制治理，科学合理引导资源的有效流动和配置，实现经济效益和生态效益的协调统一。一是以市场手段加快推动生态环境治理，通过市场机制调节生态环境资源的供需关系，不断加强林业碳汇交易市场培育，推进区域间生态补偿市场机制的构建，使更多的生态资源的利用和保护能够通过市场交易的方式进行；探

---

① 《关于培育环境治理和生态保护市场主体的意见》，https：//www.gov.cn/gongbao/content/2017/content_5203627.htm（2016 年 9 月 22 日）。

索生态受益区向生态保护区提供经济补偿的方式，推动区域协作生态环境保护与治理常态化；探索生态功能区建设生态补偿制度，根据生态系统服务价值、生态保护成本、发展机会成本，建立生态补偿标准体系、资金来源、补偿渠道、补偿方式和保障体系。二是以经济手段引入有效的激励和约束机制，利用产权、价格、税收、信贷等经济手段，从制度上保证经济主体从自身效用或利润最大化角度出发，选择有利于资源有效利用和环境保护的行为措施，促使企业和个人在经济活动中更加重视生态环境的保护和治理。三是推动绿色金融发展，鼓励地方金融机构创新绿色金融产品，如绿色债券、生态保险等，提供资金支持和风险保障，引导资金流入生态环境治理领域，促进生态环境治理的可持续发展。四是加强生态产品和服务市场建设，转变经济发展方式，优化产业和能源结构；鼓励发展生态农业、生态旅游等生态产品和服务，通过市场机制激励企业和个人从事生态产业，大力发展循环经济，实现资源的减量化、再使用和再循环，重点开发水污染防治、废弃物管理和循环利用、清洁生产、生态保护等相关环保产业，提高生态产品和服务的供给质量，满足市场多样化的需求。

（三）不断建立健全生态环境治理的监管机制，制定生态环境治理的综合管理条例，明确生态环境治理的责任边界，建立地方生态环境治理决策委员会制度，引入第三方评估机构

一是加强生态环境治理的法制建设；通过立法明确公民、企业对资源环境保护的责任与义务，追究损害生态环境者的法律责任，强化生态环境保护信用等级的激励约束作用，将企业的资源环境信用等级与政府产业扶持和优惠政策扶持相挂钩。二是加大生态环境治理的科技投入，提高治理效率和效能；需要针对区域生态环境特征，进行科学规划，引进先进技术，提高资源利用率，最大限度实现资源循环再生使用，促进生态环境的良性循环；同时，扶持企业研发和培育清洁、可再生资源，降低科技成果转化过程中的技术风险和市场风险，推动科技成果转化为现实生产力。

生态环境多元协同治理体系的建立健全完善，需要持续推动跨部门、

跨领域之间的协同联动，更需要政府、企业、社会等各类主体的多元协调，加强社会监督，定期宣传报道，在全社会推进形成人人参与生态安全治理的强大合力。

二 建立健全生态安全风险防控体系

生态安全是国家安全的重要组成部分，是社会经济可持续发展的重要保障。2015 年 7 月，《中华人民共和国国家安全法》发布，第三十条规定："国家完善生态环境保护制度体系，加大生态建设和环境保护力度，划定生态保护红线，强化生态风险的预警和防控，妥善处置突发环境事件，保障人民赖以生存发展的大气、水、土壤等自然环境和条件不受威胁和破坏，促进人与自然和谐发展。"① 生态环境风险常态化管理是生态安全治理的重要内容，需要防范一切可能发生的生态安全危机，建立健全生态安全风险防控机制。通过有效的预防、控制和治理措施，减少生态安全风险，筑牢生态环境安全底线，确保生态系统的健康和可持续发展。

（一）坚持系统观念，推进全过程治理，一体化建立健全区域全链条生态安全风险防控体系

一是风险研判：建立科学准确的风险评估和管理体系，开展区域生态安全隐患和生态环境风险调查评估，划定不同风险等级，全面分析和研判全域生态安全风险的来源、特征和潜在影响，加强对重点环境风险源和环境敏感点的排查力度，重点分析和研判高风险地区，基于研判结果，明确风险防范和管控的重点和目标。二是风险预警：建立及时、准确的风险预警机制，利用现代技术手段和数据分析，监测和预测生态安全风险的发展趋势和可能的突发事件，提前发布预警信息。三是应急响应：要健全环境突发事件预防预警和应急处置体系，妥善应对和处置突发环境事件；建立灵活高效的应急响应机制，明确各级各部门的职责和任务，及时启动应急预案，组织应急救援和处置工作，最大限度地减轻或避免生态安全风险的负面影响。四是效果反馈：建立监督评估和效果反馈机制，定期评估风险

① 《中华人民共和国国家安全法》，中国法制出版社 2015 年版。

防控措施的实施效果；通过评估结果，发现问题和不足之处，及时调整和优化防控措施，提升防控能力和效果。五是优化调整：建立动态调整机制，根据风险研判、预警信息和效果评估的结果，及时调整防控策略和措施；灵活适应环境变化，不断完善和优化生态安全风险防控体系，提升风险防控的针对性和适应性。

（二）坚持共建共治共享，推进跨域、跨部门的多元协同治理，建立健全生态安全风险联防联控联治体系

一是加强政府、企业、社会组织和公众之间的协作，建立健全不同领域、不同部门之间的协调机制，加强信息共享和资源整合，形成生态安全风险联防联控联治的最大合力。跨域涉及跨区域、跨领域、跨层级。从跨区域方面来看，在西双版纳，跨境河流、山脉、森林、道路都是生物入侵的重要通道，应当加快建立健全跨境生物入侵联防联控联治机制，筑牢边疆生态安全屏障。从跨领域方面来看，需要生态安全风险防控的各利益相关方积极参与，形成多元合力进行治理。从跨层级方面来看，需要优化区域空间开发和保护格局，根据不同空间分布明确其风险特征和环境治理能力，建立不同空间和层级的生态安全风险联防联控体系和联动治理模式，从而实现区域生态安全风险的分类、分区的全过程、多层级管控。

通过建立健全生态安全风险防控体系，可以转变以往单一的风险响应，从多部门分散治理转向全方位、全过程防控，提高防控的整体效能和响应能力。这将有助于保护和修复生态环境，提高生态安全治理能力。

三　培育形成生态安全治理共识性理念

西双版纳独特的生态环境孕育了丰富多样的民族生态文化。自古以来，西双版纳各族民众在与自然的长期相处过程中形成的传统生态文化得以传承，尊重自然、顺应自然、保护自然的朴素生态理念已经融入人们的心理、生活、行为之中。如：西双版纳傣族“有林才有水、有水才有田、有田才有粮、有粮才有人”的生态保护理念，为西双版纳地区培育形成生

态安全治理理念共识奠定了思想基础。在西双版纳生态安全治理现代化进程中，应对优秀传统生态文化进行创造性转化、创新性发展，为推动中国式生态安全治理现代化理念的塑造提供助力。

（一）加大生态安全治理理念的宣传教育力度

首先，应建立健全生态安全治理全民参与的宣传工作机制，制订好宣传教育方案。以政府为主导进行宣传，调动全民积极性和主动性，通过电视、电台、报纸、网络以及公益广告、宣传片、宣传海报、知识竞赛、志愿者活动等增强公民认知度和参与度，其中电视台应设立有线宣传平台，宣传生态安全治理理念、典型生态安全治理宣传片、工作纪实片和涉及违法案件的曝光，引导社会公众自觉抵制各种不良行为，树立正确的行为习惯，使生态安全治理有长足发展，逐渐让生态安全治理转变为全社会的共治行为。其次，应扎实推进生态安全治理理念宣传进企业、进农村、进社区、进学校、进家庭，不断拓展全社会参与生态安全治理的有效渠道，向社会普及生态安全知识，培育生态安全治理理念，从生态安全价值、生态安全伦理、生态安全意愿、生态安全意识等方面，进一步增强全社会生态安全风险防范、应急意识和自救互救能力。通过培育形成生态安全治理理念共识，提高生态安全治理能力。

（二）创造性转化、创新性发展优秀传统生态文化，助推中国式生态安全治理理念的培育

充分挖掘当地各族民众优秀传统生态智慧，依托当地各民族广泛存在的生态保护知识、思想、观念、经验等，如傣族、哈尼族、布朗族、基诺族、拉祜族等各民族中一直存在的保护森林、水源、河流、山峦、植物、动物等的自发性保护智慧，将其创造性转化、创新性发展为中国式生态安全治理理念。

（三）坚持以人民为中心的中国式生态安全治理理念

坚持以人民为中心的中国式生态安全治理理念，区别于西方式生态治理，超越了资本逻辑的控制和束缚，秉承发展为了人民、发展依靠人民、发展成果由人民共享的价值追求，将系统性和总体性思维贯穿到生态治理

实践的点滴细节之中，致力于为最大多数的普通民众创造生态良好的现实生活空间。[①] 首先是充分考虑人民的现实需求；近年来，随着西双版纳经济高速增长，极大地提高了各族民众的生活水平、增加了人们的收入，与此同时，人们愈来愈注重周边的生态环境，强烈地感觉到“原来森林中有的野菜很少见了”“原来森林中的一些动物现在也很少见了”等，当地民众对于生态安全的需求和诉求增加。这需要将人民群众的利益和福祉放在生态安全治理的核心位置，将人民群众作为生态安全治理的主体和最终受益者，通过为人民的生态环境权益提供良好的生态环境条件，促进人民的健康和幸福，满足人民对美好生活的需要。其次是要充分发挥人民的主体作用。在基层生态安全治理过程中，民间“林长”“河长”等地方民众是真正的守护者、推动者、贡献者，应当不断扩大民间治理队伍，加强全民参与、全民监督、全民共治，营造人人参与生态安全治理的社会氛围。

四 因地“治”宜地探索人与自然和谐共生现代化模式

环境问题亦是民生问题，解决环境问题的实质是要协调好环境保护与经济发展之间的矛盾与冲突，这就需要在保护中开发，在开发中保护，确保经济—社会—生态的可持续发展。党的十九届五中全会明确提出，推动绿色发展，促进人与自然和谐共生。人与自然和谐共生理念是破解环境保护与经济发展的可持续性理念。在这一理念指导下，西双版纳州必须要牢固树立“保护生态环境就是保护生产力、改善生态环境就是发展生产力”和“绿水青山就是金山银山”的发展理念，坚持走“保护生态环境、发展生态经济、弘扬生态文化、建设生态文明”的发展道路。

生态产业发展是实现经济—社会—生态可持续发展的三位一体双赢模式。为更好地建设人与自然和谐共生现代化应当以产业生态化推动绿色发展。西双版纳应加快经济增长方式的优化，坚持绿色发展、低碳发展，坚

① 刘舒杨、王浦劬：《中国式现代化视域中的国家治理现代化》，http：//theory.people.com.cn/n1/2021/1102/c40531-32271020.html（2021年11月2日）。

决不发展高耗能、高排放、高污染的产业，大力发展循环经济、低碳经济。在生态农业发展上，要充分地认识到当前西双版纳农业基础设施还非常薄弱，发展方式尚未转变，农业产业化、规模化水平较低，基层农业技术投入机制不健全。在生物产业发展上，要充分考虑土地资源的合理配置问题。在生态工业发展上，要认清西双版纳州受自然环境制约，工业化层次和水平仍处于较低水平，产品初级化，价值链低端化，产业集中度低。在生态服务业发展上，要认识到当前西双版纳传统服务业大而不强，现代服务业发展不足，服务业发展规模较小、水平不高，服务业布局分散，整体层次较低，集聚效应不明显，对区域经济的辐射带动作用不强。[①] 生态产业发展是当前我国生态文明建设的重要路径选择，更是协调环境保护与经济发展的重要途径，对于实现人与自然和谐共生具有重要价值和意义。在今后生态产业发展过程中要从规划、政策、建设、技术、人才、资金、法律、宣传教育等综合性层面循序渐进地发展生态产业，提高生态安全治理效能。

在西双版纳生态安全治理过程中，国家对于边疆以及边境地方有不同于腹地以及腹地地方的特殊要求，边疆生态安全治理应在服从、服务于国家安全治理格局、方略的顶层制度设计的同时考虑到区域的特殊性，这就需要创造性转化、创新性发展区域生态安全治理理念，因地“治”宜地总结探索区域生态安全治理模式。西双版纳生态安全治理的可持续路径不仅仅是中央与地方之间的上行下达，也需要边疆地方政府与民间社会组织、普通民众以及州市之间、县域之间、跨境之间的共建、共治、共享，以点带面，构建常态化的生态安全治理模式。

第三节　西双版纳生态安全治理模式

中国的生态治理模式经历了从“政府单一管制”到“政府监管辅以公

① 参见孙超钰、杨尬、曾品丰、李婉琳《发展低碳循环经济加强生态文明建设的对策建议——以西双版纳州为例》，钟敏主编《云南环境研究——生态文明建设与环境管理》，云南科技出版社 2019 年版。

众参与”两个阶段，目前正走向“政府、企业、公众共治”的新阶段。[①]边疆生态安全治理模式因循中国生态治理模式逐渐从单一主体向多元主体转变。结合西双版纳独特的生态环境、多样的民族文化，其生态安全治理模式因地“治”宜，逐渐探索出“自上而下”“自下而上”“多元协同”模式。“自上而下”的治理模式以政府为主导，在治理实践过程中地方民众处于缺位的状态，“自下而上”的治理模式弥补了这一缺陷，“多元协同”的治理模式实现了政府、企业、社会等各类主体多元共治，在生态治理中取得了明显效果。

一　“自上而下”的生态安全治理模式：环境保护与经济发展协调统一

21世纪以来，由于经济利益驱动，橡胶树、茶树等经济作物开始大规模、无序化、单一化种植，给当地生态环境带来了严重影响，生态问题频频暴露，如水土流失、生物多样性锐减、外来物种入侵、水源减少、环境污染等。在这一背景下，西双版纳州制定并实施了“环境友好型生态胶园”“生态茶园”等政策。

（一）“环境友好型生态胶园”治理模式

环境友好型生态胶园最初的形态是胶园间作。自橡胶树引种到我国以来，胶园间作及覆盖便成为一项重要的橡胶树抚育管理方式，其间作物种因自然环境条件及经济效益在不同时期有所差异。环境友好型生态胶园是一种通过人为干预胶园生态环境而平衡胶园生态系统，且能实现一定经济效益的科学手段，有利于实现经济效益与生态效益的统一，协调环境保护与经济发展之间的矛盾，推动人与自然和谐共生。

西双版纳是中国第二大天然橡胶树种植基地，也是生态脆弱及敏感区，生态安全风险的外溢效应明显。“环境友好型生态胶园”是遵循生态系统平衡理论与近自然林的生态学理论，通过改变橡胶树种植的单一经营

① 参见谌杨《论中国环境多元共治体系中的制衡逻辑》，《中国人口·资源与环境》2020年第6期。

模式，尽可能选择乡土树种构建接近自然的农林复合生态系统，达到森林生物群落的动态平衡，使生产力最大化，增加生物多样性，保持生态系统生物链的动态平衡，实现橡胶园的生态效益、经济效益、社会效益的协调发展。① 因此，“环境友好型生态胶园”治理模式的探索及建设对于维护边疆生态安全、筑牢边疆生态屏障具有重要价值。

为更好地贯彻落实“绿水青山就是金山银山”的生态文明发展理念。2013 年 8 月 8 日，云南省委领导提出：建设环境友好型胶园，建立生态胶园的生态效益、经济效益、社会效益科学评价体系，变革天然橡胶的种植方式、管理方式，改变传统的单一种植模式，实现橡胶产业的可持续发展。② 2013 年 11 月 18 日，西双版纳州人民政府批准通过了《西双版纳州环境友好型胶园建设规划》（2013—2020），并制定了《西双版纳州环境友好型胶园建设技术规程》，西双版纳州将以每年 10 万亩的进度建设环境友好型胶园，并将环境友好型橡胶园建设作为西双版纳州生态文明建设的考核内容和指标之一；2014 年 5 月 19 日，西双版纳州召开“全州环境友好型生态胶园建设工作推进会”，会议上要求务实推进西双版纳州环境友好型胶园建设，并与各市、县签订《环境友好型生态胶园建设目标责任书》③，确保到 2020 年建成环境友好型生态胶园 6. 67 万公顷，每年建设环境友好型生态胶园 0. 67 万公顷以上。④ 这一系列举措为环境友好型生态胶园建设提供了政策支持和保障，有利于实现天然橡胶产业的可持续发展。

近年来，在西双版纳“生态立州”的战略背景下，以西双版纳州政府和中国科学院热带植物园为主对环境友好型生态胶园建设进行了诸多探索，从国营橡胶农场到民营橡胶农场逐步进行典型引导、示范带动。2015

① 参见兰国玉、吴志祥、谢贵水、黄华孙《论环境友好型生态胶园之理论基础》，《中国热带农业》2014 年第 5 期。

② 参见《西双版纳州农垦局关于报送 2015 年版纳农垦 0. 9 万亩环境友好型生态胶园建设实施方案的报告》，西双版纳州农垦局，内部资料，2015 年。

③ 《版纳植物园参加院农业领域“一三五”重大突破进展交流会》，http：//m. xtbg. cas. cn/zhxw/201408/t20140815_4185260. html（2014 年 8 月 15 日）。

④ 参见张婧《西双版纳州环境友好型生态胶园建设调查研究》，《云南农业大学学报》（社会科学版）2015 年第 4 期。

年，首先在东风农场、景洪农场、橄榄坝农场、勐腊农场、勐满农场建设五个生产示范区。在环境友好型生态胶园建设中，严格按照橡胶树生态适宜区的区划种植，多物种合理选优搭配，多层次立体设计，采用“板块化、网络化、片段化、立体化”种植方式，因地制宜推行“山顶戴帽、腰间系带、足底穿鞋”和“林下植灌、灌下养禽”建设模式。这种模式的示范推广，有利于保持水土，维护生态系统平衡。

自环境友好型生态胶园建设项目实施以来，逐渐在民营橡胶经营中进行示范及推广。2018 年 5 月 21 至 23 日，西双版纳州农业科学研究所拟在西双版纳州建立橡胶—魔芋套种生态示范园 1000 亩，其中：勐海县打洛镇 200 亩、勐腊县勐伴镇 150 亩、勐捧镇 250 亩、勐满乡 100 亩及象明乡 300 亩，通过橡胶生态示范园建设，达到生态绿色管护橡胶树、增加土地单位面积产值、使农民增收的目的。① 2019 年 3 月 11—12 日，为推动环境友好型生态胶园建设，进一步推进“橡胶+X”的套种模式，西双版纳州农业科学研究所与中国医学科学院药用植物研究所云南分所科技人员到勐腊县实地调研橡胶林下套种砂仁种植模式，其中：瑶区乡新山胶林套种砂仁 70 亩、勐腊镇曼喃村委会胶林套种砂仁 100 亩、勐腊县曼旦村委会曼朗小组胶林套种砂仁 50 亩、勐腊仁林生物科技有限公司育种基地遮阳网种植砂仁 70 亩。② 为更好地推动环境友好型生态胶园在民营橡胶的建设，需要促进胶农的积极性和主动性，对胶农套种的作物进行一定补助。如西双版纳州农科所于 2019 年 3 月 6 日至 13 日完成了魔芋种芋的补助，共补助魔芋种芋 15.14 吨，涉及勐腊、勐海两县 5 个乡镇，其中：勐腊县象明乡 4.8 吨、瑶区乡 0.8 吨、勐伴镇 7.44 吨、易武镇 0.9 吨、勐海县打洛镇 1.2 吨。③

---

① 《西双版纳州农业科学研究所开展橡胶生态示范园建设调查》，https://znyj.xsbn.gov.cn/309.news.detail.dhtml?news_id=1441（2018 年 5 月 25 日）。

② 《2019 年省级农业生产发展热作专项橡胶生态高效示范园建设——橡胶林下套种砂仁调查》，https://www.xsbn.gov.cn/znyj/110426.news.detail.dhtml?news_id=1809357（2019 年 3 月 5 日）。

③ 《州农科所 2019 年省级农业生产发展热作专项橡胶生态高效示范园建设——魔芋种芋补助》，https://www.xsbn.gov.cn/znyj/110426.news.detail.dhtml?news_id=1809349（2019 年 3 月 14 日）。

环境友好型生态胶园建设通过在橡胶林下套种魔芋、砂仁等经济作物，充分利用土地资源，改善了橡胶林物种单一的现状，减少了土壤裸露面积，降低了水土流失，增加了生物多样性。尤其是在当前橡胶市场不景气的背景之下，环境友好型生态胶园模式在一定程度上弥补了橡胶园林地的产出效益，也因此得到了广大胶农的接受与认可。这种模式是西双版纳生态安全治理的一种较为成熟的模式，可以有效破解橡胶树大规模、单一化、无序化种植带来的治理困境，维护了区域生态安全。

（二）“生态茶园”治理模式

西双版纳种植茶树的历史有上千年，其茶树栽培经历了树林茶、满天星式、等高条栽、密植速成、生态茶园五个发展阶段。生态茶园是根据生态学原理和经济学原理，通过一定的生物、生态以及工程的技术与方法，人为地改变、调整、配置和优化茶园系统内部及其与外界的物质、能量和信息的流动过程及其时空秩序，所建立的物种丰富、层次复杂，结构、功能达到一种稳定动态平衡状态的高效人工生态系统。主要是通过保护茶园原有树林、植被，在茶园套种以及在茶园四周和不宜种植茶树的陡坡、山顶、山脊、山脚、沟边及空隙地种植经济林木和其他林木，在风口建设防护林带，林中有茶，茶在林中，创造适宜茶树生长的生态环境，形成以茶树为主多物种共生的生物群落。①

1986 年，云南省茶科所提出“生态茶园”的理论，在等高条植、密植速成的基础上，建立茶园生态系统，整个茶园系统由道路、网格植物、茶园上、中、下三层植物组成，靠植物的多样性，减少病虫害，保护水土、培肥地力、改善茶树生态环境。20 世纪 90 年代后期，由于普洱茶市场价格的不断攀升，在经济利益的驱使下导致西双版纳州出现大面积单一种植茶树的情形，过度或不科学种植带来了热带森林面积减少，森林破碎化严重，水土流失加剧，自然灾害频发。随着土地利用格局改变，地方性气候受到影响。此外，不规范使用农药化肥也对生态环境和茶叶品质造成了一

① 参见《西双版纳州人民政府关于加快环境友好型胶园和生态茶园建设的实施意见》，西双版纳州农垦局，内部资料，2013 年。

定影响。21 世纪以来，随着人民群众生活水平的逐步提高，对茶叶的品质要求更高，尤其是品质优异的高档有机名茶、绿色食品茶、无公害茶、特种绿茶等名茶的消费逐年增加。[①] 与此同时，生态、绿色、低碳、可持续逐渐成为社会共识。

为推进茶产业的可持续发展，西双版纳州开始推动产业的升级和转型，建设生态茶园。首先，初步探索生态茶园。2001 年，西双版纳州开始建设有机示范茶园，在茶园干道及茶行中套中杉木、樟树，加强茶园耕作铺草、病虫害防治等管理。此后，各县（市）逐步推开生态茶园建设。2001—2002 年，勐海县和景洪市分别实施无公害茶和有机茶基地建设；2007 年，七彩云南茶叶公司在勐海县布朗山乡班章村建设七彩云南万亩有机生态茶园，将有机茶培育、茶叶种类多样性、茶园观光结合为一体，建成西双版纳州首家园林式有机茶园，并成为云南茶叶基地种植的样板；2008 年，全州实施生态茶园建设项目，开展有机茶基地认证工作；2010 年，全州大力开展无公害茶、绿色食品茶、有机茶园建设；2011 年，全州加强茶园生态系统建设，让更多茶农从中得到实惠。[②]

其次，建立健全生态茶叶建设机制。2013 年，西双版纳州全面启动《西双版纳州生态茶园建设规划（2014—2020 年）》。西双版纳州茶叶管理部门要求生态茶园的园地应尽量避开市区、工业区和交通要道，选择空气清新、水质纯净、土壤未受污染、生态环境良好、能满足茶树生长需要的园地或山地，其中园地空气、水质和土壤的各项污染物质的含量限值均应符合农业部行业标 Y5020—2001 的要求。在生态茶园建设过程中，合理规划“园、林、水、路”。[③] 2014 年，西双版纳州贯彻生态茶园建设政策及生态文明建设的重要意义，为推动全州生态茶园建设示范带动作用，分别选定大渡岗茶厂、布朗山七彩云南生态茶园基地等为生态茶园建设示范

① 参见西双版纳州人民政府发展生物产业办公室编《西双版纳州茶志》，西双版纳州图书馆藏，内部资料，2018 年，第 119 页。

② 参见西双版纳州人民政府发展生物产业办公室编《西双版纳州茶志》，西双版纳州图书馆藏，内部资料，2018 年，第 119 页。

③ 参见西双版纳州人民政府发展生物产业办公室编《西双版纳州茶志》，西双版纳州图书馆藏，内部资料，2018 年，第 119—120 页。

点，州人民政府与各县市人民政府签订目标责任书。①

从生态茶园建设的生态效益来看，首先是有利于防止水土流失；在生态茶园的土壤管理上，茶园行间铺草覆盖和套种绿肥，行间铺草从幼龄茶园开始，在旱季和雨季来临前进行。其次是以施用无害化处理的有机肥为主，减少土壤污染。如施用各种饼肥、人畜肥便和农副产品下脚料等为主，在茶叶各生育期追施速效化肥为辅。此外，在茶园内进行套种，开展多种经营，实现了经济效益和生态效益的统一。

从当前的环境友好型生态胶园和生态茶园治理模式来看，虽然取得了一定的治理效果，但停留于碎片化的示范及推广阶段，尚未实现规模化。这种“自上而下”的治理模式，既不对等，也缺乏效率，而国家力量的“单一化”与其在边疆地区的“薄弱化”相交织，进一步加剧了传统边疆治理的困境。②“环境友好型生态胶园”与“生态茶园”从理论提出到具体治理实践的整个过程之中，以政府为主导，专家学者参与其中。从理论层面而言，“环境友好型生态胶园”与“生态茶园”建设是严格遵循生态系统平衡理论与近自然林的生态学理论，但这一理论的基础及来源是建立在西方科学技术基础之上，较少考虑地方民众长期种植橡胶树的智慧、经验和需求。因此，在实践层面上，环境友好型生态胶园建设在具体操作中难以维持，胶农的积极性和参与性不高，处于缺位状态。在胶农看来，某些套种作物较难管理、产量低、价格低，这种情况下，套种作物往往处于无人管理状态。相较之下，“生态茶园”的实施效果更好，其根本原因在于当地民众种植茶树积累了上千年的经验和智慧，地方政府将这些经验和智慧融入现代化的生态治理理念之中。

① 参见西双版纳州人民政府发展生物产业办公室编《西双版纳州茶志》，西双版纳州图书馆藏，内部资料，2018 年，第 120 页。

② 青觉、吴鹏：《新时代边疆治理现代化研究：内涵、价值与路向》，《中国边疆史地研究》2020 年第 1 期。

二　“自下而上”的生态安全治理模式：“人—茶—林”和谐共生

千百年来，章朗村的布朗族民众一直运用传统生态知识和智慧种植、管理古茶园，塑造了“人—茶—林”和谐共生的生态整体景观。布朗族是最早认识、种植和利用茶叶的民族之一。布朗族的先民“濮人”在收集食物和生产劳动的过程中，逐渐认识了可以治病、消除疲劳的野生茶树的树叶。布朗族也是一个善于种茶和制茶的民族，千百年来，布朗族一直保留着种茶、饮茶的传统习俗。他们每迁徙到一个地方，不是先建牢固的房屋，而是先种下茶树，“山共林、林生茶、茶绕村”的生态整体景观结构延续至今。这主要得益于当地布朗族民众将传统生态智慧运用到古茶树的种植和管理之中，地方政府需要将这些传统生态智慧纳入古茶树的保护和管理的政策法规之中，相关政策法规的出台进一步加强了古茶树的保护和管理，从而使生态环境得到有效治理，探索出“自下而上”的生态安全治理模式。这里以西双版纳勐海县西定哈尼族布朗族乡章朗村为例进行具体探讨。

章朗村是一个典型的布朗族村落，属于传统文化生态保护区。该村海拔1120—1950米，已超出热带气候范围，属于南亚热带气候，全年无霜，森林植被丰富，适宜种植茶叶。村域辖区内有百年以上的古茶园和环绕村寨的原始森林。该村主要种植茶树、甘蔗、水稻等农作物，全村年均收入约1000万元,① 其中茶叶产值占一半左右，是当地民众的主要经济收入来源。

首先，章朗村布朗族民众对古茶园的管理、利用及采收体现了传统生态知识和智慧的传承，是他们尊重自然、保护自然，与自然和谐共生的结果。目前，这一传统的生态知识和智慧已经被融入生态茶园建设之中，形成了一套行之有效、具有一定科学意义的种植和管理古茶树的混农林可持

① 参见勐海县文化和旅游局，云南省城乡规划设计研究院《勐海县西定乡章朗布朗族传统文化保护区保护规划（2023—2035年）》，勐海县图书馆藏，内部资料，2023年。

续利用种植模式。章朗村古茶园在人为的长期管理下形成了多样的生态类型，大部分古茶园成片存在于次生林中，少数单株分布在村寨周围的田地中。次生林中的古茶园在人为管理下，形成具有上、中、下三层的复合结构模式，其生态系统在结构和功能上与天然林类似，群落结构大致可分为乔木层、灌木层和草本层。与天然林不同的是，古茶园的中层是以古茶树为优势，古茶树覆盖度极高，具有长期、持久的茶叶经济效益，并提供木材、药材、野生水果、野生蔬菜等采集经济。① 章朗村布朗族世世代代种植茶树，当地民众认为，不仅要种茶，还要建设茶园、管理茶园。与一般茶园的管理方式不同，布朗族在管理茶园过程中，尤其注意保护茶园的生态环境。据了解，他们的祖先根据茶树的特性把茶树种植在原始树林之中，并加以管理，巧妙利用了森林生态因子的传统种植方式。并通过利用古茶树与其他树种之间的竞争或依存关系实现了不同的树种、物种与茶树和谐共生。古茶园系统具有较强的对病虫害的抵抗性，系统的稳定性较高，物种间形成的相互制约的关系，可抑制病虫害的暴发。在传统管理中，他们不施用化肥，不喷洒任何农药、杀虫剂，这些东西被严格禁止使用。因为他们认为，施用化肥的茶园会让茶叶味道改变，让茶园土壤恶化，农药、杀虫剂会污染整片茶园；在他们的观念中，茶树周边植被的枯枝落叶就给茶树提供了肥料，这种自然肥可以使茶叶品质更优。可以说，茶叶产生的巨大经济效益给当地民众带来了丰厚的收入，促进了地方社会经济发展，从而让当地民众更愿意遵守村规民约保护茶树的生长环境，极大地提高了章朗村村民自主、自愿参与保护及治理生态环境的积极性和主动性。

虽然章朗村布朗族民众种植和管理古茶园的传统生态知识和智慧有利于保护当地生态环境，维持生态系统平衡。但随着经济社会的高速发展，人为开发活动的加剧使章朗村古茶园面临生态破坏的风险，从而威胁到生物多样性、水源涵养和土壤保持等方面的功能，不利于古茶树的保护和管

① 参见蒋会兵、梁名志、何青元等《西双版纳布朗族古茶园传统知识调查》，《西南农业学报》2011 年第 2 期。

理。这就需要制定一系列古茶树保护的相关政策条例，对古茶园生态环境进行有效治理，维护区域生态安全。2012 年 11 月，西双版纳州人民政府印发《云南省西双版纳傣族自治州古茶树保护条例实施办法》，该办法中规定：村民小组应当发挥村规民约的作用，做好本村古茶树资源的保护；并对古茶树保护范围进行了划定，明确了州、县（市）、乡（镇）林业行政部门的管理权责；并要求设立古茶树保护专项资金，建立健全古茶树病虫害防治长效机制，将古茶树保护范围纳入生态公益林管理，要求古茶树的生产经营和管护遵循无公害和生态化的原则。[①] 2019 年，西双版纳州人民政府印发《西双版纳州推动茶产业绿色发展实施方案》，提出要全面推进绿色发展，加快走出一条产出高效、产品安全、资源节约、环境友好的绿色茶产业发展之路。[②] 这些举措推动了古茶树保护和管理方式的规范化、法治化、科学化。

三　“多元协同”的生态安全治理模式：各民族优秀传统生态治理文化

中国各民族优秀传统生态治理文化是中华优秀传统文化的重要组成部分，也是中华传统国家治理文化的重要内容，更是助力中国式生态治理现代化的重要思想基础。云南各民族在长期适应和改造生存环境的过程中，协调人与自然之间的关系，实现与自然生态系统的和谐共生，积累了丰富的优秀传统生态治理文化。但随着全球化进程加快，传统生态治理文化不可避免也要随之变化及转型，为创造性转化和创新性发展云南各民族生态治理文化，应深入分析云南各民族生态治理文化的内涵及特征，充分挖掘各民族生态治理文化资源及价值，探索云南各民族生态治理文化创造性转化和创新性发展的路径，这对推进中国式生态治理现代化、贡献中国智慧具有重要意义。

---

① 《云南省西双版纳傣族自治州古茶树保护条例实施办法》，https://www.xsbn.gov.cn/324844.news.detail.dhtml?news_id=2834573（2012 年 11 月 8 日）。

② 《西双版纳州推动茶产业绿色发展实施方案》，https://www.xsbn.gov.cn/192.news.detail.dhtml?news_id=64547（2019 年 3 月 20 日）。

（一）以"民族文化生态村"景洪基诺乡巴卡小寨为例

"民族文化生态村"是一种民间或者半官方性质的建设项目，这一项目体现了基层生态安全治理的多元协同。民族文化生态村试点项目由专家学者提出，非政府组织基金会立项资助，政府引领，村民积极参与。换言之，基金会、项目专家、政府官员、村民等主体构成了该项目运行的权力网络或层级关系，并主导着项目的实施与管理。

"民族文化生态村"概念在云南的提出并付诸实践，主要得益于几个方面的文化保护实践的启示。首先，来自云南本土的"原生态"文化保护实践；其次是来自生态博物馆理论，生态博物馆所倡导的原生态环境、原居地整体性、民众参与性的保护理念在"民族文化生态村"的概念与实践中得到了体现；此外，"民族文化生态村"概念的提出，与云南省提出的建设"文化大省"的政策密切相关。1996 年 12 月，在中共云南省委召开的六届四次全会上，提出要"让云南民族文化走向全国，走向世界，努力把云南建设成为富有特色的民族文化大省"。1999 年 9 月，在云南召开了"云南民族文化、生态环境及经济协调发展高级国际研讨会"，该会议发出了被认为具有国际文化多样性、生态多样性保护意义的《云南倡议》。该《倡议》建议将云南作为"民族文化、生态环境与社会经济可持续协调发展的全球示范区"。同年，这一最初由学者进行尝试的"民族文化生态村"建设试点，正式纳入政府规划，从学术主导的应用项目上升为政府引导的乡村建设。2000 年 12 月，《云南民族文化大省建设纲要》将"民族文化生态村"纳入其中，并明确指出在规划和建设特色文化区的过程中，要"充分发挥云南历史悠久、民族文化多样、生物资源多样的特色优势，走文化、生态、经济协调发展的道路"。1998 年，民族文化生态村建设获得美国福特基金会资助及云南省有关地方政府支持立项后正式启动。[①] 景洪市基诺乡的巴卡小寨便是此次项目试点村落之一。在这个过程中，专家学者、村民、政府、社会组织、志愿者等各类主体直接或间接地参与到基诺

① 杨正文：《民族文化生态村：传统文化保护的云南实践》，http：//www. minwang. com. cn/eportal/ui？pageId = 595416&articleKey = 626762&columnId = 595057（2017 年 10 月 20 日）。

族文化生态村建设之中。

巴卡小寨地处西双版纳州景洪市基诺山，是一个典型的基诺族村落。历史时期以来，该村人多地少的问题就一直存在，随着勐仑自然保护区的划定，以及山地、林地承包到户之后，大范围的土地轮歇耕种已不可能。随着现代化进程的加快，当地社会文化随之变迁，当地村民逐渐放弃传统的生态知识和生产技术改变生产组织形式。对此，专家学者和基诺族精英均认为，基诺族社会如果不能在进行现代化建设的同时，及时成功地把基诺族传统文化传于后人，基诺族传统文化有可能从此断裂；当地普通村民对于民族文化生态村建设的态度则呈现出分层，年轻一代简单地认为民族文化生态村建设就是旅游开发，而老一辈人则希望民族文化生态村建设可以帮助恢复过去丰富的歌舞、节庆等文化活动。虽然不同群体对于民族文化生态村建设的认知不同，但最终都是希望改善生活状况，不论是文化，或者是经济。2001 年 6 月 6 日，基诺族博物馆正式在巴卡基诺族文化生态村落成开馆，宣告着巴卡基诺族文化生态村全面建设的开始。项目组在巴卡小寨主持成立了民族文化生态村管理委员会，管委会成员有老村主任、现任村支书、妇女组长、村会计、村保管员等，形成了“长老+村干部+积极分子”的管理模式。这一管理制度的确立通过引入多元主体的参与、互动与合作，最大程度地发挥了多元主体间的协同治理效应。

以巴卡小寨厕所选址为例。在传统社会，许多村寨并没有厕所。随着人口增加，环境卫生问题严重影响了村寨环境。因此，由项目组出资在巴卡小寨建立了公共厕所，并在“妇女·民兵之家”修建厕所，以此向村民进行示范。两类厕所的建设，均采取乡政府负责雇请技术人员、村民有偿投工参与的方式来进行，而项目组在当地政府与村民之间起到了中介作用。在厕所的建盖过程中，当地村民的传统生态知识和智慧得到充分体现。在厕所地点的选择上，项目组采取项目组成员、当地政府领导和村民一同商讨的办法来决定。项目组提出了三个地点：一是博物馆后面的一块平地，二是基诺族博物馆广场的边缘处，三是村寨路口下方一篷竹子旁的平地。对于博物馆后的地块，村民认为不能使用，因为博物馆后面已是村寨的最高处，在此建厕所会影响其下的水源和村寨的环境；对于广场前的位置，村民认为这块平地是建设博物馆时用推下来的土填平的，地基不实，不能保证以后不下陷；而对村口的地基，村民认为其下是老土层，不会下陷，并且旁边有竹篷掩映，看起来美观，排污也比较容易。[①] 可见，村民的积极参与及传统生态知识和智慧的运用对于推进基层生态安全治理具有重要价值及意义。

在当前应对生态危机的政策选择中，地方政府、社会组织以及专家学者往往会忽视地方民众曾在传统社会生态环境保护中发挥的主导作用。在公共事务治理中，在奥斯特罗姆看来，政府和市场都不是公共事务治理的“唯一”方案，中央政府的控制往往因“不完全信息”而处于大而无当的低效率中；而以“私有化”产权本身对于那些不确定性高、流动性强和不易分割的公共资源来说就是一个不恰当的脱离实际的制度安排。[②] 因此，因地“治”宜地探索西双版纳生态安全治理的自主性制度体系、选择有效治理模式是边疆生态安全治理研究中一个不可回避的核心问题。

（二）以“民族文化生态保护区”景洪市勐养镇曼掌村为例

近年来，云南把推进民族文化生态保护区建设作为民族团结进步示范区建设的重要内容和任务进行安排部署，国家级和省级民族文化生态保护区建设均取得了一定的成效。民族文化生态保护区主要是通过政策保障、法治建设、经费投入、抢救保护、交流展示、人才培养等方面建设。“民族文化生态保护区”对于更好地保护、传承、弘扬中华民族优秀传统生态文化具有重要价值，更对当地生态环境保护起到了重要作用。

西双版纳地区优越的地理环境和气候条件不仅孕育了丰富的自然资源，也孕育了独具特色的民族生态文化。傣族、哈尼族、拉祜族、布朗族、基诺族等世居民族经历了一个长期的演进过程，各民族为适应其生存环境，形成了尊重自然、顺应自然、保护自然的人与自然和谐共生理念，主要体现在民族服饰、建筑风格、居住习惯、饮食文化、生产习俗、节庆

① 朱映占：《传统文化生态保护与传承在基诺山的实践》，https：//chinesefolklore. org. cn/forum/redirect. php？ fid = 126&tid = 6782&goto = nextoldset（2009 年 6 月 6 日）。

② 李培林、谢立中编著：《社会学名著导读》，学习出版社 2012 年版，第 277 页。

活动之中。从物质层面来看，体现在各族群众的生产生活领域，以实现社会经济可持续发展；从制度层面来看，体现在社会规范与秩序之中，运用奖赏、惩罚、强制性的措施协调着人与自然之间的关系；从精神层面来看，体现在人们认知自然所呈现的意识形态。正是因为这些朴素的生态文化和生态保护传统，铸就了西双版纳各民族敬畏自然、崇尚自然、爱护自然的心理特质和文化传统，使各民族能够在长期的发展进程中，始终与自然和谐相处。但随着社会文化变迁，人们的生产生活方式、思维习惯也在传统与现代碰撞之下不断地融合、冲突、调适、发展，以寻求人与自然和谐共生模式。西双版纳在继承和弘扬各民族优秀的生态文化传统的基础上，结合现代生态文明理念和先进生态环境保护意识的宣传和培育，进一步筑牢了建设生态文明的思想基础。①

曼掌村隶属西双版纳州景洪市勐养镇，是傣族传统文化生态保护区。曼掌村紧邻勐养国家级自然保护区，自然生态环境优越，这为傣族传统生态文化的维系传承和创新发展提供了空间和载体，对于深入了解傣族民众关于人与自然和谐共生的传统生态观，促进傣族传统生态文化的创造性转化、创新性发展具有重要意义。

在村寨选址上，当地傣族民众会充分结合自然生态环境进行选择。首先，傣族在建寨选址时，会有意识地选靠山、临水的平坝。农耕是傣族传统的生活方式，因此傣族在选址时会尽量选择地势平坦的土地，便于农田的耕种。其次，为了满足耕地的用水需求，傣族民众会选择邻近水的地方落脚。另外，傣族民众认为，背靠青山可以有利于聚落绿化景观的栽培，以及为村落挡风向阳，使得村落有所依靠。我国传统文化中也认为“负阴抱阳、背山面水”是村落的最佳选择，这样的山水格局既利于生活又利于生产。傣族谚语中提道：“没有森林和群山的山脚，你不能建立一个村寨。”②

在居民建筑方面，当地傣族民众会根据自然环境特点建盖房屋。曼掌

① 《西双版纳傣族自治州生态文明建设规划（2017—2025年）》，https：//www.xsbn.gov.cn/hbj/77014.news.detail.dhtml？news_id=2816636（2018年7月10日）。

② 参见《勐养镇曼掌传统文化生态保护区调查报告》，景洪市文化馆，内部资料，2016年。

村地处低纬度湿热地带，总体特征是热量丰富、潮湿多雨。因此，曼掌村的传统建筑对气候的适应主要体现在防潮、防雨、通风、隔热等方面。干栏式建筑就是为了防潮、防雨、通风、隔热而被创造出来，建筑底层架空的方式避免了居住部分直接和潮湿的地面接触，也有利于避开水患，也是因为架空，空气对流更为易于形成，房屋使用通透和灵活可拆卸的维护结构，通风条件优越，架空和深远出檐的方式也有效防止雨水对房屋的袭击。①

此外，曼掌村村寨周围有多处被划为竜林，严格的村规民约规范约束了人们砍伐、破坏森林的行为，使原始森林得以被保存下来。整个村寨的建设充分考虑了自然、生产、生活之间的关系进行合理布局，村落经过多年适应环境自我调整，形成了人与自然、人与村落、村落与自然和谐共生的面貌，构成了独特的自然与人文景观。

良好的生态环境是西双版纳赖以生存发展的根本。曼掌村依靠乡村生态文化体验旅游，增加了当地村民的经济收入，过上了富足的生活。“绿水青山就是金山银山”理念以及“有林才有水、有水才有田、有田才有粮、有粮才有人”的传统观念在曼掌村得到了充分体现。通过生态文化的打造，曼掌村村民均有了自己的经营项目，户均月收入在万元以上。② 曼掌村的成功实践诠释了保护生态环境就是改善民生，实现了生态效益、经济效益、社会效益的统一。

---

① 参见《勐养镇曼掌传统文化生态保护区调查报告》，景洪市文化馆，内部资料，2016年。

② 《西双版纳州深入实施“生态立州”战略——绿色生态助力永续发展》，https：//www. yn. gov. cn/ywdt/zsdt/202106/t20210621_223945. html（2021年6月21日）。

结　　语

边疆地区既是重要的生态安全屏障区，具有水土保持、涵养水源、生物多样性保护、防风固沙等重要生态功能；又是典型的生态脆弱与敏感区，不同生态类型交错，系统抗干扰能力弱、对全球气候变化敏感、边缘效应显著、环境异质性高。历史时期以来，随着人类开发活动加剧以及社会经济的迅速发展，边疆地区面临着严峻的生态安全形势，如水土流失严重、草地退化及土地沙化面积扩大、资源环境矛盾突出、生物多样性减少、物种入侵严重等，生态安全与其他安全问题错综交织。新时代背景下，新的生态安全问题以及复杂的生态安全形势，给边疆生态安全治理提出了新的要求，边疆生态安全治理的政策、理念、方式、手段等亟待转型及重构。这需要因地“治”宜探索边疆生态安全治理的可持续模式，构建边疆生态安全治理共同体，推进边疆治理体系和治理能力现代化进程，建设人与自然和谐共生现代化。

一　从“传统”到“现代”：边疆生态安全治理的转型及重构

历史上形成的边疆治理是建立在国家的政治统治和政府的管理基础上，是在一个统一的政治权力中心基础上自上而下的过程，是一种国家的政治行为。[①] 从“统治”到“治理”的转变过程既是边疆治理模式从“传

① 参见周平《中国边疆治理研究》，经济科学出版社 2011 年版，第 31 页。

统”到“现代”的重构过程，也是边疆地方政府治理模式转型的理论逻辑，本质上都是适应边疆社会经济发展的现实需要；从边疆治理来看，“统治”和“管理”的特征是以政府为中心垄断权力为核心，权力自上而下强制运行，凭借掌控资源，全面涉足，带有“全能主义”倾向；从“统治”到“治理”的过程是打破单一治理格局、传统治理观念、强制运行机制，建构多元治理结构、法治制度架构、互动治理机制的演变发展过程。① 传统的边疆治理结构必须通过理论重构、制度重构和实践重构而实现转型，构建起现代型的边疆治理结构。②

现代的“治理”是相对传统的“统治”“管制”而言的，统治的主体一定是社会的公共机构，统治的过程是自上而下的单向管理过程，而治理的主体包括公共机构和私人机构，治理的过程是上下互动的双向管理过程。③ 在边疆治理视域下，中央政府主要是提出边疆治理的国家目标和国家战略，形成边疆治理的战略规划，制订边疆治理的基本政策，调动必要资源，督导边疆地方政府，促成边疆治理目标的实现；边疆地方政府是边疆治理具体的责任主体，落实中央政府的边疆治理方略；边疆社会组织是边疆治理的参与者和行动者。④ 在边疆治理的过程中，要在中央政府的主导下，充分发挥边疆地方政府、边疆社会的作用，形成一个由中央政府、边疆地方政府、边疆社会、其他地方政府和社会组织支持和参与的多维结构。⑤

因此，在新时代边疆治理主体重构过程中，应当将多主体治理与协作治理进行有效融合，实现“多元共治”。政府、市场和社会三大治理主体，具有不同的职能定位，发挥着不同的作用，从单一行政性主导到多元共治是生态治理从弱到强的客观要求。“多元共治”需要充分发挥企业、社会

---

① 参见廖林燕、张飞《边疆治理转型过程中的地方政府治理现代化探论》，《广州大学学报》（社会科学版）2016 年第 2 期。

② 参见周平《论我国边疆治理的转型与重构》，《云南师范大学学报》（哲学社会科学版）2010 年第 2 期。

③ 参见俞可平《论国家治理现代化》，社会科学文献出版社 2014 年版，第 22—23 页。

④ 参见周平《我国的边疆与边疆治理》，《政治学研究》2008 年第 2 期。

⑤ 参见周平《中国边疆治理研究》，经济科学出版社 2011 年版，第 31 页。

组织在生态环境治理中的协商合作、协作治理作用，改变由政府主导的单一主体格局，形成政府引导、社会协同、公众广泛参与的生态治理新格局，形成政府出政策、出制度、做监管，企业出资金、出技术、出人力，民众参与，探索共建、共赢、共享的多赢模式，构建起高水平、全覆盖、管理科学、运转有效的生态治理体系。①

西双版纳地区在维护边疆、跨境、区域乃至全球生态安全中具有重要作用。但近年来，西双版纳面临严峻的生态安全形势和一系列的生态安全问题，较之于云南其他区域，西双版纳的生态安全形势相当复杂和严峻，其中热带雨林生态系统遭到破坏、生物物种危机加剧、跨境生态安全风险加大等问题十分突出。从西双版纳生态安全治理的历史实践来看，基于边疆治理理论，治理的实践主体、方式、手段实现了从“传统”到“现代”的转型及重构。首先，治理的转型及重构实践。边疆治理实践主体重构，其实质是要重新认识和确立边疆治理的主体，历史时期边疆治理主体从来都是由国家来充当，离开了国家这一治理主体的力量，边疆治理就成为一句空话，但国家并非唯一主体，必须在强化国家责任和义务的同时，引入市场力量，动员社会参与逐步形成一种多元治理格局。② 在西双版纳传统的生态安全治理实践过程中，地方土司与民众是治理主体。这种局面至近代民族国家时期有所转变，国家层面逐渐关注和重视保护森林、水源等，中央政府与地方政府开始在生态安全治理中发挥主导作用。至现代民族国家建构以来，西双版纳生态安全治理主体逐渐从单一转向多元，根据生态安全治理要素的不同，形成了多元协同的治理新格局，有以政府为主导，市场、社会参与其中；也有以政府为引领，市场主导，社会参与其中等治理模式。其次，治理机制的转型及重构。因不同时期和阶段所面临的生态安全问题不同，破解及应对的治理方式也有所差异。王朝国家时期，西双版纳地区生态环境问题并不突出，生态安全治理方式依托于地方性的乡规民约、民间信仰、禁忌习惯等，这些地方性的治理方式在一定程度上规

① 参见孙特生《生态治理现代化：从理念到行动》，中国社会科学出版社 2018 年版，第 90 页。

② 参见周平主编《中国边疆政治学》，中央编译出版社 2015 年版，第 444—445 页。

范、约束着人们破坏生态环境的行为。近代民族国家时期，受西方科学知识影响，新物种、新技术等带来的生态安全问题日渐突出，与此同时，以政府为主导的森林保护、水源保护、流域治理等生态安全治理机制向规范化、制度化、科学化转型。进入现代民族国家建构过程之后，政治建构在边疆生态安全治理中占据主导地位。在现代化、全球化进程加快的背景之下，新的生态安全问题出现，生态安全问题与其他安全问题互相交织，治理机制的不健全、治理体系的不完善、治理理念的滞后等现实困境给边疆生态安全治理提出了新要求。

为有效破解及应对这一困境，亟待创新治理的理论模式、制度模式、实践模式，完成“现代化”转型，推进边疆生态安全治理体系和治理能力现代化进程，建设人与自然和谐共生的现代化。新时代背景下，边疆生态安全治理应在国家治理的总体框架下，因地“治”宜。从治理的实践主体来看，政治学意义上的边疆治理是指为了建立和维持边疆社会的良好秩序，动员包括国家政权和社会力量在内的多元治理主体，运用多种手段、调动多方资源解决边疆问题和化解边疆矛盾的行动及其过程。① 这就需要加快推进边疆生态安全的多元协同治理进程，创造性转化、创新性发展传统治理实践，将其融入现代化治理过程中。通过健全生态环境多元协同治理机制，建立健全生态安全风险防控体系，培育形成生态安全治理共识性理念，因地“治”宜探索人与自然和谐共生的现代化模式，推动边疆生态安全治理现代化的转型及重构，构建中国式现代化边疆生态安全治理新格局。

二　从“共治”到“共生”：构建边疆生态安全治理共同体

从西双版纳生态安全治理的进程看，在整个治理过程中，政府往往是主导者、推动者、引领者，企业、社会组织以及普通民众往往是“被动的”参与者。生态安全治理一度陷入“国家—市场”“国家—个体”两极

① 参见吕朝辉《边疆治理现代化进程中的乡规民约探析》，《云南行政学院学报》2017 年第 2 期。

分化的结构陷阱。分化的一端是“全能化”的国家，尽管生态安全治理体系不断地建立健全，但很难在地方尤其是乡村一级的实践中提供切实有效的治理规范；分化的另一端是“被动参与”的市场或个体，在既定的政策规划框架下行动，往往会因为利益分配不均而脱离整个治理过程。① 面对这一治理僵化的结构，自主治理理论的提出一定程度上可以弥补这一缺陷。美国印第安纳大学的埃莉诺·奥斯特罗姆（Elinor Ostrom）提出了政府与市场之外公共资源治理的第三种选择，即自主治理理论。② 这一理论主张个体能够通过自主组织有效解决集体行动的困境，冲破公共资源只有完全私有化或交由中央权威机构才能有效管理的传统观念，强调社会、政府以及市场三者之间的多中心合作。③ 然而，政府、企业、公众三类共治主体自身均存在客观不足型和主观过当型两种原生缺陷，前者主要是政府的监管能力不足、企业的履责能力不足和公众的参与能力不足，后者则是指政府的监管力度失范、企业的逐利本性难遏和公众的无序参与凸显。④ 这也是在西双版纳生态安全治理模式探索过程中发现的一个普遍问题，不仅是生态安全治理，其他公共事务治理也同样面临这一问题。

为破解这一问题，“多元共治”“协同治理”“多元中心”等治理理论被广泛应用于生态治理研究之中，并逐渐被运用于具体实践之中。在治理实践中，林业管理人员引入“社区林业”的概念，通过与当地村民充分协商，利用村规民约，使村民自觉禁止在天然林内采集薪材和收集落叶，不仅减少国家对天然林进行保护的成本，还提高了保护效果，促进了社区的发展。⑤ 在边疆生态安全治理过程中，有效结合、利用、转化当地传统生态文化治理资源，创新性融入现代治理理念、实践之中，对于实现政府、企业、社会等各类主体走向多元共治，提高生态安全治理效能具有重要意

① 参见荀丽丽《生态治理的文化维度》，《屏障与安全：生态文明建设区域实践与体系构建》，《生态文明高端论坛论文集》，2016 年 12 月。

② 参见李宾、周向阳《环境治理的新思路：自主治理》，《华东经济管理》2013 年第 5 期。

③ 参见任恒《埃莉诺·奥斯特罗姆自主治理思想的理论价值》，《北方论丛》2023 年第 6 期。

④ 参见谌杨《论中国环境多元共治体系中的制衡逻辑》，《中国人口·资源与环境》2020 年第 6 期。

⑤ 参见邓维杰《谁是自然资源保护的主体》，《中国青年报》2002 年 1 月 30 日。

义。这也是构建边疆生态安全治理共同体，建设人与自然和谐共生现代化的重要路径之一。

西双版纳作为边疆民族地区，气候类型多样、生物资源多样、生态环境多样、民族文化多样，优越的生态环境条件塑造了多元的民族生态文化。历史时期，西双版纳各民族优秀传统文化中蕴含着丰富的生态保护知识和智慧，这些知识和智慧是创造性转化、创新性发展"共治"理念、实践、机制的思想基础。在工业化、城镇化进程加快的背景下，经济社会高速发展，人们往往更多地关注"发展"的政治经济学面向，忽视了"发展"所建构的世界图景也是一幅深具道德含义的'中心—边缘'的文化地图，那些在现代化和发展主义的脉络里被边缘化的本土知识在不同生态区域依然是当地可持续发展可资利用的内生资源。① 然而，这些资源面临着"枯竭""异化"的困境。由于现代民族国家建构路径的抉择问题，边疆治理不得不倚重系统性秩序的力量来完成自身的治理任务和治理目标。伴随着系统性秩序的逐步强化，即便是边疆地区的村一级组织，也开始转向科层化治理，在这个过程中，边疆地区的社会性秩序也被系统的力量逐渐"覆盖"和"溶解"，其赖以发挥作用的"自在"空间已被压缩得极为逼仄。② 因此，亟待挖掘、搜集、整理这些即将湮没的优秀文化治理资源，对其进行创造性转化、创新性发展，以便更好地融入中国式生态安全治理现代化之中。

从治理的实践逻辑来看，传统时期，西双版纳各族民众主要是依托于"竜林"文化、保护森林及水源的乡规民约等维护生态系统平衡，在他们的观念中，人与自然之间的关系应当是"和谐""共生""共存"，其中，"共生"是各族民众认知人与自然关系的重要理念。传统的治理理念、实践、制度等通过日常生产生活、民间信仰、禁忌习惯、乡规民约等多种形式呈现，最终形成了一个良性循环的治理网络空间，这一空间网络往往存

---

① 参见荀丽丽《生态治理的文化维度》，《屏障与安全：生态文明建设区域实践与体系构建》，《生态文明高端论坛论文集》，2016 年 12 月。

② 参见青觉、吴鹏《人民至上：新时代中国边疆治理的制度基础与实践逻辑》，《民族学刊》2021 年第 6 期。

在于乡村、社区，直至现在仍旧发挥着一定影响。随着工业化、城镇化、现代化进程的加快，市场驱动、经济利益、外来文化等多重因素影响下打破了传统的乡村、社区治理的文化自在格局，导致自主治理的良性循环方式发生转变。在经济利益驱动之下，当地人往往被视为是潜在的环境破坏者而非守护者。如橡胶树和茶树的种植过程中，“人”的异化加剧了生态环境的破坏，“共生”的传统生态观念被打破，人与自然之间的关系发生了转变。许多地方性的优秀传统生态文化剧烈变迁，依托优秀生态知识和智慧的传统生态安全治理结构逐渐被以西方现代科学知识为主导的现代治理结构所取代，在寻找“确定性”的同时却制造了更多更危险的“不确定性”，导致产生了一系列生态安全问题以及潜在的生态安全风险。

在边疆生态安全治理进程中，将中华民族优秀传统生态文化治理资源与边疆生态安全治理共同体之间的内在联系和一致性进行融合，也是将历史与现实两个维度进行了勾连，超越传统与现代之间的冲突与分歧。在王朝国家时期，边疆生态安全的有效治理，很大程度上是将整体性的文化信仰转化为地方政府与民众共同遵守的规约制度。进入近代民族国家时期，受西方科学知识影响，边疆生态安全治理的政策、理念、制度、实践等被重构，但对于边疆地方带来的冲击难以完全渗透到方方面面，此时传统的生态安全治理理念、实践、制度等仍旧发挥着重要作用。现代民族国家时期，应在国家治理现代化实践中，承认和尊重多元共生的优秀传统生态文化治理资源的价值，创造性转化、创新性发展传统生态安全治理理念、实践、机制，结合现代生态安全治理理念、实践、机制，推进中国式边疆生态安全治理现代化进程。这种借助文化重构的治理路径在推进当地民众“寻找自我”的同时，进一步消除了“共治”过程中的各种“陷阱”，实现了一种整体性的“文化自觉”“治理自在”，让人与自然之间的关系走向“共生”，推动了边疆生态安全治理共同体的构建。

附　　录

表 1　　云南省生态功能区（西双版纳部分）简表

生态功能区	所在区域	主要生态特征	主要生态系统服务功能
Ⅰ1-1 澜沧江下游低山宽谷农业生态功能区	景洪、勐海县南部，勐腊县西部	大部分地区为海拔 1000 米以下的低山宽谷，坡度平缓。热量和雨量充沛，地带性植被为热带季节雨林和季雨林，地带性土壤为砖红壤	以热带经济作物为主的生态农业和以热带风光为主的生态旅游
Ⅰ1-2 南腊河低山河谷生物多样性保护生态功能区	勐腊县南部地区	以山间盆地地貌，生态系统类型以季节雨林为主。典型土壤类型为暗色砖红壤，局部有棕色石灰土与红色石灰土。河漫滩，沟谷底部及局部低洼地有沼泽土及草甸土分布	以热带雨林和热带珍稀物种为主的生物多样保护
Ⅰ2-1 南拉河、南朗河低山河谷农业生态功能区	勐海县北部	低山河谷地貌为主，年降水量在 1400—1600 毫米之间。主要河流有南拉河、南朗河。地处热带北缘与亚热带南部的交错地带，生态系统类型较多	生态农业和以茶叶生产为主的生态经济林
Ⅰ2-2 澜沧江下游低山宽谷生物多样性保护生态功能区	景洪市北部地区	低山宽谷地貌为主。年降雨量 1500—2000 毫米左右。生态系统类型以热带雨林和亚热带季风常绿阔叶林为主。土壤以砖红壤和赤红壤为主	以亚洲象和山地雨林为主的生物多样性保护

续表

生态功能区	所在区域	主要生态特征	主要生态系统服务功能
Ⅰ2-3 勐腊江城低山丘陵水土保持生态功能区	勐腊县北部地区	低山丘陵地貌为主。云南省三大多雨区之一，年降雨量可达到2000毫米以上。地带性植被主要是季风常绿阔叶林，土壤类型以赤红壤为主	西双版纳东北部低山丘陵地区的水土保持

资料来源：《云南省生态功能区划》，https：//sthjt. yn. gov. cn/xxgk2020/fdgkxxgk/bmwj/gsggxxgk/200911/t20091117_10527. html（2009 年 11 月 17 日）。

参考文献

一　档案资料

《云南省公署关于防森林火灾给滇中视察使的指令》，1913 年 5 月 25 日，云南省档案馆藏，档案号：1077-001-01267-001。

《云南省公署关于发云南森林诉讼章程给交通司的训令》，1923 年 10 月 27 日，云南省档案馆藏，档案号：1077-001-00728-038。

《滇越铁路军警总局关于铁道警察兼森林警察章程》，1926 年 5 月 30 日，云南省档案馆藏，档案号：1077-001-00323-042。

《云南省农矿厅造林运动林场管理规则》，1930 年 1 月 1 日，云南省档案馆藏，档案号：1077-001-03873-009。

《车里县长关于办理预防蝗虫振兴水利情形给云南省农矿厅的呈》，1930 年 1 月 31 日，云南省档案馆藏，档案号：1077-001-04037-014。

《镇越县长关于办理预防蝗虫兴修水利事给云南省农矿厅的呈》，1930 年 9 月 15 日，云南省档案馆藏，档案号：1077-001-04037-034。

《佛海县长关于办理预防蝗虫兴修水利事给云南省农矿厅的呈》，1930 年 12 月 10 日，云南省档案馆藏，档案号：1077-001-04037-038。

《课员杨荣轩关于报云南省螺蛳湾黄姓酒坊污水流入盘龙江给云南水利局长的呈》，1931 年 3 月 6 日，云南省档案馆藏，档案号：1077-001-07822-001。

《云南省实业厅关于云南省佛海县无习惯水律及水利规章准转报给云南省佛海县的指令》，1932 年 12 月 22 日，云南省档案馆藏，档案号：

1077-001-06030-031。

《邓扶起汉（镇越县）关于拟筹筑河坝以兴农田水利给云南省建设厅厅长的函》，1933年6月14日，云南省档案馆藏，档案号：1077-001-02738-055。

《云南省镇越县政府关于奉到水利诉讼概由行政官署办理案日期及遵办布告情形给云南省建设厅的呈》，1935年8月5日，云南省档案馆藏，档案号：1077-001-06048-049。

《六顺县政府关于严防火把节破坏森林给云南省建设厅的呈》，1936年8月13日，云南省档案馆藏，档案号：1077-001-08058-034。

《镇越县政府关于严防火把节破坏森林给云南省建设厅的呈》，1936年9月1日，云南省档案馆藏，档案号：1077-001-08058-045。

《云南省建设厅关于核森林保护调查表给镇越县长的指令》，1936年11月14日，云南省档案馆藏，档案号：1077-001-08061-027。

《教育部关于发饮水清毒简法给云南省教育厅的训令》，1938年6月2日，云南省档案馆藏，档案号：1012-004-02065-005。

《云南省建设厅关于详报改进水利详细情形给云南省镇越县政府的指令》，1939年12月2日，云南省档案馆藏，档案号：1077-001-07585-28。

云南省建设厅：《云南省建设厅关于详报改进水利详细情形给云南省镇越县政府的指令》，1939年12月2日，云南省档案馆藏，档案号：1077-001-07585-28。

《云南省建设厅关于核准防火队预防森林火灾给镇越县长的指令》，1940年3月16日，云南省档案馆藏，档案号：1077-001-08063-011。

《云南省建设厅关于核准防火队预防森林火灾给六顺县长的指令》，1940年2月20日，云南省档案馆藏，档案号：1077-001-08063-001。

《车里县政府关于报水利情况调查表给云南建设厅的呈》，1943年10月4日，云南省档案馆藏，档案号：1077-001-07381-003。

《六顺县政府关于报送云南省六顺县灌溉田亩调查表暨河湖调查表给云南省建设厅的呈》，1943年11月7日，云南省档案馆藏，档案号：1077-001-07418-022。

《云南省建设厅关于云南省各县局森林面积与林木数量调查表》，1944

年 1 月 1 日，云南省档案馆藏，档案号：1058-001-00053-011

《云南省水利局关于规定沿河居民不得倾倒渣物污水于河内一案给昆明市政府等的训令》，1944 年 1 月 1 日，云南省档案馆藏，档案号：1077-001-05932-002。

《云南省南峤县政府关于执行保护森林规定给云南省建设厅的呈》，1944 年 2 月 1 日，云南省档案馆藏，档案号：1077-001-03888-080。

《六顺县政府关于报云南省六顺县修挖水道情形事给云南省建设厅的呈》，1944 年 7 月 1 日，云南省档案馆藏，档案号：1077-001-07441-068。

《云南省建设厅关于严禁士兵砍伐森林给云南省镇越县长的指令》，1944 年 7 月 10 日，云南省档案馆藏，档案号：1077-001-03888-111。

《云南省镇越县政府关于执行保护森林规定给云南省建设厅的呈》，1944 年 10 月 16 日，云南省档案馆藏，档案号：1077-001-03889-033。

《云南省政府关于抄发乡村污水排池及污物处理办法一案给云南省民政厅的训令》，1945 年 1 月 19 日，云南省档案馆藏，档案号：1011-015-00005-053。

《云南省建设厅关于核森林状况调查表给车里县长的指令》，1945 年 11 月 24 日，云南省档案馆藏，档案号：1077-001-08049-029。

《云南省建设厅关于碍难免办水权登记给云南省镇越县政府的指令》，1946 年 5 月 7 日，云南省档案馆藏，档案号：1077-001-06045-053。

《云南省六顺县政府关于尚未办理水权登记给云南省建设厅的呈》，1946 年 5 月 28 日，云南省档案馆藏，档案号：1077-001-06046-032。

《云南省政府统计处关于云南省民国三十五年森林面积估计表》，1947 年 1 月 1 日，云南省档案馆藏，档案号：1058-001-00050-018。

《云南省政府视察室镇越县建设事项视察报告摘要表（关于水利、牲畜等事项）》1947 年 1 月 1 日，云南省档案馆藏，档案号：1077-001-06400-140。

《云南省政府视察室镇越县建设事项视察报告摘要表（关于水利、牲畜等事项）》1947 年 1 月 1 日，云南省档案馆藏，档案号：1077-001-06400-140。

《车里县政府关于饬属组织森林防火队各请给云南省建设厅厅长的呈》，1947 年 4 月 26 日，云南省档案馆藏，档案号：1077-001-03848-021。

《镇越县政府关于组织墓地森林防火队事给云南省建设厅的呈》，1948 年 6 月 5 日，云南省档案馆藏，档案号：1077-001-03840-041。

《佛海县政府关于奉发保护森林办法及遵办情形给云南省建设厅厅长的呈》，1947 年 7 月 12 日，云南省档案馆藏，档案号：1077-001-03849-042。

《镇越县政府关于报职县经济拮据且森林随处茂密但须保护即行有余恳请准予免行筹措经费事宜给云南省建设厅的呈》，1947 年 7 月 18 日，云南省档案馆藏，档案号：1077-001-08086-061。

《云南省建设厅关于六顺保护森林一事第四区专员公署的公函》，1947 年 9 月 4 日，云南省档案馆藏，档案号：1077-001-03849-058。

《云南省建设厅关于请免解缴采伐森林管理费事给佛海县长的指令》，1948 年 12 月 1 日，云南省档案馆藏，档案号：1077-001-03841-077。

《云南省政府秘书处关于省卫生处在县政参议会提示事项目录（关于饮水改良等事项）》，1948 年 1 月 1 日，云南省档案馆藏，档案号：1106-003-01536-010。

《云南省镇越县政府关于申报森林砍伐许可证给云南省建设厅的呈》，1948 年 3 月 7 日，云南省档案馆藏，档案号：1077-001-03885-040。

《云南省六顺县政府关于申报森林砍伐许可证给云南省建设厅的呈》，1948 年 3 月 9 日，云南省档案馆藏，档案号：1077-001-03885-049。

《镇越县政府关于组织墓地森林防火队事给云南省建设厅的呈》，1948 年 6 月 5 日，云南省档案馆藏，档案号：1077-001-03840-041。

《云南省建设厅农业改进所关于民国三十六年度云南省森林面积报告表》，1948 年 9 月 27 日，云南省档案馆藏，档案号：1077-001-05412-058。

《云南省林场管理规则》，1949 年 8 月 30 日，云南省档案馆藏，档案号：1077-001-03721-023。

《云南省西双版纳自然保护区的基本情况和我们的意见》，1980 年 3 月 24 日，西双版纳州档案馆藏，档案号：57-1-34。

景洪县林业局：《一九八八年上半年工作总结》，1988 年 7 月 25 日，西双版纳州图书馆藏，档案号：57-4-14。

西双版纳农业局秘书科：《勐海县作出保护和恢复生态环境的决定》，1991 年，西双版纳州档案馆藏，档案号：55-4-4。

《关于州政协七届五次会议第 85 号提案的答复》，1996 年 5 月 27 日，西双版纳州档案馆藏，档案号：57-6-28。

《布朗山布朗族乡人民政府关于加强生态环境保护，促进经济社会协调发展的请示》，西双版纳州档案馆藏，1997 年 10 月 8 日，档案号：57-7-16。

二　史志文献

郭彧译注：《周易》，中华书局 2006 年版。

张燕婴译注：《论语》，中华书局 2007 年版。

饶尚宽译注：《老子》，中华书局 2007 年版。

刘柯、李克和译注：《管子译注》，黑龙江人民出版社 2003 年版。

（晋）郭象注，（唐）成玄英疏：《庄子注疏》，中华书局 2011 年版。

（东晋）常璩：《华阳国志》，商务出版社 1938 年版。

（唐）樊绰：《蛮书》，中国书店 1992 年版。

（明）倪辂著，（明）杨慎编辑，（清）胡蔚订正：《南诏野史》，清光绪版本。

（康熙）《鹤庆府志》，康熙五十三年刊印。

（雍正）《重修富民县志》，据上海徐家汇藏书楼藏雍正九年刻本传抄。

（嘉庆）《永善县志略》，嘉庆八年抄本影印。

（光绪）《永昌府志》，光绪十一年刻本。

（清）苏舆撰，钟哲点校：《春秋繁露义证》，中华书局 2019 年版。

（清）陆宗海修，陈度等纂：（光绪）《普洱府志稿》，云南省图书馆藏清光绪二十六年刻本。

（清）倪蜕辑，李埏校点：《滇云历年传》，云南大学出版社 1992 年版。

（民国）《续修建水县志稿》，民国二十二年据民国九年铅字排印重刊。

（民国）《昆阳县志》，民国三十四年稿本。

柯树勋编撰：《普思沿边志略》，普思边行总局1916年版。

李拂一：《车里》，商务印书馆1933年版。

赵思治：《镇越县志》，1938年手抄油印本。

李拂一：《十二版纳志》，云南人民出版社2020年版。

云南省立昆华民众教育馆：《云南边地问题研究（下卷）》，云南省立昆华民众教育馆1933年版。

李荣高等编：《云南林业文化碑刻》，德宏民族出版社2005年版。

杨林军编著：《丽江历代碑刻辑录与研究》，云南民族出版社2011年版。

张方玉主编：《楚雄碑刻》，云南民族出版社2005年版。

《景洪县志》编纂委员会编纂：《景洪县志》，云南人民出版社2000年版。

《民族问题五种丛书》云南省编辑委员会编：《西双版纳傣族社会综合调查》（二），云南民族出版社1984年版。

勐海县志编委会：《勐海县志》，云南人民出版社1997年版。

《西双版纳年鉴》编辑委员会编：《西双版纳年鉴（1997）》，云南科技出版社1997年版。

西双版纳州地方志办公室编纂：《西双版纳州志》（中册），新华出版社2001年版。

西双版纳傣族自治州林业局编：《西双版纳傣族自治州林业志》，云南民族出版社2011年版。

西双版纳傣族自治州水利局编：《西双版纳傣族自治州水利志》，云南科技出版社2012年。

西双版纳州气象局编纂：《西双版纳州气象志》，内部资料，2013年。

西双版纳傣族自治州人民政府发展生物产业办公室编：《西双版纳州茶志》，内部资料，2018年。

云南省地方志编纂委员会总纂，云南省环境保护委员会编纂：《云南省志》卷67“环境保护志”，云南人民出版社1994年版。

云南省勐海县地方志编纂委员会编纂：《勐海县志》，云南人民出版社1997年版。

云南省勐海县卫生局编：《勐海县卫生志》，内部资料，2000 年。

云南省地方志编纂委员会总纂，云南省林业厅编《云南省志》卷 36 “林业志”，云南人民出版社 2003 年版。

云南省水利水电勘测设计研究院编：《云南省历史洪旱灾害史料实录（1911 年〈清宣统三年〉以前）》，云南科技出版社 2008 年版。

云南省档案馆编：《民国时期西南边疆档案资料汇编·云南卷》，社会科学文献出版社 2013 年版。

三 中文著作

陈霖：《中国边疆治理研究》，云南人民出版社 2011 年版。

程妮娜等：《中国历代边疆治理研究》，经济科学出版社 2017 年版。

方盛举：《当代中国陆地边疆治理》，中央编译出版社 2017 年版。

高立士：《西双版纳傣族传统灌溉与环保研究》，云南人民出版社 2013 年版。

贺琳凯：《民族政治与边疆治理》，云南大学出版社 2017 年版。

金钿：《国家安全论》，中国友谊出版社 2002 年版。

吕朝辉：《中国陆地边疆治理体系和治理能力现代化研究》，人民出版社 2020 年版。

马大正：《当代中国边疆研究（1949—2014）》，中国社会科学出版社 2016 年版。

李开盛：《人、国家与安全治理》，中国社会科学出版社 2012 年版。

欧阳志云、郑华：《生态安全战略》，学习出版社、海南出版社 2014 年版。

曲格平：《关注中国生态安全》，中国环境科学出版社 2004 年版。

宋培军：《中国边疆治理的“主辅线现代化范式”思考》，社会科学文献出版社 2015 年版。

王逸舟：《全球化时代的国际安全》，上海人民出版社 1999 年版。

孙正甲：《生态政治学》，黑龙江人民出版社 2005 年版。

郇庆治：《环境政治学：理论与实践》，山东大学出版社 2007 年版。

郁庆治：《环境政治国际比较》，山东大学出版社 2007 年版。

余潇枫、潘一禾、王江丽：《非传统安全概论》，浙江人民出版社 2006 年版。

余潇枫、徐黎丽、李正元等：《边疆安全学引论》，中国社会科学出版社 2013 年版。

云南大学贝叶文化研究中心：《贝叶文化论集》，云南大学出版社 2004 年版。

云南省民族学会傣学研究委员会编：《傣族生态学学术研讨会论文集》，云南民族出版社 2013 年版。

周平等：《中国边疆治理研究》，经济科学出版社 2011 年版。

周平、李大龙：《中国的边疆治理：挑战与创新》，中央编译出版社 2014 年版。

周平：《中国边疆政治学》，中央编译出版社 2015 年版。

周平：《国家的疆域与边疆》，中央编译出版社 2017 年版。

周平：《中国的边疆及边疆治理》，中国社会科学出版社 2021 年版。

周琼：《清代云南瘴气与生态变迁研究》，中国社会科学出版社 2007 年版。

中共广西区委宣传部等：《您是一面旗帜——中国共产党在广西》，广西人民出版社 2000 年版。

中共中央文献研究室编：《江泽民论有中国特色社会主义（专题摘编）》，中央文献出版社 2002 年版。

周琼、杜香玉：《云南生态文明排头兵建设事件编年（第一辑）》，科学出版社 2017 年版。

洪富艳：《生态文明与中国生态治理模式创新》，中国致公出版社 2011 年版。

四 中文译著

［澳］克雷格·A. 斯奈德等：《当代安全与战略》，徐纬地等译，吉林人民出版社 2001 年版。

[俄] A. И. 科斯京：《生态政治学与全球学》，胡谷明、徐邦俊、毛志文、张磊译，武汉大学出版社 2009 年版。

[美] 诺曼·迈尔斯：《最终的安全——政治稳定的环境基础》，王正平、金辉译，上海译文出版社 2001 年版。

[美] 约瑟夫·S. 奈等：《全球化世界的治理》，王勇等译，世界知识出版社 2003 年版。

[美] 丹尼尔·A. 科尔曼：《生态政治：建设一个绿色社会》，梅俊杰译，上海译文出版社 2006 年版。

[英] 巴瑞·布赞等：《新安全论》，朱宁译，浙江人民出版社 2003 年版。

[美] 埃莉诺·奥斯特罗姆：《公共事务的治理之道：集体行动制度的演进》，余逊达、陈旭东译，上海译文出版社 2012 年版。

五　期刊论文

崔胜辉、洪华生：《生态安全研究进展》，《生态学报》2005 年第 4 期。

陈星、周成虎：《生态安全：国内外研究综述》，《地理科学进展》2005 年第 6 期。

陈剑、刘宏茂、许又凯等：《西双版纳傣族传统森林资源管理调查研究——以景洪市曼点村为例》，《安徽农业科学》2007 年第 19 期。

察己今：《生态释放的最危险信号——西双版纳热带雨林开始缺水》，《中国林业》2007 年第 13 期。

曹亚斌：《全球治理视域下的当代中国边疆治理研究：一项研究框架》，《世界经济与政治论坛》2015 年第 3 期。

蔡俊煌：《国内外生态安全研究进程与展望——基于国家总体安全观与生态文明建设背景》，《中共福建省委党校学报》2015 年第 2 期。

苍铭：《清初清廷对西双版纳的经营及烟瘴影响》，《清史研究》2022 年第 1 期。

邓睿：《浅议西双版纳的生态环境保护和建设》，《云南环境科学》2004 年第 S2 期。

傅志上、高志英、缪坤和：《边疆少数民族地区生态环境变迁与脱贫致富——云南省怒江傈僳族自治州经济开发新模式研究》，《思想战线》1998 年第 3 期。

方盛举、吕朝辉：《中国陆地边疆的软治理与硬治理》，《晋阳学刊》2013 年第 5 期。

方盛举：《对我国陆地边疆治理的再认识》，《云南师范大学学报》（哲学社会科学版）2016 年第 4 期。

方盛举、陈然：《现代国家治理视角下的边疆：内涵、特征与地位》，《云南师范大学学报》（哲学社会科学版）2019 年第 4 期。

《国内农业消息：特约通信（二）：谋永定河下游安全，上游兴办灌溉植林：增加农林生产减少荒山荒地》，《农业周报》1931 年第 1 卷第 16 期。

《工作概况：一阅月之农矿：农林：饬县保护森林安全》，《浙江省建设月刊》1932 年第 5 卷第 7 期。

郭贤明、赵建伟、杨鸿培、罗琼英：《西双版纳农村村寨环境污染综合治理模式研究》，《安徽农业科学》2013 年第 20 期。

高婷婷、杨秀平：《西双版纳州大气污染与气象因子分析》，《皮革制作与环保科技》2020 年第 9 期。

何大明：《全球化与跨境水资源冲突和生态安全》，“地理教育与学科发展——中国地理学会 2002 年学术年会”论文摘要集，2002 年。

忽建永、钱雪莹、殷文涛、黄奕：《近 3 年西双版纳州勐腊县大气污染基本特征及污染原因分析》，《环境科学学报》2011 年第 11 期。

黄倩、南储芳、暴春辉等：《西双版纳傣族自然崇拜的生态价值研究》，《云南农业大学学报》（社会科学）2017 年第 3 期。

马大正：《中国边疆治理：从历史到现实》，《思想战线》2017 年第 4 期。

黄健毅：《边疆治理视野下的广西边境文化安全问题及对策》，《广西师范大学学报》2016 年第 1 期。

何修良：《“一带一路”建设和边疆治理新思路——兼论“区域主义”取向的边疆治理》，《国家行政学院学报》2018 年第 4 期。

马宇飞：《国家视阈下边疆与边疆治理的一体性》，《云南行政学院学报》2019年第1期。

青觉、朱亚峰：《地缘政治视角中的西北边疆治理》，《兰州学刊》2019年第1期。

李紫衡：《饮料水之安全问题》，《医事公论》1935年第3卷第3期。

罗农：《合理垦殖是改造荒漠生态系统促进边疆经济繁荣的重要手段》，《农业经济问题》1981年第6期。

刘沛林：《从长江水灾看国家生态安全体系建设的重要性》，《北京大学学报（哲学社会科学版）》2000年第2期。

李荣高：《民国时期的云南林业机构》，《云南林业》2001年第2期。

李荣高：《长期沉睡的林业碑终于重见天日——云南明清和民国时期林业碑刻探述》，《林业建设》2001年第1期。

李若愚、侯明明、魏艳等：《云南省生物多样性与生态安全形势研究》，《资源开发与市场》2007年第5期。

李智国：《中国土地生态安全研究进展》，《中国安全科学学报》2007年第12期。

李崇林：《边疆治理视野中的民族认同与国家认同研究探析》，《新疆社会科学》2010年第4期。

陆海发：《边疆治理中的认同问题及其整合思路》，《西北民族大学学报》2011年第5期。

刘小勤、尹记远：《生态安全视阈下的云南少数民族地区生态文明建设》，《云南行政学院学报》2012年第4期。

兰国玉、吴志祥、谢贵水、黄华孙：《论环境友好型生态胶园之理论基础》，《中国热带农业》2014年第5期。

柳江、武瑞东、何大明：《地缘合作中的陆疆跨境生态安全及调控》，《地理科学进展》2015年第5期。

罗中枢：《中国西部边疆研究若干重大问题思考》，《四川大学学报》2015年第1期。

李声明：《从国家安全的高度重视西部边疆民族地区生态环境建设和

保护》，《市场论坛》2016 年第 3 期。

林丽梅、郑逸芳：《我国国家安全视阈中的边疆生态治理研究》，《探索》2016 年第 4 期。

廖林燕、张飞：《边疆治理转型过程中的地方政府治理现代化探论》，《广州大学学报》（社会科学版）2016 年第 2 期。

刘永刚：《全球化时代的国家认同问题与边疆治理析论》，《云南行政学院学报》2016 年第 1 期。

刘永刚：《合作治理：中国陆地边疆治理的多元关系及实现路径》，《学术论坛》2017 年第 4 期。

罗静：《气候变化、气候安全与边疆治理——边疆适应气候变化的挑战和应对》，《中国边疆学》2018 年第 1 期。

李庚伦：《习近平总书记关于边疆治理重要论述的逻辑体系》，《广西社会科学》2020 年第 1 期。

陆波、方世南：《习近平生态文明思想的生态安全观研究》，《南京工业大学学报（社会科学版）》2020 年第 1 期。

《民族边疆地区的发展要依靠生态文明》，《生态经济》2003 年第 4 期。

欧阳志云、王如松：《生态规划的回顾与展望》，《自然资源学报》1995 年第 3 期。

肖笃宁：《论生态安全的基本概念和研究内容》，《应用生态学报》2002 年第 3 期。

孙鸿烈、郑度、姚檀栋等：《青藏高原国家生态安全屏障保护与建设》，《地理学报》2012 年第 1 期。

史云贵：《我国陆地边疆政治安全：内涵、挑战与实现路径》，《探索》2016 年第 3 期。

史云贵、冉连：《“五大发展理念”视域中的边疆安全问题及治理创新》，《学习与探索》2016 年第 7 期。

孙超钰、杨馗、曾品丰：《西双版纳州农村水环境保护工作的思考》，钟敏主编：《云南环境研究——生态文明建设与环境管理》，云南科技出版社 2019 年版。

宋才发：《边疆民族地区安全治理的法治思维探讨》，《云南民族大学学报（哲学社会科学版）》2020 年第 2 期。

孙勇、刘海洋、徐百永：《“更高水平的平安中国”：基于总体国家安全观视域中的边疆治理》，《云南师范大学学报》（哲学社会科学版）2020 年第 4 期。

孙宏年：《中国与周边命运共同体视域下的边疆治理初探》，《云南师范大学学报（哲学社会科学版）》2020 年第 5 期。

乔荣升：《林业丛谈：振兴中国林业之基本要图》，《农业通讯》1947 年第 1 卷第 7 期。

曲格平：《关注生态安全之一：生态环境问题已经成为国家安全的热门话题》，《环境保护》2002 年第 5 期。

覃家科、符如灿、农胜奇等：《广西北部湾生态安全屏障保护与建设》，《林业资源管理》2011 年第 5 期。

石山：《树立生态安全新思想》，《生态农业研究》1998 年第 4 期。

屠启宇：《从生态问题谈国家安全战略的调整》，《国际观察》1993 年第 4 期。

《文牍三：林业类：实业司农林局布告保护森林文》，《云南实业杂志》1913 年第 2 卷第 3 期。

王建华、许建初、裴盛基：《西双版纳勐宋哈尼族的传统文化与生态系统多样性管理》，《生态学杂志》2000 年第 2 期。

王如松、欧阳志云：《对我国生态安全的若干科学思考》，《中国科学院刊》2007 年第 3 期。

王越平：《边疆治理与多元民族文化调适》，《西南边疆民族研究》2009 年第 6 辑。

王瑞红、马维启：《民国时期云南高原水利开发与生态环境变迁》，《大理学院学报》2014 年第 7 期。

万秀丽、牛媛媛：《国家安全视野下西部边疆治理研究》，《实事求是》2018 年第 1 期。

薛：《请给我们安全的水》，《医潮月刊》1948 年第 2 卷第 6 期。

徐勇：《西双版纳生态环境保护与澜沧江下游水能资源开发》，《科技导报》1999 年第 10 期。

徐黎丽、余潇枫：《论边疆民族地区非传统安全问题及应对——以新疆为例》，《民族研究》2009 年第 5 期。

王国莲：《“生态安全是政治进程的无上命令”——政治学视阈下的生态安全问题新论》，《探索与争鸣》2011 年第 11 期。

谢贵平：《中国陆疆安全的识别、评估与治理》，《国际展望》2016 年第 5 期。

吴柏海、余琦殷、林浩然：《生态安全的基本概念和理论体系》，《林业经济》2016 年第 7 期。

王燕飞、周平：《中国边疆研究的国家立场的坚守者——人类学学者访谈之八十》，《广西民族大学学报》（哲学社会科学版）2017 年第 3 期。

吴学灿、段禾祥、杨靖：《西双版纳热带雨林保护与修复探讨》，《环境与可持续发展》2020 年第 5 期。

夏文贵：《论边疆治理中国家认同的系统建构》，《中南民族大学学报》（人文社会科学版）2018 年第 2 期。

肖军：《“一带一路”背景下的我国边疆治理结构重塑》，《云南行政学院学报》2020 年第 4 期。

肖晞、陈旭：《总体国家安全观下的生物安全治理——生成逻辑、实践价值与路径探索》，《国际展望》2020 年第 5 期。

许再富、段其武、杨云等：《西双版纳傣族热带雨林生态文化及成因的探讨》，《广西植物》2010 年第 2 期。

姚和生：《车里水摆夷的自然环境》，《旅行杂志》1943 年第 17 卷第 6 期。

杨多立：《西双版纳哈尼族的生态文明系统》，《云南民族大学学报》（哲学社会科学版）2003 年第 3 期。

颜俊儒：《国家安全视角下我国边疆民族地区治理析论》，《贵州民族研究》2013 年第 2 期。

姚德超、冯道军：《边疆治理现代转型的逻辑：结构、体系与能力》，

《学术论坛》2016 年第 2 期。

袁沙：《习近平边疆生态治理重要论述的内在逻辑》，《治理现代化研究》2022 年第 1 期。

张学祖：《四种新兴杀虫剂之安全问题》，《中国棉业》1948 年第 2 期。

周平：《我国的边疆与边疆治理》，《政治学研究》2008 年第 2 期。

周平：《我国边疆概念的历史演变》，《云南行政学院学报》2008 年第 4 期。

周平：《我国的边疆治理研究》，《学术探索》2008 年第 2 期。

周平：《边疆治理视野中的认同问题》，《云南师范大学学报》（哲学社会科学版）2009 年第 1 期。

周平：《论我国边疆治理的转型与重构》，《云南师范大学学报》（哲学社会科学版）2010 年第 2 期。

周平：《国家视域里的中国边疆观念》，《政治学研究》2012 年第 2 期。

周平：《边疆在国家发展中的意义》，《思想战线》2013 年第 2 期。

周平：《陆疆治理：从“族际主义”转向“区域主义”》，《国家行政学院学报》2015 年第 6 期。

周平：《我国边疆研究的几个基本问题》，《思想战线》2016 年第 42 卷第 5 期。

周平：《对我国陆地边疆治理的再认识》，《云南师范大学学报》（哲学社会科学版）2016 年 7 月第 48 卷第 4 期。

周平：《国家治理的政治地理空间维度》，《江苏行政学院学报》2016 年第 1 期。

周平：《国家崛起与边疆治理》，《广西民族大学学报》2017 年第 39 卷第 3 期。

周平：《边疆研究的国家视角》，《中国边疆史地研究》2017 年第 2 期。

周平：《如何认识我国的边疆》，《理论与改革》2018 年第 1 期。

赵英：《生态环境与国家安全》，《森林与人类》1996 年第 6 期。

张佩芳、赫维人、何祥、张军、李益敏：《云南西双版纳森林空间变化研究》，《地理学报》1999 年第 6 期。

中共云南省委宣传部课题组：《生态文明与民族边疆地区的跨越式发展》，《云南民族学院学报》（哲学社会科学版）2002 年第 6 期。

周国富：《生态安全与生态安全研究》，《贵州师范大学学报》（自然科学版）2003 年第 3 期。

赵绍敏、李卫宁、向翔等：《生态文明与民族边疆地区的跨越式发展》，《云南行政学院学报》2003 年第 2 期。

张健：《边疆治理的模式类型及其效应研究——以政府、市场和社会三者关系为视角的分析》，《思想战线》2013 年第 1 期。

赵宝海：《生态边疆的诞生——关于额济纳绿洲抢救工程的环境政治学分析》，《内蒙古师范大学学报》（哲学社会科学版）2014 年第 6 期。

周琼：《环境史视域中的生态边疆研究》，《思想战线》2015 年第 2 期。

张婧：《西双版纳州环境友好型生态胶园建设调查研究》，《云南农业大学学报》（社会科学）2015 年第 4 期。

周飞：《清代民族地区的环境保护——以楚雄碑刻为中心》，《农业考古》2015 年第 1 期。

赵春盛、崔运武：《国家战略背景下的省域生态安全风险管理问题及其对策——以云南省域生态安全风险管理为例》，《云南行政学院学报》2015 年第 6 期。

张忠员、杨鸿培、罗爱东：《西双版纳印度野牛种群数量、分布和保护现状》，《林业调查规划》2016 年第 2 期。

张付新、张云：《安全—发展关联视域下的边疆安全治理》，《吉首大学学报》（社会科学版）2016 年第 5 期。

张立国：《区域协同与跨域治理：“一带一路”中的边疆非传统安全治理》，《广西民族研究》2016 年第 4 期。

张立国：《边疆非传统安全的合作治理机制建构探析》，《西北民族大学学报》（哲学社会科学版）2017 年第 1 期。

周岩、刘世梁、谢苗苗等：《人类活动干扰下区域植被动态变化——

以西双版纳为例》，《生态学报》2021年第2期。

六　学位论文

陈跃：《清代东北地区生态环境变迁研究》，博士学位论文，山东大学，2012年。

樊根耀：《生态环境治理制度研究》，博士学位论文，西北农林科技大学，2002年。

范俊玉：《政治学视阈中的生态环境治理研究——以昆山为个案》，博士学位论文，苏州大学，2010年。

黄晓云：《生态政治理论体系研究》，博士学位论文，华中师范大学，2007年。

吕朝辉：《当代中国陆地边疆治理模式创新研究》，博士学位论文，云南大学，2015年。

李庚伦：《我国陆地边疆政治安全治理研究》，博士学位论文，云南大学，2017年。

王库：《中国政府生态治理模式研究》，博士学位论文，吉林大学，2009年。

吴连才：《清代云南水利研究》，博士学位论文，云南大学，2015年。

谢贵平：《认同能力建设与边疆安全治理研究》，博士学位论文，浙江大学，2015年。

张文涛：《民国时期西南地区林业发展研究》，博士学位论文，北京林业大学，2011年。

张卓亚：《西双版纳生态系统格局演变与生态价值响应》，博士学位论文，昆明理工大学，2020年。

七　报纸

陈星沐、余维敏：《自来水之重要》，《益世报（上海）》1947年2月23日第7版。

发云：《维护饮用水安全》，《亦报》1952年5月10日第2版。

《确保森林安全　严令注意荒火》，《盛京时报》1937 年 5 月 25 日第 11 版。

文斯：《供给安全饮水，改善环境卫生》，《中央日报》1947 年 7 月 6 日第 9 版。

西双版纳政协：《澜沧江流域环境污染不容忽视》，《人民政协报》2003 年 3 月 25 日第 B03 版。

周平：《强化边疆治理　补齐战略短板》，《光明日报》2015 年 6 月 10 日第 13 版。

赵建军、胡春立：《加快建设生态安全体系至关重要》，《中国环境报》2020 年 4 月 13 日第 3 版。

八　网络资料

《关于印发〈全国生态环境保护“十五”计划〉的通知》，http：//www. mee. gov. cn/gkml/zj/wj/200910/t20091022_172089. htm（2002 年 3 月 28 日）。

《在希望的热土上》，http：//news. sohu. com/20060913/n245306415. html（2006 年 9 月 13 日）。

《沙害不除　治沙不止——我国防沙治沙成就综述》，http：//www. gov. cn/govweb/jrzg/2007-03/28/content_563448. htm（2007 年 3 月 28 日）。

《传统文化生态保护与传承在基诺山的实践》，https：//chinesefolklore. org. cn/forum/redirect. php？fid = 126&tid = 6782&goto = nextoldset（2009 年 6 月 6 日）。

《全国主体功能区划》，http：//www. gov. cn/zwgk/2011-06/08/content_1879180. htm（2011 年 6 月 8 日）。

《抚仙湖治理保护列入国家环保规划》，http：//society. yunnan. cn/html/2012-04/02/content_2127647. htm（2012 年 4 月 2 日）。

《西部地区重点生态区综合治理规划纲要》，https：//www. gov. cn/gongbao/content/2013/content_2433562. htm（2013 年 2 月 10 日）。

《以生态建设为抓手　森林保山建设成效显著》，http：//www. baoshan. cn/561/2013/09/27/402@ 60658. htm（2013 年 9 月 27 日）。

《甘肃省加快转型发展建设国家生态安全屏障综合—试验区总体方案》，http：//www. gov. cn/gzdt/2014 - 02/05/content _ 2580390. htm（2014 年 2 月 5 日）。

《内蒙古自治区构筑北方重要生态安全屏障规划纲要（2013—2020 年）》，http：//www. nmglyt. gov. cn/xxgk/ghjh/jcgh/201508/t20150803 _ 95411. html（2015 年 8 月 3 日）。

《云南省人民政府关于印发云南省主体功能区规划的通知》，https：//www. yn. gov. cn/zwgk/gsgg/201405/t20140514_179630. html（2014 年 5 月 14 日）。

《西双版纳州“三线一单”生态环境分区管控实施方案》，https：//www. xsbn. gov. cn/188. news. detail. dhtml？news_id = 2826698（2021 年 8 月 13 日）。

《西双版纳傣族自治州生态文明建设规划（2017—2025 年）》，https：//www. xsbn. gov. cn/hbj/77014. news. detail. dhtml？news _ id = 2816636（2018 年 7 月 10 日）。

《昆明生态红线划定工作 2020 年前完成勘界和落地》，http：//society. yunnan. cn/html/2016-05/08/content_4325902. htm（2016 年 5 月 8 日）。

《全国生态保护“十三五”规划纲要》，http：//www. scio. gov. cn/xwfbh/xwbfbh/wqfbh/33978/20161212/xgzc35668/Document/1535185/1535185. htm（2016 年 12 月 12 日）。

《4 县市通过国家生态县考核验收》，http：//www. ynepb. gov. cn/zwxx/xxyw/xxywrdjj/201612/t20161222_163635. html（2016 年 12 月 22 日）。

《玉溪市在全省首启生态保护红线划定》，http：//yuxi. yunnan. cn/html/2017-01/18/content_4700881. htm（2017 年 1 月 18 日）。

《大理州推出洱海保护治理新举措》，http：//finance. yunnan. cn/html/2017-04/05/content_4781862. htm（2017 年 4 月 5 日）。

《保护治理“三湖” 推进生态玉溪建设》，http：//www. yunnan. cn/html/2017-04/21/content_4799381. htm（2017 年 4 月 21 日）。

《昭通市召开环境保护暨中央环保督察整改工作推进会》，http：//www.

yunnan. cn/html/2017-05/11/content_4821416. htm（2017 年 4 月 21 日）。

《全国生态功能区划（修编版）》，https：//www. mee. gov. cn/gkml/hbb/bgg/201511/t20151126_317777. htm（2015 年 11 月 23 日）。

《中老跨境生物多样性联合保护交流取得新进展》，http：//www. xsbn. gov. cn/129. news. detail. dhtml？news_id=39586（2017 年 6 月 1 日）。

《关于支持云南构建西南生态安全屏障的建议”复文（2017 年第 7785 号）》，https：//www. forestry. gov. cn/main/4861/20170908/1025197. html（2017 年 9 月 8 日）。

《民族文化生态村：传统文化保护的云南实践》，http：//www. min-wang. com. cn/eportal/ui？pageId = 595416&articleKey = 626762&columnId = 595057（2017 年 10 月 20 日）。

《坚持人与自然和谐共生——九论深入学习贯彻党的十九大精神》，ht-tp：//www. mofcom. gov. cn/article/zt_topic19/gztz/201711/20171102667442. shtml（2017 年 11 月 2 日）。

《民族文化发展同时应注重生态环境保护》，https：//hddc. mee. gov. cn/dcgz/201712/t20171222_428484. shtml（2017 年 12 月 22 日）。

《西双版纳州生态经济产业发展规划（2016—2025 年）》，https：//www. xsbn. gov. cn/116. news. detail. dhtml？news_id=50756（2017 年 12 月 8 日）。

《西双版纳州“十四五”农业农村现代化发展规划》，https：//www. xsbn. gov. cn/325016. news. detail. phtml？news_id=2858444（2022 年 3 月 5 日）。

《发挥制度优势提高生态环境治理效能》，http：//www. qstheory. cn/wp/2020-01/08/c_1125434280. htm（2020 年 1 月 8 日）。

《“十四五”时期优化我国国土空间开发保护格局的思路与建议》，ht-tps：//www. drc. gov. cn/DocView. aspx？chnid = 386&docid = 2901256&leafid = 133992020nian（2020 年 6 月 1 日）。

《牢记“广西生态优势金不换”殷切嘱托　推动绿色发展迈出新步伐》，https：//www. thepaper. cn/newsDetail _ forward _ 12655967（2021 年 5 月 12 日）。

《云南划生态红线：到 2020 年六成区域都是森林》，http：//www.yn.chinanews.com.cn/pub/html/special/sthx/？pc_hash = uITtcU（2014 年 1 月 15 日）。

《云南省人民政府关于印发云南省国民经济和社会发展第十四个五年规划和二〇三五年远景目标纲要的通知》，http：//www.yn.gov.cn/zwgk/zcwj/zxwj/202102/t20210209_217052.html（2021 年 2 月 9 日）。

《构建现代环境治理体系　为生态文明建设提供制度保障》，https：//www.xsbn.gov.cn/143.news.detail.dhtml？news_id=75388（2020 年 3 月 7 日）。

《西双版纳傣族自治州高原热区生态特色农业发展规划（2012—2016 年）》，https：//www.xsbn.gov.cn/116.news.detail.dhtml？news_id = 14187（2012 年 8 月 30 日）。

《西双版纳傣族自治州"十四五"生态建设与环境保护规划》，https：//www.xsbn.gov.cn/hbj/325183.news.detail.dhtml？news_id = 2898953（2022 年 6 月 13 日）。

《西双版纳州深入实施"生态立州"战略——绿色生态助力永续发展》，https：//www.yn.gov.cn/ywdt/zsdt/202106/t20210621_223945.html（2021 年 6 月 21 日）。

后　　记

在2020年金秋9月，我有幸进入云南大学政治学博士后流动站，跟随中国民族政治学的奠基人周平先生从事博士后研究工作。在这段宝贵的学术生涯中，周先生的言传身教，不仅为我指明了研究方向，更在精神层面上给予了我深远的影响和启发。

我原本的研究领域是环境史，政治学的探索对我来说既是一次跨越，也是一次挑战。在研究转向的过程中，我曾感到迷茫和困惑，不知如何将政治学的理论视角与历史学的研究方法相结合。然而，在周平先生的悉心指导下，我逐渐找到了自己的研究定位，决定将“边疆生态治理”作为我学术探索的新领域。

尽管边疆生态治理与环境史分属政治学和历史学两个学科领域，但两者之间存在着密不可分的联系。边疆生态治理的政治学视角提供了分析和解决边疆生态问题的理论框架和方法论，它关注政策制定过程中的权力关系、利益平衡以及政策执行的可行性，其研究强调政策制定者在面对边疆生态治理时须考虑的政治、经济、社会、文化等多种因素，以及如何在多元利益主体之间寻求共识和协调。环境史的历史学方法为我提供了一个长时段的视角，让我在研究中能够回溯边疆地区生态环境问题的起源与演进，从而在政策制定中融入对历史连续性的认识和对文化多样性的尊重。这种研究视角不仅揭示了边疆生态环境变迁的历史脉络，还为理解当前生态环境问题提供了深刻的洞见，它强调了时间的深度和历史的厚重，使我能够在研究制定边疆生态治理策略时，考虑到历史因素对现实政策的潜在影响。这种跨学科的视角，让我认识到边疆生态治理应当是一种融合了历史智慧和现代治理理念的综合性策略；它要求我们在尊重历史、理解文化的同时，运用现代政治学的理论工具，对边疆地区的生态环境问题进行系统性分析和科学性规划。通过这种跨学科方法，能够更全面、更深入地理解边疆生态治理的复杂性，认识到边疆生态治理不能局限于当下的技术和经济考量，而应在更宽广的历史与文化维度上寻求解决方案，研究制定出既符合历史发展规律又适应现代社会需求的政策与措施。

在明确了研究方向后，我将研究重点放在了中国西南边陲西双版纳州。在边疆治理的大背景下，对该地区的生态安全问题进行了深入探讨。为了确保研究的严谨性和深度，我多次前往云南省档案馆、西双版纳州档案馆、景洪市档案馆、勐海县档案馆、勐腊县档案馆等部门，查阅了大量的原始档案资料。同时，还访谈了西双版纳州生态环境局、林业和草原局、农业农村局、水利局、自然资源局、国家级自然保护区管理局等多个部门的相关人员，并在多个乡镇、村寨以及自然保护区进行了实地调研。在全面系统地搜集、整理和分析这些资料的基础上，完成了本书的撰写。

在本书即将出版之际，我要向所有给予我帮助和支持的学界前辈及同仁、相关部门和个人表示衷心的感谢。首先，我要再次向业师周平先生表达我的感激之情，先生的教诲和指导使我受益终身。其次，我要感谢黄清吉教授、方盛举教授、刘永刚教授、罗强强教授、何跃教授、史云贵教授等专家学者，他们提供的宝贵建议和指导对我的研究有着不可估量的价值。再次，我要感谢中国社会科学出版社的宋燕鹏编审以及其他工作人员在书稿校对中提出的珍贵意见和付出的辛苦。此外，还要感谢云南省档案馆及西双版纳州相关部门的工作人员，他们的帮助和支持对本书的完成至关重要。最后，我要感谢我的家人，是他们的鼓励和陪伴，让我能够克服困难，永不放弃。

我深知本书还有许多不足之处，无论是内容的深度、思考的广度还是言辞的表达，都存在许多错漏。我诚挚地希望广大读者能够提出宝贵的意见和建议，帮助我不断进步和完善。

杜香玉

于云南大学民族政治研究院

2024 年 5 月 20 日